预测方法与技术

郭　峰　熊天霞　林佳婧　孟　甜
朱洪伟　柴　林　吴　捷　张鑫宇　　著

国防工业出版社

·北京·

内 容 简 介

本书较系统地讲述了定性预测法、时间序列预测法、回归分析预测法、趋势外推预测法、马尔可夫预测法、灰色系统预测法、组合预测法等知识及其在航材保障、经济社会等领域中的应用,力求内容翔实、准确。

本书可以作为地方高等学校经济和管理类专业本科生及军事院校航材管理专业本科生的教材和后方专业勤务专业硕士研究生的参考书,也可以作为政府部门、企事业单位的管理干部、工程技术人员自学现代预测方法与技术的参考书。

图书在版编目(CIP)数据

预测方法与技术 / 郭峰等著. -- 北京：国防工业
出版社, 2025.7. -- ISBN 978-7-118-13695-1

Ⅰ. G303

中国国家版本馆 CIP 数据核字第 2025LG1168 号

※

国防工业出版社出版发行

(北京市海淀区紫竹院南路 23 号　邮政编码 100048)
北京虎彩文化传播有限公司印刷
新华书店经售

*

开本 710×1000　1/16　插页 1　印张 14½　字数 256 千字
2025 年 7 月第 1 版第 1 次印刷　印数 1—1200 册　定价 98.00 元

(本书如有印装错误,我社负责调换)

国防书店：(010)88540777　　书店传真：(010)88540776
发行业务：(010)88540717　　发行传真：(010)88540762

在当今各个领域中,预测事物未来发展情况的工作越来越受到人们的重视。预测研究的领域涉及社会、经济、军事等各个领域。相关的预测方法和技术研究也有很多,但针对航材保障领域的应用研究较少。而在现代化战争条件下,精确保障是航材保障发展的趋势。作为精确保障的基础与关键性工作,如何准确地进行航材需求预测是当前航材保障研究中的一个热点问题,也是一直困扰世界各国实现备件精确保障的关键。本书重点研究了各种预测方法和技术在航材保障领域的应用。

本书的编写参考了很多国内外航材需求预测方法的相关文献,融入了作者多年来从事航材需求预测、大规模作战航材保障、飞机维修器材筹措供应标准等领域的研究成果。本书设计的算例提供了应用不同预测方法解决问题的详细步骤和模型效果分析,使内容更加贴近部队、贴近岗位、贴近实战,有利于锻炼学生对航材保障问题的分析能力和运用理论解决问题的实践能力。

本书共分9章。第1章为概述,主要介绍预测概述、预测的基本原理、预测方法的分类、预测的流程、预测的精度;第2章为定性预测法,主要介绍定性预测概述、头脑风暴法、德尔菲法、主观概率法等内容;第3章为时间序列预测法,主要介绍时间序列预测概述、移动平均法、指数平滑法等内容;第4章为回归分析预测法,主要介绍回归分析预测概述、一元线性回归预测、多元线性回归预测等内容;第5章为趋势外推预测法,主要介绍趋势外推预测概述、直线趋势外推预测法、曲线趋势外推预测法等内容;第6章为马尔可夫预测法,主要介绍马尔可夫预测概述、状态转移概率、状态转移概率矩阵、马尔可夫预测法的应用等内容;第7章为灰色系统预测法,主要介绍灰色系统预测概述、GM(1,1)预测模型、GM(1,N)预测模型等内容;第8章为组合预测法,主要介绍组合预测概述、组合预测的分类、BP神经网络、组合预测模型、组合预测模型的应用等内容;第9章为综合运用案例——一种基于周转数据的可修备件需求两级组合预测方法,主要介绍可修备件需求预测研究综述、可修备件需求的影响因素、模型建立、模型应用效果分析等内容。

本书由郭峰、熊天霞、林佳婧等撰写。其中,第1、5章由郭峰、吴捷、朱洪伟撰写,第2、7章由郭峰、林佳婧、张鑫宇撰写,第3、4章由郭峰、熊天霞、张鑫宇撰写,第6章由郭峰、孟甜、张鑫宇撰写,第8章由郭峰、柴林撰写,第9章由郭峰、朱洪伟撰写,附表 1~5 由张鑫宇撰写。郭峰、吴捷、张鑫宇、孟凡轲校对全书。

由于时间仓促、资料不全,加之作者水平有限,难免会有不妥和疏漏之处,恳请读者多提宝贵意见,以便今后进一步修改和完善。

作　者
2024 年 12 月

CONTENTS | **目录**

第1章
概　述

本章主要介绍预测概述、预测基本原理、预测方法分类、预测流程以及预测精度。其中,预测概述主要阐述预测科学的产生以及预测的定义、作用和局限性;预测的基本原理主要阐述预测的系统性原理、连续性原理、类推原理、相关性原理以及概率推断原理;预测方法的分类主要阐述如何按预测的范围或层次、时间长短、方法的性质以及其他分类方法对预测方法进行分类;预测的流程主要阐述明确预测任务、制定预测计划,收集、审核和整理相关资料,选择预测方法,建立数学模型,检验模型并进行预测,分析预测误差,评价预测结果,向决策者提交预测报告等步骤;预测的精度主要阐述预测误差、相对误差、平均误差、平均绝对误差、相对平均绝对误差、误差平方和、均方误差、标准差、希尔不等系数等误差指标。

1.1　预测概述

1.1.1　预测科学的产生

人类自古就有各种预测活动。例如,远古的人们利用龟甲或兽骨去占卜战争的胜负、年成的好坏,并据此决定本部落的行动。历法的制订或推测也是一种预测活动,我国历朝历代的天文学家制定了很多历法。历法是为了配合人们日常生活的需要,根据天象而制订的计算时间的方法。根据月球环绕地球运行所订的历法称为阴历,根据太阳在不同季节的位置变化所订的历法称为阳历。我国普遍存在两种对历法的称谓:一是公历,二是农历。其中,农历中的闰年有 13 个月,原因是该年月亮要绕地球 13 次才满一年。古时的天文学家不断努力改进观测、计算方法和手段,才得以逐渐完善而形成今天比较准确的历法。另外,古人还经常利用星相学或占星术观测天体的位置及各种变化,试图通过找出行星位置和人类生活的统计关系,来预测人世间的各种事物变化趋势。星相学的理论基础存在于公元前300 年到公元 300 年共约 600 年间的古希腊哲学中,该理论认为天体尤其是行星和星座，都以某种因果性或非偶然性的方式预示人间万物的变化。古时的星相学家相信某些天体的运动变化及其组合与地上的火、气、水、土四种元素的发生和消亡过程有特定的联系，但是，限于人类科学发展水平，人类对这种联系的复杂性还无法做出更加科学的解释。17世纪后随着日心说的确立和近代科学的兴起，星相学才失去了科学上的支持。

春秋战国时期范蠡的经商之道也蕴含了很多预测思想。例如，范蠡提出"贵上极则反贱，贱下极则反贵"，意思是商品的价格贵到一定程度就会贱，贱到一定程度就会贵。从经济学上看，这句话反映了最基本的经济学道理，就是价格围绕价值上下波动，反映了价格和供求之间的相互影响、相互制约的关系；从哲学上看，矛盾双方依据一定的条件相互转化，量变达到一定程度必然引起质变；从发现商机上看，观察生产的多和少可以知道商品的贵贱，价格升高到一定程度就要降低，降低到极限就会升高。因此，"贵上极则反贱，贱下极则反贵"充分体现了物极必反的市场规律。与此类似的是，古希腊哲学家塞利斯通过研究气象气候预测到油橄榄将要获得大丰收，就预先采购和控制了米利都和开奥斯两个城市的榨油机，等到橄榄收获后，就通过出租榨油机获得巨额利润。

著名的《孙子兵法》里也有很多内容都和预测有关。例如，《计篇》中的"利而诱之，乱而取之，实而备之，强而避之，怒而挠之，卑而骄之，逸而劳之，亲而离之。攻其无备，出其不意"这一思想，同抗日战争时期毛主席提出的我军敌后抗战十六字方针"敌进我退，敌驻我扰，敌疲我打，敌退我追"有着异曲同工之妙。可见《孙子兵法》在我国抗日斗争的历史上得到了巧妙地运用，为我们的胜利提供了理论指导。另外，该篇中"兵者，国之大事，死生之地，存亡之道，不可不察也"的"察"意思是考察研究，实际上也是一种预测活动。《谋攻篇》中的"知彼知己，百战不殆，不知彼而知己，一胜一负，不知彼，不知己，每战必殆"强调要注重研究对手，要对其进行全面了解和掌握，做到先知彼、再知己。因为知彼更难，把研究竞争对手、研究市场放在前面，然后再针对性地研究自己应该怎么做，来迎合或者引领市场，从而取得胜利。《孙子兵法》从多个方面讨论了军事战争规律，系统动态地把各要素有机联系在一起，形成了全局的战争观，彰显了古代军事思想的魅力，是古代兵学理论的宝藏，对我们研究事物发展趋势、规律变化等也具有极高借鉴价值。还有人们耳熟能详的诸葛亮的故事，他之所以能"草船借箭"并胸有成竹，原因就在于他对当地气候变化的准确预测；他之所以敢"唱空城计"，原因是基于对司马懿军事决策行为特点的分析和预测。

古代的很多预测，通常利用的是经验，还不能算是一门科学，只能说具有了预测的思想。从系统研究预测学的角度来看，瑞士科学家雅各布·伯努利在其所著的《猜度术》中最早创立了预测学，其目的在于减少人类生活各个方面由于不确定性导致决策错误而产生的风险。雅各布·伯努利是数学史上著名的数学世家伯努利家族的成员，对微积分、变分法等多有贡献，所谓"伯努利双纽线""伯努利方程"

均以他的名字命名。出于对对数螺线的欣赏,他在遗言中要求在自己的墓碑上刻上这条曲线,并附以颂词"纵使变化,依然故我"。他著述甚丰,但最富有创造性、最重要的著作就是《猜度术》,是概率论发展史中的重要经典著作之一,在作者去世后于1713年出版。

一般认为当代预测技术起源于20世纪初。当时,随着资本主义经济危机日益加剧,垄断资本家迫切需要了解未来前景,以便进行垄断经营活动。20世纪20年代,综合指数法、趋势外推法等预测方法纷纷出现,并应用于经济活动中,经济预测开始受到重视。20世纪40年代以后,预测技术在西方各国得到了广泛传播。20世纪60年代至70年代,预测作为一门科学在美国正式兴起,预测研究开始从初期的纯理论研究发展到应用研究。美国在海湾战争、伊拉克战争前,就已经对战争的进程以及其他影响做了科学的预测,战争基本按照预计的进程发展,并且很快结束。因此,现代战争不像第一次世界大战是化学战(火药),也不像第二次世界大战是物理战(原子武器),而是发展到了数学战。现代战争具有战争突然性大,破坏性强,日趋立体化、网络化,消耗大、补给任务重,资源调配非常复杂等特点。与过去的任何战争相比,现代战争战前做好各种预测工作显得尤为重要。我国于20世纪50年代就已经开展了预测的研究与运用,但直到1978年改革开放以后,预测的研究和运用才真正得到重视。

目前,随着现代数学方法和计算机技术的发展,用于解决备件消耗预测、故障诊断、安全分析等实际问题的决策支持系统在世界各国军事、经济、社会等领域得到了广泛应用。预测科学已经突破了自然科学和社会科学的界限,发展成为一门综合性的学科。

1.1.2 预测的定义

预测是指根据客观事物的发展趋势和变化规律,对特定对象未来的发展趋势或状态做出科学的推测与判断。换言之,预测是根据对事物的已有认识,使用一种逻辑结构把它和未来联系起来,进而对未知事物或变化做出预估。具体来说,科学的预测方法要求根据社会经济现象的历史和现实,综合多方面的信息,运用定性和定量相结合的分析方法,揭示客观事物的发展变化规律,并指出事物之间的联系、未来发展的途径和结果。

预测有广义和狭义之分。广义的预测既包括在同一时期根据已知事物推测未知事物的静态预测,又包括根据某一事物的历史和现状推测其未来发展的动态预测。狭义的预测,仅指动态预测,也就是指对事物的未来演化做出的科学预测。

对于"预测"一词,可以从不同的角度来理解。它有三个含义,即预测工作、预测结果、预测学。

(1) 从预测工作来看,它是指一种实践活动。预测是根据不确定事件或未知事件的过去和现状的信息来推断、估计未来,探索事件发展变化的规律,即根据已知推断未知的过程。

(2)从预测结果来看,它是预测工作的成果和"产品"。具体表现为预测工作过程所获得的预测值,这些预测值反映社会经济现象的数量特征及其规律性。

(3)从预测学来看,它是阐述预测方法的一门学科和理论。科学预测方法是采用科学的判断和计量方法,对未来事件的可能变化情况做出事先推测的一种技术。

上述三个含义既有区别又有联系。预测结果是预测工作的成果,预测学是预测工作的理论概括和总结。预测学阐述的预测方法对预测工作起着指导作用;预测工作一方面接受预测方法对它的指导作用,另一方面可以用来检验预测理论和方法的正确性,从而促进预测理论和方法的发展。预测学与预测工作、预测结果之间的关系表明:理论来源于实践,又反过来服务于实践,体现了理论与实践的辩证关系。

预测之所以是一种科学活动,是由预测前提的科学性、预测方法的科学性和预测结果的科学性共同决定的。

(1)预测前提的科学性包括三层含义:一是预测必须以客观事实为依据,即以反映这些事实的历史与现实的资料和数据为依据进行判断;二是作为预测依据的事实资料与数据,必须通过抽象上升到规律性的认识,并以这种规律性的认识作为预测的指导依据;三是预测必须以正确反映客观规律的某些成熟的科学理论做指导。

(2)预测方法的科学性包含两层含义:一是各种预测方法是在预测实践经验基础上总结出来,并获得理论证明与实践检验的科学方法;二是预测方法的应用不是随意的,它必须依据预测对象的特点来合理选择和正确运用,正所谓知彼(研究对象的特点规律)知己(预测方法的适用性)方能对症下药、药到病除。

(3)预测结果的科学性包含两层含义:一是预测结果是以已经认知的客观对象发展的规律性和事实资料为依据,采用定性与定量相结合的科学方法做出的科学推断,并用科学的方式加以表述;二是预测结果在允许的误差范围内可以验证预测对象已经发生的事实,同时在条件不变的情况下,预测结果能够经受实践的检验。

1.1.3 预测的作用

预测的作用是为决策系统提供制定决策所必须的未来信息。为提高未来信息的可靠性,必须深入研究为获取这些信息所使用的各种方法与手段。

对于企业而言,预测贯穿于企业的经营活动之中。在销售方面,需要适合市场规模和市场特点的可靠预测,如顾客类型、市场占有份额、物价变动趋势、新产品开发等方面的预测都对销售起促进作用。在生产方面,需要预测产品的销售规模、原材料需求量、材料成本及劳动力成本的变动趋势、材料与劳动力的可用量的变动趋势等,以便企业对生产和库存进行计划,并在合理的成本上满足销售的需求。在会计方面,需要预测现金流出量和各种收支项目的比率,使企业资金周转灵活,经营卓有成效,还需要预测可收取的应收账款、实际业务状况等。在人事部门方面,则需要预测每一类员工所需人数、员工流动趋势等。

对于航材保障部门而言,准确预测需求是做好航材申请、库存控制、订货决策等工作的关键,有利于航材保障经费合理配置、减少浪费,对实现航材保障的精确化具有重要意义。

1.1.4 预测的局限性

预测未来是可能的。但是,随之而来的问题是:能否准确地预测未来?人们一直期望能找到准确预测未来的方法,一劳永逸地解决未来预测的难题。然而却经常事与愿违。因为上千种预测方法中,可能没有一种方法能保证获得准确的预测结果,具体原因如下:

(1)预测的准确性与预测对象变化的速度及其复杂性成反向变化。只有在一个静止的系统中,一个规则不变的状态下,才能准确地预测未来。随着科学技术的发展,各种因素、现象之间的联系越来越复杂,变化的速度越来越快,准确地预测未来的难度也越来越大。

(2)人们认识能力是有限的,还不能看清楚其行为的所有结果,对很多事物还不能既知其然又知其所以然。在这种情况下,人们想要把握其变化规律几乎是不可能的。预测要求人们能超越现实、抽象本质、推测未来,然而人们的经历和知识水平是有限的,因而经常难以得出准确的预测结论。

(3)虽然可以采用概率统计的方法来研究偶然事件,但是由于样本数量有限,无论哪一种预测方法都不能消除这些事件的偶然性。预测不准确来源于未来所具有的偶然性,例如对于异地携行航材携带哪些、携带多少,虽然可以根据平时故障和任务情况等因素做出基本合理的评估,但是航材故障的偶然性、存储空间有限性等都决定了短缺情况的发生是无法完全避免的。

1.2 预测的基本原理

现实世界是复杂的,尤其是在经济方面,预测对象不但常常受到人类社会各种活动和各种错综复杂关系的影响,还会受到自然界许多偶然因素的影响。这些影响因素常常使预测对象的发展变化显得杂乱无章。然而事物变化发展的规律是客观存在的,人们还是能够通过实践来认识、利用它的。所以,利用事物发展的规律对事物的发展前景进行预测是可行的。目前提出的各种预测方法实质上就是试图去反映研究对象发展变化中所隐含着的规律,其预测的基本原理主要包括系统性原理、连续性原理、类推原理、相关性原理和概率推断原理。

1.2.1 预测的系统性原理

预测的系统性原理,是指预测必须坚持以系统的观点为指导,采用系统分析方法,实现预测的系统目标。系统是相互联系、相互依存、相互制约、相互作用的诸事物及其发展过程所形成的统一体。预测工作中体现系统本质特性的观点应包括以下方面。

(1)全面地、整体地看问题,而不是片面地、局部地看问题。例如,在预测中,必须全面准确地分析各变量之间的相互影响,从系统整体出发建立变量之间的关系与模型。例如,航材保障是一个系统工程,包括平时和战时保障,相应的平时和战时的航材储备标准(分别为库存限额标准、战储标准)则需要根据平时和战时消耗特点、需求规律进行统筹考虑,不能孤立地分别制订平时和战时的航材储备标准。

(2)联系地、连贯地看问题,而不是孤立地、分割地看问题。在预测中,必须注意预测对象各层次之间的联系,预测对象与环境之间的联系,预测对象内部与外部各要素之间的彼此联系,预测对象各发展阶段之间的联系等。例如,进行航材消耗预测时,只需要考虑影响消耗的因素;而在进行周转需求预测时,除了影响消耗的因素,则还需要考虑送修周期、供货周期等因素,这些因素对航材周转的速度、数量等影响很大。

(3)发展地、动态地看问题,而不是停滞地、静态地看问题。预测是对预测对象未来发展趋势的预测,必须用发展、动态的眼光观察、分析,这样才能根据预测对象的过去、现在准确推断未来。例如,航材筹措供应标准不是一成不变的,是需要根据实际消耗、飞行任务、加改装等情况进行及时、滚动调整的。

1.2.2 预测的连续性原理

事物的发展变化与其过去的行为总有或大或小的联系,过去的行为影响现在,也影响未来,这种现象称之为"连续现象"。所谓连续性原理,是指通过全面、系统地搜集和积累决策对象的历史和现实的资料,来预测决策对象的未来,就可以使我们把对未来的认识转换为对现实的认识,从而为正确决策提供帮助。

连续性的强弱取决于事物本身的动力和外界因素的强度。连续性越强,越不易受外界因素的干扰,其延续性越强。例如,属于生产资料的产品,一般对其品种、质量、产量的需求较稳定,表现出来的连续性较强;而属于消费资料的产品,由于顾客的兴趣爱好容易变动,其连续性就较小,尤其是流行服装,几乎没有连续性。又如,因为只要有飞行就会有航材消耗,所以航材的消耗连续性比较强。

在运用连续性原理时,必须注意以下几个问题。

（1）事物发展过程中,由于某些内因的变化或外在因素的干扰,连续性可能发生间断。在运用连续性原理预测未来时,要弄清事物是否处于连续性过程中,要充分估计内外因素造成的连续性过程的间断,以免使预测结果与实际结果的误差太大,造成决策失误。

（2）对预测对象演变规律起作用的客观条件必须保持在适度的变动范围之内,否则该规律的作用将随条件变化而中断,连续性失效。

1.2.3 预测的类推原理

许多特性相近的客观事物的变化亦有相似之处。通过寻找并分析类似事物相似的规律,根据已知的某事物的发展变化特征,推断具有近似特性的预测对象的未来状态,就是类推原理。

例如,根据历年航材保障经费投入情况,预测航材保障良好率。又如,根据某国达到一定国民生产总值时的能源消耗量,建立数学模型,进而类推预测他国达到同一国民生产总值时的能源消耗量。再如,根据上海的流行服装类推西安的流行服装,等等。前面两个案例的类推称为定量类推(在量的方面的推测),后一个案例的类推称为定性类推。

利用类推原则进行预测,首要的条件是两事物之间的发展变化具有类似性,否则,就不能进行类推。类似并不等于相同,再加上时间、地点、范围以及其他许多条件的不同,常常会使两事物的发展变化产生较大的差距。例如,人们在利用经济和技术比较先进的国家或地区的经济发展历史来类推本国或本地区的经济发展情况时,就必须考虑并研究社会制度、经济基础、消费习惯、文化风俗等一系列因素的不同所可能造成的影响,判断在这些因素的影响下,类推原则是否依然适用。如果适用的话,则应当注意如何估计并修正由于因素不同所带来的偏差,这样才能使预测的误差尽量地减少。

在有可能利用事物之间的相似性进行类推预测时,两事物的发展过程之间必定有一个时间差距。时间会使许多条件发生变化,也给了人们总结经验和教训的机会,使人们有可能根据变化了的条件去探索后发展事物在哪些方面还保持着与先发展事物相似的特征,在哪些方面已不再相似,等等,从而做出较为准确的预测。

当由局部去类推整体时,应注意局部的特征能否反映整体的特征,是否具有代表性。在任何整体中都可能存在与整体发展相异的局部或者某些特征与整体特征差别较大的局部。如果用不具有代表性的局部去类推整体,就会出现大的错误。

类推是从已知领域过渡到未知领域的探索,是一种重要的创造性方法。类推原理不仅适用于预测,同样也适用于决策。

1.2.4　预测的相关性原理

任何事物的发展变化都不是孤立的,都是在与其他事物的发展变化相互联系、相互影响的过程中确定其轨迹的。例如,国民经济是一个统一的整体,各个经济部门是在互相联系、互相协调、互相制约的状态下共同发展的。又如,耐用消费品的销售量与人均收入密切相关。深入分析研究对象和相关事物的依存关系和影响程度,即相关性,是揭示其变化特征和规律的有效途径。所谓相关性原理,就是研究预测对象与其相关事物间的相关性,利用相关事物的特性来推断预测对象的未来状况。

从时间关系来看,相关事物的联系分同步相关和异步相关两类。先导事件与预测事件的关系表现为异步相关,如基本建设投资额与经济发展速度之间的相关,航材保障经费与航材保障良好率之间的相关。因而,根据先导事件的信息,可以有效地估计异步相关的预测事件的状态。同步相关的典型事例是,冷饮食品的销售量与气候变化有关,服装的销售与季节的变化有关,换季工作航材消耗也与季节变化有关,起落装置器材的消耗与起落次数有关,它们之间的相互影响即时可见。

相关性最主要的表现形式是因果关系。因果关系是存在于客观事物之间的一种普遍联系。因果关系具有时间上的相随性:作为原因的某一现象发生,作为结果的另一现象必然发生;原因在前,结果在后。因果关系往往呈现出多种情况,有单因单果、单因多果、多因单果、多因多果,还有互为因果以及因果链等。在预测中运用因果性原理,必须科学分析,确定相关事物之间因果联系的关键因素,适当进行简化,这样才能建立合适的预测模型。

1.2.5　预测的概率推断原理

由于受到社会、经济、科技等因素的影响,预测对象的未来状态具有随机性。例如,某商品下个月的销售情况,可能畅销,可能销路一般,也可能滞销;某些故障数离散程度较大的航材,下一年度有多少件故障、什么时候故障,都难以准确预测,这些现象都具有一定的随机性。因此,预测对象的未来状态实际上可以看作一个随机事件,这样就可以用概率来表示这一事件发生的可能性大小。在预测中,常采用概率统计方法求出随机事件出现各种状态的概率,然后根据概率推断原理去推测对象的未来状态。所谓的概率推断原理,就是当被推断的预测结果能以较大概率出现时则认为该结果成立。

掌握预测的基本原理,对预测人员开拓思路以及合理选择和灵活运用预测方法都是十分必要的。然而,世界上没有一成不变的事物,预测对象的发展不可能是过去状态的简单延续,预测事件也不可能是已知的类似事件的机械再现。因此,在预测过程中,还应对客观情况进行具体问题具体分析,以提高预测结果的准确程度。

1.3 预测方法的分类

按照预测的范围或层次、时间长短以及预测方法的性质等划分,预测可以有不同的分类。

1.3.1 按预测的范围或层次分类

按预测的范围或层次不同,预测可分为宏观预测和微观预测。

1. 宏观预测

宏观预测,是指针对国家或部门、地区的活动进行的各种预测。它以整个社会经济发展的总图景作为考察对象,研究经济发展中各项指标之间的联系和发展变化。例如,对全国和地区社会再生产各环节的发展速度、规模和结构的预测,对社会商品总供给和总需求的规模、结构、发展速度及平衡关系的预测。

2. 微观预测

微观预测,是指针对基层单位的各项活动进行的各种预测。它以企业生产经营发展的前景作为考察对象,研究微观经济中各项指标间的联系和发展变化。例如,对企业的商品购、销、调、存的规模和构成变动的预测,对企业所生产的具体商品的生产量、需求量和市场占有率的预测等。

宏观预测与微观预测之间有着密切的关系,宏观预测应以微观预测为参考,微观预测应以宏观预测为指导,二者相辅相成。

1.3.2 按预测的时间长短分类

按预测的时间长短,预测可分为长期预测、中期预测、短期预测和近期预测。

1. 长期预测

长期预测,是指对 5 年以上发展前景的预测。长期预测是制订国民经济和企业生产经营发展的长期规划、远景展望,提出经济长期发展目标和任务的基本依据。

2. 中期预测

中期预测,是指对 1 年以上 5 年以下发展前景的预测。中期预测是制订国民经济和企业生产经营发展的五年计划,提出经济 5 年发展目标和任务的依据。航材消耗标准、周转标准和库存限额标准是按年度预测的,可用于指导未来两三年的航材筹供工作,属于中期预测。

3. 短期预测

短期预测,是指对 3 个月以上 1 年以下发展前景的预测。短期预测是制订企业生产经营发展年度计划、季度计划,明确规定经济短期发展具体任务的依据。航材携行标准常按照 3 个月消耗制订,属于短期预测。

4. 近期预测

近期预测,是指对 3 个月以下企业生产经营状况的预测。近期预测是制订企业生产发展月、旬计划,明确规定近期经济活动具体任务的依据。航空发动机月报一个月编制一次,按照 1 个月消耗制订的携行标准,都属于近期预测。

1.3.3 按预测方法的性质分类

按预测方法的性质,预测可分为定性预测和定量预测。

1. 定性预测

定性预测,是指预测者通过调查研究,了解实际情况,凭自己的实践经验和理论与业务水平,对事物发展前景的性质、方向和程度做出判断并进行预测的方法,也称为判断预测或调研预测。定性预测的目的主要在于判断事物未来发展的性质和程度,也可以在对具体情况进行分析的基础上提出粗略的数量估计。

一般来说,定性预测方法适用于缺少历史统计资料、更多地需要依赖专家经验的情况。定性预测方法通常有头脑风暴法、德尔菲法、主观概率法等。定性预测法的特点主要有:

(1)强调对事物发展的性质进行描述性的预测。这一点主要依赖专家的经验以及分析判断能力,在对预测对象所掌握的历史数据不多或影响因素复杂而难以定量预测的情况下,定性预测方法是较可行的方法。

(2)强调对事物发展的趋势、方向和重大转折点进行预测。例如,某商品市场总体形势的变化、国家产业政策的变化、新产品的开发等。

(3)定性预测法的优点和缺点。定性预测法的优点:可预测事物未来发展性质和程度,且灵活性较强,能够充分发挥人们的主观能动性;预测简单迅速,可节省一定的人力、物力和财力。

定性预测法的缺点:受主观因素的影响较大。这是因为定性预测方法主要依赖于人们的知识、经验和能力的大小等,缺乏数学模型,难以对事物发展做出数量上的精确度量。

2. 定量预测

定量预测,是指根据准确、及时、系统、全面的调查统计资料和信息,运用统计方法和数学模型,对事物未来发展的规模、水平、速度和比例关系的测定。定量预测与客观的统计资料、科学的统计方法有密切关系。

定量预测方法适用于历史统计资料较为丰富的情况。定量预测方法通常有时间序列分析预测和因果分析预测两大类。时间序列分析预测是以连续性预测原理做指导,利用历史观察值形成的时间序列,对预测目标未来状态和发展趋势做出定量判断的预测方法,主要有移动平均法、指数平滑法、趋势外推法、马尔可夫预测法、灰色系统预测法等。因果分析预测是以因果性预测原理做指导,分析预测目标同其他相关事件及现象之间的因果联系,对事物未来状态和发展趋势做出预测的定量分析方法,主要有回归分析法等。

定量预测方法的特点主要有以下几种。

(1)强调对事物发展的数量方面进行较为准确的预测,主要是通过历史统计数据建立相应的数学模型,对事物发展做出数量上的预测。

(2)强调对事物发展的历史统计资料利用的重要性。例如,国民经济核算体系、航材管理信息系统等为定量预测法提供了信息来源。

(3)强调建立数学模型的重要性,并且要应用计算机技术来解决定量预测法中复杂的数学模型(如人工智能算法、库存优化模型等)及其参数计算问题。目前,计算机技术的迅速发展和普及,为定量预测法提供了良好的技术条件。

(4)定量预测法的优点和缺点。

定量预测法的优点:偏重于预测事物未来发展数量方面的准确描述,较少依赖人的知识、经验等主观因素,更多依赖预测对象客观的历史统计资料,利用数学模型进行大量的计算而获得预测结果。

定量预测法的缺点:对预测者的素质要求较高,预测者必须掌握数学方法、计算机技术及相应的专门理论;定量预测法的精确度较多地依赖于统计资料的质量和数量,以及模型是否考虑了所有主要影响因素的影响。若预测对象的系统结构发生质的变化,相应的统计数据发生较大的波动,如果定量预测模型不能响应以上变化,那么就难以获得满意的预测结果。

对于在预测工作中是选择定量预测方法还是定性预测方法,我们应该根据预测问题的要求和预测方法的特点,选择合适的预测方法,二者不存在孰轻孰重的问题。一般情况下,定性分析与定量分析要结合使用,因为二者是相互联系、相辅相成的。定量预测要以定性预测为基础,定性预测要通过定量预测来刻画;定量预测的结果要经得起定性预测的验证,定性预测的结论是对定量预测的升华。

1.3.4 预测的其他分类方法

1. 按预测时是否考虑时间因素区分

按预测时是否考虑时间因素,预测可分为静态预测和动态预测。静态预测是指不包含时间变动因素,对事物在同一时期的因果关系进行预测。动态预测是指包含时间变动因素,根据事物发展的历史和现状,对其未来发展前景做出预测。建立动态预测模型需要较深厚的数学知识和较多的历史数据,方法复杂,计算量大。但动态预测在中短期预测等方面精度较高,因此得到了越来越广泛的应用。

2. 按预测时采用的预测方法数目区分

按预测时采用的预测方法数目区分,预测可分为单项预测(或直接预测)和组合预测。单项预测是指在预测时,只采用一种预测方法进行预测,得到预测结果。组合预测就是设法把不同的单项预测方法组合起来,综合利用各种预测方法所提供的信息,以适当的加权形式得出组合预测模型。组合预测最关心的问题就是如何求出各单项预测方法的权重系数,提高预测精度。

3. 按采用模型的特点区分

按采用模型的特点,预测可分为经验预测模型和规范预测模型。前者主要是指为解决某一个问题,在深入分析、掌握事物发展规律后,运用各种数学理论建立的经验模型;后者则是选择适当的、成熟的预测理论和方法建立的理论模型,包括时间关系模型、因果关系模型和结构关系模型等。

1.4 预测的流程

为保证预测工作顺利进行,必须有计划按步骤地安排预测工作的进程,以期取得应有的成效,为制定决策、编制计划和提高经营管理水平,提供有价值的情报。下面详细介绍预测的流程。

1.4.1 明确预测任务,制订预测计划

明确预测任务,就是从决策与管理的需要出发,紧密联系实际,确定预测要解决的问题及预测结果达到的精确程度,制订预测计划。需要注意的是:如果预测任务用于战略决策,则应采用适用于中长期预测的方法,但对精度要求不高;如果用于战术决策,则应采用适用于中短期预测的方法,对精度要求较高;如果用于业务决策,则应采用适用于近期和短期预测的方法,对精度要求最高。

预测计划是根据预测任务制定的预测方案,包括预测的内容和目标、预测所需要的资料、准备选用的预测方法、预测的进程和完成时间、预测所需预算、力量调配、组织实施等。一项预测若无明确的目的和周密的计划,就会迷失方向,无所适从。

1.4.2　收集、审核和整理相关资料

准确无误的调查统计资料和信息是预测的基础。预测需要有大量的历史数据，要求预测人员掌握与预测目的、内容有关的各种历史资料，以及影响未来发展的现实资料。收集和占有的数据资料应尽可能全面、系统。筛选资料的标准有直接有关性、可靠性、最新性三个要求。在把符合这三条要求的资料收集到之后，要对其进行认真的分析研究，必要时再收集其他有关资料。

准确无误的资料，是确保预测准确性的前提之一。为了保证资料的准确性，要对资料进行必要的审核和整理。资料的审核，主要是审核来源是否可靠、准确和齐备，资料是否具有可比性。资料的可比性是指资料在时间间隔、内容范围、计算方法、计量单位和计算价格上是否保持前后一致、相互一致，如有不同，则应进行调整。资料的整理是指对不准确的资料进行查证核实、对不可比的资料调整为可比、对短缺的资料进行估算、对总体的资料进行分类组合等。

对于一项重要的预测，应建立资料档案和数据库，系统地积累资料，以便连续地研究事物发展过程和动向。

只有根据预测目的和计划，从多方面收集必要的资料，经过审核、整理和分析，了解事物发展的历史和现状，认识其发展变化的规律性，所建模型及预测结论才会准确可靠。

1.4.3　选择预测方法

在占有资料并深入分析事物发展规律的基础上，进一步选择适当的预测方法，是进一步建立数学模型的关键。预测方法的选择应根据掌握资料的情况而定。当掌握资料不够完备、准确度较低时，可采用定性预测方法，主要根据预测者掌握的情况和经验进行预测。例如，某新产品是否值得投资、某航材是否需要携行等需要用定性方法来预测。当掌握的资料比较齐全、准确度较高时，可采用定量预测方法，建立数学模型进行定量分析研究。例如，国民生产总值、商品销售量、航材消耗量、航材携行量等均需要用定量方法来预测。为充分考虑定性因素的影响，还要在定量预测的基础上进行定性分析，对定量预测模型进行迭代修正，这样最终确定的模型才能与实际基本相符。

当掌握预测对象某种统计指标的时间序列数据并只要求进行简单的动态分析时，可采用时间序列法进行预测；当掌握预测对象某种指标服从某种统计分布时，可从概率的角度出发，采用统计分析法进行预测；当掌握预测对象的多种统计指标数据并发现它们之间具有较强的依存关系时，可采用因果分析法进行预测。

还需要注意的是，不同预测方法适用的预测时间有所区别，应根据预测的时间

长短来选择合适的预测方法。例如,定性预测法、趋势外推预测法等方法常用于长期预测;回归分析预测法、马尔可夫预测法、灰色系统预测法、组合预测法等方法常用于中短期预测;移动平均法、指数平滑法等方法常用于中短期预测。应用时还需要根据实际预测效果灵活选择合适的预测方法。

1.4.4 建立预测模型

预测模型一般是数学模型,是反映经济现象过去和未来之间、原因和结果之间相互联系和发展变化规律性的数学方程式。预测模型可能是单一方程,也可能是联立方程;可能是线性模型,也可能是非线性模型。

预测模型是关系到预测准确程度的关键。要建立预测模型,必须估计模型参数。估计参数的方法,除传统的最小二乘法外,还有人工智能算法等。不同的方法可能得出不同的参数估计值,从而得到不同精度的结果。预测人员应从实际出发,认真分析,决定取舍。

1.4.5 评价预测模型

评价预测模型是为了弄清楚模型是否真实地反映预测对象的未来发展规律,所以模型建立之后必须经过检验才能用于预测。对于不同类型的模型,检验的方法、标准也不同。

1. 评价要求

一般来说,模型检验应按一定的要求对自变量赋值,可以算出因变量对应的估计值,称为点预测值。如果点预测结果不能满足要求,则还需进行区间预测,即求出点预测值在一定置信度下的误差范围,这个误差区间称为预测区间或置信区间。如果上述检验要求不能满足,则可以通过直观判断预测结果是否与事物发展趋势一致并分析多种方法的预测精度来对模型进行评价,最后择优应用即可。

精确的定量预测方法,例如回归分析预测法等,能够运用概率论原理计算给定置信度下的预测区间。这样可以得出点预测值及其可能的误差范围和相应的可靠程度,人们在使用所得到的预测结果时,对其可信任程度才能心中有数。但是,较为简单、粗略的定量预测方法,例如移动平均法、指数平滑法等,则难以做到同时给出点预测值和一定置信度下的预测区间,但可以对模型预测结果是否与预测期间事物的发展情况相符进行直观判断,以及对多种方法的预测精度进行评价、择优应用。

2. 评价模型优劣的基本原则

(1) 科学性强。参数估计方法应与有关的理论相一致,所建立的模型应能恰当地描述预测对象、达到较高的科学性,以确保合理可行。

(2)准确性高。模型及其参数估计值应当通过必要的统计检验或者精度分析,确保模型外推达到较高的精度,以保证其准确性。

(3)稳定性强。稳定性是鉴别模型优劣的重要标准。为保证模型的预测能力,一般要求参数估计值有较高的稳定性,其含义是:预测模型能在一个较长的周期之内准确地反映预测对象的未来变化,且在外部环境发生变化时模型的预测能力不会发生较大的变化。

(4)普适性好。一个模型只要能够正确地描述系统的变化规律,其数学形式越简单,计算过程越简便,模型的普适性就越好。

(5)适应性强。模型应能在预测要求和条件变化的情况下适时调整和修改,并能在不同情况下进行连续预测。

1.4.6　应用模型预测,分析预测精度

模型检验符合要求后,即可运用模型进行预测。但是,模型预测结果一般不会与实际情况完全一致,大多会产生误差。这是因为模型只是对实际情况的模拟,还需要分析预测值偏离实际值的程度及其产生的原因。如果预测误差未超出允许的范围,即认为模型的预测精度合乎要求;否则,就需要查找原因,对模型进行修正和调整。预测误差分析一般根据近几期的样本数据进行误差分析。而对预测结果进行评价时,还要对预测过程的科学性进行综合考察,这种分析和评价可由有关领域的专家通过会议进行讨论。

1.4.7　向决策者提交预测报告

预测的最后步骤是,以预测报告的形式将会议上专家确认可以采纳的预测结果提交给决策者。报告中应当说明假设前提、所用方法和预测结果合理性判据等。

1.5　预测的精度

预测精度是指预测误差分布的集中或离散程度,其水平取决于实际数据统计的准确性、模型要素结构的稳定性等。预测误差是实际值与对应的预测值之间的离差,反映了预测的精确程度。预测误差小,表明预测精度高;反之,表明预测精度低。

既然预测会有误差,那么怎样判断误差的大小,度量预测精度,就成为预测工作中不可缺少的一环。预测精度的高低,可以采用编制误差分布表或绘制误差直方图的方法,通过比较其离散程度来判断,但这种方法既麻烦,又不便使用。通常

是采用数值的形式作为表示精度大小的指标,即误差指标。衡量预测精度的指标很多,它取决于实际值与预测值进行比较的定义形式。

定量预测方法的精确性有很多衡量的指标,下面介绍几种常用的指标。

1.5.1 预测误差

设某一项预测指标的实际值为 x,预测值为 $\hat{x}$,令

$$e = x - \hat{x} \tag{1.1}$$

式中:e 为预测误差(error, E),又称为偏差。$e > 0$ 表示 $\hat{x}$ 为低估预测值;$e < 0$ 表示 $\hat{x}$ 为高估预测值。

预测误差 e 是预测结果误差的最直接的衡量,但其大小受到预测对象计量单位的影响,不适于作为预测精确性的最终衡量指标,因此需要引入相对误差的概念。

1.5.2 相对误差

预测误差在实际值中所占比例的百分数称为相对误差(percentage error,PE),记为 ε,即

$$\varepsilon = \frac{e}{x} = \frac{x - \hat{x}}{x} \times 100\% \tag{1.2}$$

式中:ε 克服了预测指标本身量纲的影响,通常把 $1 - \varepsilon$ 称为预测精度。

预测误差和相对误差这两个指标只表示了预测点上预测的误差,而要衡量模型整体预测的精确性,必须要考虑所有预测点上总的误差量,因此需要引入平均误差。

1.5.3 平均误差

n 个预测误差的平均值称为平均误差(mean error, ME),记为 $\bar{e}$。计算公式为

$$\bar{e} = \frac{1}{n} \sum_{i=1}^{n} e_i = \frac{1}{n} \sum_{i=1}^{n} (x_i - \hat{x}_i) \tag{1.3}$$

由于每个 e_i 可以为正值,也可以为负值,求代数和时这些分别取正负值的 e_i 将有一部分互相抵消,无法真正反映预测误差的大小,但它反映了预测值的偏差状况,可作为修正预测值的依据。$\bar{e}$ 为正,说明预测值总体平均比实际值低;反之,说明预测值总体平均比实际值高。因此,如果用某一种方法求得的预测值为 $\hat{x}_{n+1}$,运用该方法时预测值的平均误差为 $\bar{e}$,则修正的预测值为 $\hat{x}'_{n+1} = \hat{x}_{n+1} + \bar{e}$。

1.5.4 平均绝对误差

预测误差的累积值会因正负误差相互抵消而减弱总的误差量,但预测误差的绝对值的累积即平均绝对误差(mean absolute error,MAE)则能避免正负误差的相互抵消,其计算公式为

$$|\bar{e}| = \frac{1}{n} \sum_{i=1}^{n} |e_i| = \frac{1}{n} \sum_{i=1}^{n} |x_i - \hat{x}_i| \tag{1.4}$$

式中:每个 $|\bar{e}|$ 皆为正值,故 $|\bar{e}|$ 可用于表示预测误差的大小。

平均绝对误差依然会受预测对象计量单位大小的影响,而相对平均绝对误差则可以解决这个问题。

1.5.5 相对平均绝对误差

n 个预测相对误差绝对值的平均数被称为相对平均绝对误差(mean absolute percentage error,MAPE),以 $|\bar{\varepsilon}|$ 表示为

$$|\bar{\varepsilon}| = \frac{1}{n} \sum_{i=1}^{n} \left| \frac{e_i}{x_i} \right| \times 100\% = \frac{1}{n} \sum_{i=1}^{n} \left| \frac{x_i - \hat{x}_i}{x_i} \right| \times 100\% \tag{1.5}$$

在评价模型的预测精度时,经常使用的评价指标是相对平均绝对误差,一般认为,若相对平均绝对误差小于10%,则模型预测精度较高。

相对平均绝对误差比较好地衡量了预测模型的精确性,但是计算该指标涉及绝对值运算,在数学上的处理不是非常方便,所以可采用误差平方和来代替,评估结果基本一致。

1.5.6 平均精度

平均精度(average precision,AP)为1减去相对平均绝对误差,其计算公式为

$$Z = \left(1 - \frac{1}{n} \sum_{i=1}^{n} \left| \frac{x_i - \hat{x}_i}{x_i} \right| \right) \times 100\% \tag{1.6}$$

平均精度体现了模型对样本数据的拟合程度。平均精度越大,说明模型拟合的精度越高,误差越小;否则,模型拟合的精度越低,误差越大。

1.5.7 误差平方和

误差平方和(sum of squared errors,SSE)的计算公式为

$$SSE = \sum_{i=1}^{n} (x_i - \hat{x}_i)^2 = \sum_{i=1}^{n} e_i^2 \qquad (1.7)$$

误差平方和越大,预测准确度越低;反之,则预测准确度越高。

1.5.8 均方误差

均方误差(mean squared error, MSE),又称为方差(记为 S^2)。该方差为总体方差,其计算公式为

$$MSE = \frac{1}{n} \sum_{i=1}^{n} (x_i - \hat{x}_i)^2 = \frac{1}{n} \sum_{i=1}^{n} e_i^2 \qquad (1.8)$$

方差越大,预测准确度越低;反之,则预测准确度越高。

1.5.9 标准差

标准差(standard deviation of error, 简记为 S),有时被称为均方根误差,其计算公式为

$$S = \sqrt{\frac{1}{n} \sum_{i=1}^{n} e_i^2} = \sqrt{\frac{1}{n} \sum_{i=1}^{n} (x_i - \hat{x}_i)^2} \qquad (1.9)$$

标准差越大,预测准确度越低;反之,则预测准确度越高。

1.5.10 希尔不等系数

希尔不等系数(Theil IC)的计算公式为

$$\mu = \frac{\sqrt{\dfrac{1}{n} \sum_{i=1}^{n} (x_i - \hat{x}_i)^2}}{\sqrt{\dfrac{1}{n} \sum_{i=1}^{n} \hat{x}_i^2} + \sqrt{\dfrac{1}{n} \sum_{i=1}^{n} x_i^2}} \qquad (1.10)$$

式中:μ 介于 $0 \sim 1$,其值越小,预测的精确度越高;反之,则预测准确度越高。

上述所列各项误差指标功能相近,但有各自不同的特点。例如,$|\bar{e}|$ 计算方便,$|\bar{\varepsilon}|$ 不受量纲的影响;S^2 和 S 对预测误差的反应较为灵敏,是衡量预测准确度的最常用的两个指标。

1.6 小结

预测是根据客观事物的发展趋势和变化规律,对特定对象未来的发展趋势或

状态做出科学的推测与判断。

预测的作用是为决策系统提供制定决策所必须的未来信息。

预测应遵循的根本原则是先认识事物的发展变化规律,然后利用规律的必然性进行预测。预测的基本原理主要包括系统性原理、连续性原理、类推原理、相关性原理和概率推断原理。

预测按不同分类方法可以分成宏观预测、微观预测,或者长期预测、中期预测、短期预测、近期预测,亦或定性预测、定量预测,等等。

预测的流程包括明确预测任务,制定预测计划;收集、审核和整理相关资料;选择预测方法;建立预测模型;评价预测模型;应用模型预测,分析预测精度;向决策者提交预测报告。

预测精度指标包括预测误差、相对误差、平均误差、平均绝对误差、相对平均绝对误差、平均精度、误差平方和、均方误差、标准差、希尔不等系数等。

理解预测的定义、作用、基本原理,弄清预测方法的分类,掌握预测的流程和预测的各种精度指标,对于人们更深入地分析事物发展变化规律、选择适当的预测方法去解决各种实际问题具有非常重要的意义。

思考与练习

1. 什么是预测?为什么要进行预测?
2. 预测的局限性是什么?
3. 什么是定性预测和定量预测?它们分别适用于什么情况?
4. 预测的基本原理有哪些?
5. 预测的基本流程是什么?
6. 预测精度的评价指标有什么?

第2章
定性预测法

本章主要介绍了定性预测概述、头脑风暴法、德尔菲法、主观概率法等内容。其中,定性预测概述主要介绍了定性预测概念、定性预测特点、定性预测典型方法等;头脑风暴法主要介绍了头脑风暴法概述、头脑风暴会议组织原则、头脑风暴会议实施步骤;德尔菲法主要阐述了德尔菲法概述(包括德尔菲法简介、专家会议法常见问题、德尔菲法的特点和优势)、德尔菲法预测步骤、德尔菲法的缺点等内容;主观概率法主要阐述了主观概率法概述、主观概率加权平均法。

2.1 定性预测概述

2.1.1 定性预测概念

定性预测是指预测者依靠熟悉业务知识、具有丰富经验和综合分析能力的人员与专家,根据已掌握的历史资料和直观材料,运用个人的经验和分析判断能力,对事物的未来发展做出性质和程度上的判断,然后,再通过一定形式综合各方面的意见,作为预测未来的主要依据。定性预测在工程实践中被广泛使用,适合于预测对象数据资料掌握不充分,影响因素复杂、难以用数字描述,或者对主要影响因素难以进行数量分析等情况。

2.1.2 定性预测特点

定性预测的特点是,它主要凭借人的经验以及分析能力,重点对事物的性质和程度(如发展趋势和方向以及重大转折点等)进行预测。定性预测具有较大的灵活性,易于充分发挥人的主观能动作用,且简单迅速,省时省费用。但是,该方法易受人的知识、经验和能力的限制,主观因素影响大,对事物发展缺乏数量上的精确描述。而定量预测可以较好地解决定性预测方法的缺点,在实际预测过程中应把两者正确的结合起来使用,相互补充、取长补短。

2.1.3 定性预测典型方法

定性预测典型方法包括头脑风暴法、德尔菲法、主观概率法、情景分析法、趋势分析法、因果分析法、预警分析法等。本书重点介绍其中的头脑风暴法、德尔菲法、主观概率法。

2.2 头脑风暴法

2.2.1 头脑风暴法概述

1. 头脑风暴法

头脑风暴法是一种专家预测法,它是以专家个人知识和经验为基础,对预测对象未来的发展趋势及状态作出个人判断。在预测时,所选专家依据自己的学识和处理同类预测问题的丰富经验,对预测对象的性质、特点以及相关事物进行深入研究,就可能获得比较符合客观实际的预测结果。但是,由于不同的专家拘泥于自己的研究领域、在进行评估判断时,容易受到专家本人的知识面、自己的研究领域、知识深度和占有的资料以及对预测问题是否有兴趣所左右,难免带有片面性和主观性,致使预测结果偏离客观实际,造成决策的失误。要想提高专家预测的质量、弥补专家个人的不足,就必须最大限度调动专家们的积极性,让专家互相启发、交换意见,通过内外反馈,为决策尤其为重大决策作出更符合客观实际的预测结果,这就是头脑风暴法。头脑风暴法由美国 BBDO 广告公司的亚历克斯·奥斯本首创,主要由价值工程工作小组人员通过会议组织实施。

2. 头脑风暴会议

头脑风暴法是在正常融洽和不受任何限制的气氛中以会议形式进行讨论、座谈,打破常规,积极思考,畅所欲言,充分发表看法。头脑风暴最早是精神病理学上的用语,指精神病患者的精神错乱状态而言的,如今转而为无限制的自由联想和讨论,其目的在于产生新观念或激发创新设想。在群体决策中,由于群体成员心理相互作用影响,易屈于权威或大多数人意见,形成所谓的"群体思维"。群体思维削弱了群体的批判精神和创造力,损害了决策的质量。为了保证群体决策的创造性,提高决策质量,管理上发展了一系列改善群体决策的方法,头脑风暴法是较为典型的一个。目前,头脑风暴法作为一种创造性的思维方法,在预测、规划、社会问题处理、技术革新以及决策等许多领域中得到了广泛的应用。

亚历克斯·奥斯本认为,只要遵循头脑风暴法的规则,头脑风暴会议几乎可以解决各方面的问题。采用头脑风暴法组织群体决策时,要集中有关专家召开专题会议,主持者以明确的方式向所有参与者阐明问题,说明会议的规则,尽力创造融洽轻松的会议气氛。主持者一般不发表意见,以免影响会议的自由气氛。由专家们"自由"提出尽可能多的方案。

头脑风暴会议包括两个阶段,一是直接头脑风暴阶段,二是质疑头脑风暴阶段。直接头脑风暴阶段是为获取大量的设想、为课题寻找多种解题思路而召开的会议,其关键是形成"专家意见一览表";质疑头脑风暴阶段是在获取大量设想的基础上,将众多的设想归纳转换成可行方案召开的会议,其关键是组织专家对"专家意见一览表"逐项质疑、讨论,形成最终方案。直接头脑风暴阶段所需时间一般以 20~60min 为宜,质疑头脑阶段所需时间一般以 60min 左右为宜。

2.2.2　头脑风暴会议组织原则

1. 专家设置原则

(1) 应邀专家的研究领域应与会议主题基本一致,但同时应邀请一些学识渊博、经验丰富以及对所论及的问题有较深理解的其他领域的专家参加会议。

(2) 选择专家不仅看他的经验、知识能力,还要看他是否善于表达自己的意见。知识面广、思想活跃的专家,有利于激发其他专家开拓思路、深入思考。

(3) 参会专家数量应适当,可以使问题讨论深入、意见反映更全面。专家预测小组一般由 10~15 个专家组成。

(4) 理想的专家预测小组成员应包括:方法论学家——预测学家;设想产生人员——专业领域专家;分析人员——专业领域的高级专家,他们应当追溯过去,并及时评价对象的现状和发展趋势;演绎人员——对所论问题具有充分的推断能力的专家;拍板人员——有资格对最终方案拍板,一般由会议组织方或者方案应用方担任。

(5) 头脑风暴会议的领导和主持工作最好能委托给预测学家或者对头脑风暴法比较熟悉的专家担任。如果所论及的问题专业面很窄,则应邀请论及问题的专家和熟悉此法的专家共同担任领导工作。因为他们对要解决的问题十分了解,知道如何提问题,并对引导科学论辩有足够的经验,也熟悉头脑风暴法的处理程序和方法。作为主持人在主持会议时,应头脑清晰、思路敏捷、作风民主,既善于制造活跃的气氛,又善于启发诱导。

2. 与会者应遵守的原则

(1) 讨论的问题与主题相关;

(2) 提出新设想;

(3) 提出的设想越多越好;

(4) 鼓励结合他人的设想提出新的设想;

（5）不允许私下交谈以及宣读事先准备的发言稿；

（6）与会者不论职务高低，一律平等相待；

（7）不允许批评或指责别人的设想以及对创造性设想作判断性结论；

（8）不得以集体或权威意见的方式妨碍他人提出设想；

（9）提出的设想不分好坏，一律记录下来；

（10）设一名记录员，填写专家意见一览表，记录每一名专家提出的设想——尽量用专业术语；

（11）在质疑头脑风暴阶段，所有专家将一览表中提出的设想逐项分析整理，进行严格的审查和评议，从中筛选出有价值的提案逐条讨论，必要时质询设想提出者；

（12）在一览表中找出重复和互为补充的设想，归纳总结，形成综合设想，亦即最终方案。

3. 组织者应遵守的原则

1）自由畅谈

组织者在组织会议时，允许与会专家自由畅谈，不受任何条条框框限制，目的是使专家放松思想，让思维自由驰骋；允许每一个专家从不同角度、层次、方位大胆地展开想象，尽可能地标新立异、与众不同，提出独创性的想法。

2）延迟评判

在直接头脑风暴阶段，不允许当场对任何设想作出评判，不能过早地下断言、做结论，既不能肯定某个设想，又不能否定某个设想，也不能对某个设想发表评论性的意见。一切评价和判断都要延迟到质疑头脑风暴阶段才能进行。这是为了防止评判约束与会者的积极思维，破坏自由畅谈的有利气氛；另一方面是为了集中精力激发大脑、提出设想，避免把应该在后面阶段做的工作提前进行，影响创造性设想的大量产生。

另外，延迟评判原则不仅不准对别人的意见评头论足，而且也不允许对自己的发言作自我的评判；不仅禁止否定性的评判，而且也禁止肯定性的颂扬，特别是夸大其词的溢美之言。

3）禁止批评

禁止批评是头脑风暴法应该遵循的一个重要原则。参加头脑风暴会议的每个人都不得对别人的设想提出批评意见，因为批评对创造性思维无疑会产生抑制作用。同时，发言人的自我批评也是禁止的。需要注意的是，有些人习惯于用一些自谦之词，这些自我批评性质的说法同样会破坏会场气氛，影响自由畅想。

4）追求数量

头脑风暴会议的目标是，在有限的时间里获得尽可能多的设想，追求数量是它的首要任务。所以组织者应鼓励与会者提出尽可能多的设想。参加会议的每个专家都要抓紧时间多思考，多提设想。只有一定的数量，才能保证一定的质量。据国外的调查统计结果表明,一个在同一时间内能比别人多提出两倍设想的人,最后产生的有实用价值的设想可以比别人高出 10 倍。因此,要激发与会专家尽可能多地提出自己的设想。在某种意义上,设想的质量和数量密切相关,产生的设想越多,其中的创造性设想就可能越多。至于设想的质量问题,可在质疑头脑风暴阶段处理这些设想。

2.2.3　头脑风暴会议实施步骤

1. 会议准备

头脑风暴会议前的各项准备工作包括以下几个方面。

(1) 确定欲解决的问题。若解决的问题涉及的面很广或包含的因素太多,就应该把问题分解为若干单一明确的子问题,一次会议最好只解决一个问题。

(2) 根据要解决的问题的性质确定参加会议的专家人选。

(3) 拟定开会的邀请通知,说明会议的主题及涉及的具体内容。

2. 介绍问题背景

主持人或者主持人安排人员向大家介绍所要解决的问题背景。此时,要注意表达问题的技巧,尽量做到富有启发性。例如,要在仔细地分析所要解决问题的基础上,尽量找出它的不同方面,然后在每一方面都用"怎样……"的句型来表达。例如,假定要解决的问题是如何提高某企业的经济效益,对此问题可从以下几个方面进行叙述。

(1) 怎样降低成本?

(2) 怎样扩大市场份额?

(3) 怎样减少库存、加快资金周转速度?

(4) 怎样提高管理水平?

(5) 怎样搞好技术革新、技术改造?

(6) 怎样提高员工的科技水平和工艺水平?

(7) 怎样引进人才、技术?

(8) 怎样减少浪费?

(9) 怎样调动员工积极性、增强企业的凝聚力?

(10) 怎样提高企业的决策水平?

⋮

⋮

3. 直接头脑风暴,汇总设想

直接头脑风暴会议开始时,主持人应按头脑风暴会议实施原则,采取强制询问的方法,组织专家针对上述问题进行自由畅谈。在这一阶段,与会者充分发挥自己的创造能力,同时借助与会者之间的智力碰撞、思维共振、信息激发,提出大量创造性设想,并指定人员填入专家意见一览表。因此,这是头脑风暴法的关键阶段。

根据国内的实践经验,一次成功的头脑风暴法会议,一般都能产生出几十条,甚至上百条的设想。虽然其中绝大部分可能不可行或没有实用价值,但总是能够产生若干个既新颖又具有很大实用价值的设想。

4. 质疑头脑风暴,形成方案

主持人组织专家对专家意见一览表中的所有设想进行逐项、认真地研讨,特别是那些有一定价值的设想要进行仔细研究和正确的评价,并进行加工整理,去掉不合理、不科学或不切合实际的部分,补充、增加一些内容,使某些新颖、有价值的设想更完善,更具有实用价值,从而形成最终的专家意见——该意见可以作为开展下一步工作的指导依据。

实践表明,头脑风暴法通过对所讨论问题进行客观、连续地分析,可以找到切实可行的方案,因而该方法在军事和民用预测中得到广泛应用。例如,在美国国防部制订的长远科技规划中,邀请50名专家采用头脑风暴法开了两周会议,其任务是通过会议讨论把事先提出的工作文件变成协调一致的报告。通过头脑风暴会议讨论后,原工作文件中只有25%~30%的内容保留,这就体现了头脑风暴法在预测工作中的巨大价值。

2.3 德尔菲法

2.3.1 德尔菲法概述

1. 德尔菲法简介

德尔菲(Delphi)是一处古希腊遗址,是传说中神谕灵验、可预卜未来的阿波罗神殿的所在地。在20世纪50年代,美国兰德公司与道格拉斯公司合作研究如何通过有控制的反馈以更好地收集和改进专家意见的方法时就以德尔菲为代号。

德尔菲法是在专家个人判断法的基础上发展起来的一种新型直观的预测方法,是系统分析方法在意见和价值判断领域中的一种有益延伸,突破了传统的数量分析限制,为更合理地决策开阔了思路。

德尔菲法是采用函询调查,向预测问题相关领域的专家分别提出问题,然后将其意见予以综合、整理、反馈,经过多次反复循环后即可得到一个比较一致且可靠性较高的意见。该方法的实质是利用专家的主观判断,通过信息的流通和反馈,使预测意见趋向一致,逼近实际值。

目前,该方法作为一种重要的规划决策工具,得到了比较广泛的应用。

2. 专家会议法常见问题

专家会议法有一定的优点,但也存在以下问题。

（1）参加会议的专家人数和代表性有限。

（2）权威专家的影响较大，他们一旦提出意见，有一些人就会因某种原因附和而不敢发表其他不同意见。

（3）能说会道者的意见容易获得众人附和，但其意见却可能没有多大的价值；同时，表达能力差的专家的意见则易受冷落。

（4）由于自尊心等心理因素的影响，意见发表后不愿冷静考虑其他意见，即使错了也不愿修正。

（5）会议时间有限，专家对问题的考虑不一定全面。

3. 德尔菲法的特点

德尔菲法可以有效克服专家会议法的上述缺点，尽可能消除人的主观因素的影响。与专家会议法相比，德尔菲法有如下三个特点。

1）匿名性

德尔菲法采用匿名函询的方式征求意见，应邀参加预测的专家互不知情，只与预测小组成员单线联系，这就在一定程度上消除了外在因素对专家判断客观性的影响。专家无须担心充分地表达自己的想法会有损于自己的威望，而且专家的想法不会受口头表达能力的影响和时间的限制。因此，德尔菲法的匿名性有利于充分表达各种不同观点。

2）反馈性

在运用德尔菲法进行预测的过程中，征询专家意见这个工作要进行三至五轮。每一轮的预测结果由预测机构进行统计、汇总，获得有价值的论证依据和资料，然后将其作为反馈材料发给每一位专家，供下一轮预测时参考。这样，专家们在多次依据反馈材料进行深入思考、反复比较之后可以提出更好的预测意见。

3）收敛性

德尔菲法采用统计方法对专家意见进行处理，定量表示预测的结果。总体上来说，德尔菲法预测结束时，专家意见会逐渐趋于一致，预测值趋于收敛。

4. 德尔菲法的优势

（1）因为采用函询的方式，所以参加预测的专家数量可以多一些，这有利于提高预测的准确性。

（2）预测过程经历多次，专家反复从反馈资料上了解到别人的观点，需要经过周密的思考才能最终决定是坚持自己的观点还是修正自己的预测意见。在这个过程中，专家可以不断地改进个人观点，这就可以有效保证预测结果的科学性、正确性。

（3）参加预测的专家完全可以根据自己的知识或经验提出意见，预测结果受权威的影响较小。

（4）最终的预测结果综合了全体专家的意见，集中了全体预测者的智慧，因此具有广泛的代表性以及较高的可靠性和权威性。

2.3.2 德尔菲法预测步骤

1. 确定预测主题和预测事件

预测主题就是所要研究和解决的问题。一个主题可以包括若干个事件,事件是用来说明主题的重要指标。首先,参加预测的专家应围绕预测主题提出应预测的事件,填写预测事件的征询调查表并汇总到预测领导小组;然后,预测领导小组对专家提出的预测事件进行筛选、整理,排除重复和次要的事件,形成一组能够基本反映主题的预测事件,并编制预测事件一览表。确定预测主题和预测事件是德尔菲法的关键一步。

2. 选择专家

德尔菲法在选择专家时应注意以下几点。

1) 来源应广泛

德尔菲法对专家来源一般要求如下。

(1) 本企业(或部门)对预测问题有研究、了解市场(或业务)的专家,约占预测专家的 1/3 左右。

(2) 与本企业(或部门)有业务联系、关系密切的行业专家,约占预测专家的 1/3 左右。

(3) 社会上有影响的、对市场和行业有研究的专家,约占预测专家的 1/3 左右。

这样才能从各个方面对预测问题提出有根据的、有洞察力的见解。

2) 专家人数视预测主题规模而定

参会专家人数太少,限制代表性,而太多则难于组织。一般情况下,人数越多精度越高,但超过一定数量时,通过进一步增加人数对提高预测精度的作用不大。因此,专家小组人数一般以 10~50 人为宜;但是,对重大问题的预测,专家人数可扩大到 100 名左右,适当考虑一定预选人数,确保实际参会专家人数满足要求。

3. 四轮预测

1) 四轮预测步骤

专家小组成立后,在预测领导小组的组织下,专家小组即可开始预测工作。经典德尔菲法的预测过程一般分为四轮,主要内容如下。

第一轮,确定预测事件。具体方法是,通过函询所有或者部分专家,然后各专家根据预测主题提出预测事件,完成预测事件的征询调查表,汇总给预测领导小组;再由领导小组进行综合整理,统一相同事件,排除次要事件,用准确术语完成预测事件一览表。

第二轮,初次预测。将预测事件一览表发给专家小组各成员,要求他们对表中所列各事件作出评价并提供理由,同时视情补充新的材料以进一步预测,然后反馈调查表。调查表收回后,领导小组要对专家意见进行统计处理,具体方法是:一般采用四分位法,即根据返回来的调查表,统计出每一事件发生的预测日期、数字或等级的中位数和上、下四分位点,将此结果再返回给专家小组各成员。

第三轮,修改预测。预测领导小组将第二轮预测的统计资料寄给每位专家,让专家据此补充材料,并再一次进行预测并阐明理由。特别注意的是,持极端意见的专家尤其需要充分陈述理由,这是因为他们的依据可能是其他专家忽略的外部因素或未曾研究过的问题,这些依据往往对其他专家重新判断产生影响。

第四轮,最后预测。专家小组各成员进行最后的预测,可以作出新的论证,也可以不作出新的论证。领导小组根据专家反馈,再次计算出每一事件的中位数和四分位点,得出最终的带有相应中位数和四分位点的预测日期、数字或等级等结果的事件一览表。

需要注意的是,最后一轮专家们的意见必须趋于一致或基本稳定。换句话说,大多数专家不再修改自己的意见的时候,即表示意见趋于一致或基本稳定。具体的征询次数应根据实际情况灵活把握。

2)征询调查表设计要求

征询调查表是德尔菲法的一个主要工具,调查表设计的好坏直接影响着预测结果的优劣。那么,在制订调查表时应注意哪些问题呢?

(1)征询调查表中应对征询目的、任务以及内容填写方法等作出简要说明,也要对预测的意义予以说明,以争取他们的重视与支持。

(2)征询的问题应集中并有针对性,以使各个事件构成一个有机整体,能够较好地反映出预测的主题;所提供的信息应充分,使专家有足够的根据做出判断。

(3)调查表所列问题应明确,不能引起歧义,使专家能把主要精力用于思考问题,而不是用在理解似是而非的信息上;问题应尽量简化,不问与预测无关的问题。

(4)调查表应要求专家在给出预测事件发生概率的同时阐明论证过程。允许专家粗略地估计数字,但需要提供预计数字的可靠程度。

4. 确定预测值,作出预测结论

德尔菲法预测的最后阶段是对专家预测结果进行量化处理。处理方法和表达方式取决于预测问题的类型和对预测的要求,经常采用中位数法和总分法,下面进行详细介绍。

1)中位数法

中位数是指将各专家对预测目标的预测数值按大小顺序进行排列,排在中间位置的那个数就是中位数。中位数是数据集中的一种特征数。当整个数列的数目为奇数时,中位数只有一个;当整个数列的数目为偶数时,中位数则为数列中间位置两个数的算术平均值。中位数代表专家预测意见的平均值,一般以它作为预测结果。

如果把各位专家的预测结果按数值的大小排列,并将专家人数分成四等份,则中分点的预测结果可作为中位数。中分点前面的四分点的预测结果称为下四分点数值(简称下四分点),中分点后面的四分点的预测结果称为上四分点数值(简称上四分点)。也就是说,上、下四分点分别是从小到大排列的数列 1/4、3/4 处的数值。数列上下四分位的数值表示预测值的置信区间。置信区间越窄,即上下四分点间距越小,说明专家们的意见越集中,用中位数代表预测结果的可信程度越高。

当预测结果需要用数量表示时,专家们的预测值将是一系列可比较大小的数据。德尔菲法就是用中位数和上、下四分位点处理专家们的预测值,求出预测的期望值和区间,具体方法是:

假设有 n 个专家,对应有 n 个预测值 x_i,从小到大排列为 $x_1 \leqslant x_2 \leqslant \cdots \leqslant x_n$。设中位数及上、下四分位点分别用 $x_中$、$x_上$、$x_下$ 表示,则其计算公式为

$$\begin{cases} x_下 = x_{\frac{n+1}{4}} \\ x_中 = x_{\frac{n+1}{2}} \\ x_上 = x_{\frac{3(n+1)}{4}} \end{cases} \tag{2.1}$$

如果下四分点、中位数、上四分点的位次 $\dfrac{n+1}{4}, \dfrac{n+1}{2}, \dfrac{3(n+1)}{4}$ 带小数,则下四分点、中位数、上四分点的数值分别为 $\dfrac{n+1}{4}, \dfrac{n+1}{2}, \dfrac{3(n+1)}{4}$ 相邻整数位次数值的加权平均数。设 $\dfrac{n+1}{4}, \dfrac{n+1}{2}, \dfrac{3(n+1)}{4}$ 三个数值的小数分别为 a, b, c,则其相邻位次整数数值的权重分别为 $1-a$ 和 a,$1-b$ 和 b,$1-c$ 和 c。

例 2.1 某部门采用专家预测法预测某机型战储器材购置经费(单位:亿元)。16 位专家在最后一轮的预测值分别是(按从小到大的顺序排列):

$x = \{222, 224, 231, 233, 240, 248, 255, 261, 264, 264, 268, 269, 272, 276, 278, 287\}$

解:

因为 $n = 16$,所以根据式(2.1)可知,中位数 $x_中$ 是第 8 个数与第 9 个数的平均值,则预测期望值为

$$x_中 = \frac{x_8 + x_9}{2} = 262.5 \text{ (亿元)}$$

由于 $\dfrac{3}{4} \times (16+1) = 12.75$,所以上四分位点 $x_上$ 是第 12 个数与第 13 个数的加权平均值,其权重分别为 0.25、0.75,即

$$x_上 = 0.25x_{12} + 0.75x_{13} = 271.25 \text{ (亿元)}$$

同理可得:

$$x_下 = 0.75x_4 + 0.25x_5 = 234.75 \text{ (亿元)}$$

因此,预测区间为 234.75~271.25 亿元。

2）总分法

总分法是比较某些项目重要程度并按照各项目的重要程度进行排序的一种方法。

总分法的预测步骤如下。

第一步，列出所有评价项目，项目数量为 J 。

第二步，确定要排出前多少个项目。设需要排出前 K 个项目，排在第 k 位的得分为 B_k （ $k = 1, 2, \cdots, K$ ），一般评为第 1 位的给 K 分，第 2 位的给 $K-1$ 分，第 K 位的给 1 分，而排在第 K 位之后的项目给 0 分。

第三步，计算每个项目的总得分 S_j

$$S_j = \sum_{k=1}^{K} B_k N_{jk}, j = 1, 2, \cdots, J \qquad (2.2)$$

式中： N_{jk} 为赞同项目 j 排在第 k 位的专家人数。计算 S_j 时，因为排在第 K 位之后的项目给 0 分，所以计算时不用再考虑排在第 K 位之后的情况。

第四步，根据各项目的 S_j 值排序。

例 2.2 在对某航材的消耗量进行预测时，通过征询表发给专家们的问题是：重要性、经济性、消耗性、筹措难度、可更换性、是否控寿等 6 个因素对该航材库存决策可能产生一定的影响，请从其中筛选出影响较大的 3 个因素并将这 3 个因素按照其对该航材库存决策影响程度从大到小进行排序。

解：

需要评估的因素数量为 $J = 6$ ，令 $j = a, b, c, d, e, f$ 。

因为只要求排出前三，所以 $K = 3$ 。假设评第 1 位的给 3 分、第 2 位的给 2 分、第 3 位的给 1 分，即 $B_1 = 3, B_2 = 2, B_3 = 1$ 。另外，排序在第三后面的给 0 分，这些因素一般对该航材库存决策没有影响或影响不大。

第四轮征询作出回答的专家人数为 50，各因素不同排序的专家人数以及总分法计算情况如表 2.1 所列。

表 2.1　各因素不同排序的专家人数以及总分法计算结果

因素种类	评分人数			
	N_{j1}	N_{j2}	N_{j3}	$S_j = \sum_{k=1}^{K} B_k N_{jk}$
a	9	12	13	64
b	0	0	5	5
c	18	5	2	66
d	4	3	8	26
e	10	7	3	27
f	5	12	6	45

由表 2.1 可知总得分排在前三的、从大到小的因素分别是 c, a, f，其总得分分别为

$$S_c = \sum_{k=1}^{K} B_k N_{ck} = 66$$

$$S_a = \sum_{k=1}^{K} B_k N_{ak} = 64$$

$$S_f = \sum_{k=1}^{K} B_k N_{fk} = 45$$

显然，按对该航材库存决策影响程度排在前三名的因素依次是消耗性、重要性和是否控寿。

2.3.3　德尔菲法的缺点

(1) 预测精度受专家的学识水平、心理状态、兴趣程度等主观因素的影响较大。

(2) 预测通常建立在直观经验基础上，缺乏理论上的严格论证，预测结果不太稳定。

(3) 研究时间不易掌握，主要原因是征询调查表发放和回收时间难以控制。

(4) 征询问题设计不够具体、明确时，专家会产生不同的理解，会导致预测结果不太合理。

(5) 预测结果一般以中位数为期望值，但不考虑偏离中位数较远(如上下四分位点以外)的预测意见，容易漏掉了具有独特见解的有价值的意见。

2.4　主观概率法

2.4.1　主观概率法概述

主观概率法是对头脑风暴法、德尔菲法等得到的定量估计结果进行集中整理的定性预测方法。其中的"主观概率"是相对客观概率而言的。

客观概率是随机事件的一种客观属性，是指某一随机事件经过反复试验后出现的频数，也就是对某一随机事件发生的可能性大小的客观估计，具有可检验性。在实际工作中，在一组相同条件下进行大量重复的独立试验时，一般用一个随机事件出现的相对频率估计它的概率。

但是,在很多决策问题中进行大量重复的试验则不太可能。这是因为在决策问题中,事件往往只发生一次,而且存在很大的不确定性。而对这种一次性且不确定的事件出现的可能性进行估计时,就无法得到其客观概率,只能通过主观概率来度量。

主观概率是指预测者对某一事件在未来发生可能性的估计。主观概率虽然是人们对事件出现可能性的信任程度,但并不是主观臆断,而是基于对事件已有信息的一种理智上的判断。不过,事件的主观概率会随着人们掌握信息的增加而改变,而且每个人会因掌握信息不同、思维方式不同、侧重点不同等情况给出不同甚至可能相差很大的主观概率。因此,主观概率并不像客观概率一样是随机事件的客观属性,它不具有可检验性。但是,总体上来说,主观概率法能够考虑一次性且不确定事件出现的可能性,在一定程度上能够为很多决策问题提供一定的支持,在实际决策工作中还是得到了较为广泛的应用。

与客观概率一样,主观概率也应满足概率论中的一些条件。例如,有 n 个不同事件,它们互不相交且并集为整个样本空间,则它们的概率均非负且和为 1。

主观概率法比较常用的是主观概率加权平均法,该方法是将各专家主观概率的加权平均值作为专家集体的预测结果。随机事件的主观概率可通过德尔菲法组织一批专家来评估。

2.4.2 主观概率加权平均法预测步骤

主观概率加权平均法的预测步骤如下。

(1) 将专家的预测结果进行定量化描述,形成不同状态的估计值。

(2) 专家估计不同状态的概率——即主观概率,再根据不同状态的估计值和主观概率,计算不同专家的方案期望值。该方案期望值为主观概率与不同状态的估计值乘积之和。

(3) 进一步将参与预测的有关人员进行分类,赋予同类人员中不同专家不同的权重,计算每一类专家的综合期望值。

(4) 对每一类人员赋予相应权重,计算所有类别人员的综合期望值。这种综合可以考虑不同类别人员的经验丰富程度和预测准确性与重要程度,对其预测方案期望值给予不同权重,这样就可以采用加权平均数进行综合。综合预测值的计算式为

$$\hat{y}_j = \sum_{i=1}^{n} y_i w_i (0 \leqslant w_i \leqslant 1, \sum_{i=1}^{n} w_i = 1) \tag{2.3}$$

式中:$\hat{y}_j$ 为 j 类人员的综合预测值。y_i 为 j 类人员中第 i 位的方案期望值;w_i 为 j 类

人员中第 i 位方案期望值的比重或权重；n 为 j 类人员含有人数总量。

最后，这个结果还需要由预测组织者参照当时预测项目的发展趋势，考虑是否需要调整综合期望值或进一步向有关人员反馈信息，经酝酿讨论，最终确定更趋合理的预测结果。

例 2.3 某单位要求 3 名航材助理、3 名机务高工、5 名航材统计员对某机型年保障经费（单位：万元）进行预测。试用主观概率加权平均法进行预测。

解：

（1）航材股 3 名助理、机务大队 3 名高工、航材股 5 名统计员经各自的分析判断，针对最高保障经费、最可能保障经费、最低保障经费三种状态确定了各自的估计值、主观概率、期望值及其权重，分别如表 2.2、表 2.3、表 2.4 所列。

表 2.2　航材股 3 名助理的估计值、主观概率、期望值及其权重

航材股助理	保障经费状态	估计值/万元	概率	期望值/万元	权重
甲	最高保障经费	290	0.25	252.5	0.4
	最可能保障经费	260	0.5		
	最低保障经费	200	0.25		
乙	最高保障经费	305	0.25	271.25	0.3
	最可能保障经费	275	0.5		
	最低保障经费	230	0.25		
丙	最高保障经费	275	0.25	241.25	0.3
	最可能保障经费	245	0.5		
	最低保障经费	200	0.25		

表 2.3　机务大队 3 名高工的估计值、主观概率、期望值及其权重

机务大队高工	保障经费状态	估计值/万元	概率	期望值/万元	权重
甲	最高保障经费	290	0.25	267.5	0.5
	最可能保障经费	275	0.5		
	最低保障经费	230	0.25		
乙	最高保障经费	275	0.25	233.75	0.3
	最可能保障经费	230	0.5		
	最低保障经费	200	0.25		
丙	最高保障经费	260	0.25	230	0.2
	最可能保障经费	230	0.5		
	最低保障经费	200	0.25		

表 2.4 航材股 5 名统计员的估计值、主观概率、期望值及其权重

航材股统计员	保障经费状态	估计值/万元	概率	期望值/万元	权重
甲	最高保障经费	200	0.25	170	0.2
	最可能保障经费	170	0.5		
	最低保障经费	140	0.25		
乙	最高保障经费	200	0.25	175	0.2
	最可能保障经费	170	0.5		
	最低保障经费	160	0.25		
丙	最高保障经费	210	0.25	185	0.2
	最可能保障经费	190	0.5		
	最低保障经费	150	0.25		
丁	最高保障经费	230	0.25	197.5	0.2
	最可能保障经费	200	0.5		
	最低保障经费	160	0.25		
戊	最高保障经费	200	0.25	177.5	0.2
	最可能保障经费	180	0.5		
	最低保障经费	150	0.25		

（2）分别计算各类人员的综合预测值。

助理员的综合预测值为

$$y_1 = 252.5 \times 0.4 + 271.25 \times 0.3 + 241.25 \times 0.3 = 254.75 （万元）$$

高工的综合预测值为

$$y_2 = 267.5 \times 0.5 + 233.75 \times 0.3 + 230 \times 0.2 = 249.875 （万元）$$

统计员的综合预测值为

$$y_3 = 170 \times 0.2 + 175 \times 0.2 + 185 \times 0.2 + 197.5 \times 0.2 + 177.5 \times 0.2$$
$$= 181（万元）$$

（3）对三类人员的综合预测值进行加权求和。假设航材股助理方案的权重为 0.5，机务大队高工方案的权重为 0.3，航材股统计员方案的权重为 0.2，则航材保障经费的预测值为

$$254.75 \times 0.5 + 249.875 \times 0.3 + 181 \times 0.2 = 238.5375 （万元）$$

需要注意的是，在计算所有类别人员的综合预测值时，主要应根据不同类别人员的岗位、专业等情况给予适当的权重。一般来说，航材股助理的预测方案统观全局，既能体现上级航材保障部门的要求，又能反映航材保障的现状，因而应给予较大的权重；而机务大队高工的预测方案，受到他们岗位专业的局限，可能与航材助理员相比他们给出的方案偏差较大，所以就给予较小的权重；至于航材股统计员的

预测方案,因他们直接从事具体的航材保障活动,其权重一般应低于航材助理员。

(4) 对综合预测值作适当调整。国外常用一个经验系数去修正原预测结果,具体做法是:统计历年的预测值与实际保障经费的差距,将这一差距的百分比作为调整系数来修订预测值。另外,也可以组织头脑风暴会议,经过互相启发、补充,在充分发表意见的基础上确定最终的预测值。

2.5 小结

定性预测主要是对预测对象未来表现的性质和未来的发展方向、趋势及造成的影响等所作出的判断性的预测。定性预测偏重于对事物发展方向和各种影响因素的分析,能发挥专家经验和主观能动性,比较灵活,而且简便易行,可以较快地提出预测结果。但是在进行定性预测时,也要尽可能地搜集数据,运用数学方法,其结果通常也是从数量上作出测算。需要注意的是,虽然有些定性预测的结果可以用数值表示,但它们都是根据预测人员的经验主观判断估计出来的。

定性预测典型方法包括头脑风暴法、德尔菲法、主观概率法等。

头脑风暴法是在正常融洽和不受任何限制的气氛中以会议形式进行讨论、座谈,打破常规,积极思考,畅所欲言,充分发表看法。头脑风暴法应遵循规定的原则来设置专家、进行讨论、形成方案,其主要步骤包括:会议准备;介绍问题背景;直接头脑风暴,汇总设想;质疑头脑风暴,形成方案。

德尔菲法是采用函询调查,向预测问题相关领域的专家分别提出问题,然后将其意见予以综合、整理、反馈,经过多次反复循环后即可得到一个比较一致且可靠性较高的意见。该方法的实质是利用专家的主观判断,通过信息的流通和反馈,使预测意见趋向一致,逼近实际值。德尔菲法的预测步骤包括:确定预测主题和预测事件;选择专家;四轮预测;确定预测值,做出预测结论。

主观概率法是对头脑风暴法、德尔菲法等得到的定量估计结果进行集中整理的定性预测方法。主观概率法比较常用的是主观概率加权平均法,该方法是将各专家估计值的加权平均值作为专家集体的预测结果。

尽管定性预测法具有主观性的一面,但它可以克服定量预测法自身的一些局限性。例如,失真、缺失的数据会影响定量预测的准确性;经济将要发生转折性的变化时,通过历史数据所建立的定量模型无法用来预测未来;定量预测法所需的一些信息无法获得或很难获得,如社会和政治因素对未来经济发展的影响等。这些局限性的存在说明仅采用定量预测法是不够的,定性预测也是必不可少的一种重要的预测方法。

思考与练习

1. 直接头脑风暴与质疑头脑风暴法的主要区别是什么? 在专家选择上有何

异同？

2. 若用德尔菲法预测索马里护航舰载机某型雷达的携行数量,你准备:

(1) 如何挑选专家?

(2) 设计预测咨询表应包含哪些内容?

(3) 怎样处理专家意见?

(4) 为了提高专家意见的回收率,你准备采用什么办法?

3. 某单位聘请了 3 位有经验的航材保障专家对某备件进行消耗预测。预测结果如下:

甲:最高消耗量是 80 件,最低消耗量是 60 件,最可能的消耗量是 70 件

乙:最高消耗量是 75 件,最低消耗量是 55 件,最可能的消耗量是 64 件

丙:最高消耗量是 85 件,最低消耗量是 60 件,最可能的消耗量是 70 件

甲、乙、丙这三位专家的经验彼此相当,试用专家预测法预测该航材的消耗量。

4. 试分析德尔菲法的优点与不足。

5. 组织学员围绕下面的主题开展直接头脑风暴演练。

会议名称:某型开关供应保障研讨会。

会议时间:XXXX. XX. XX。

参会人员:研讨专家(科研院所、基层保障人员、业务机关助理,预测学家或专家)。

定专家组:专家组组长和其余专家。

问题描述:某年某单位某型开关全部到寿。已知该航材的单机安装数为 1 件,共 20 架飞机,该航材库存只有 5 件。如果筹措不及时会造成重大的保障事故,为此紧急召开该会议,讨论该航材保障存在的问题及解决的措施。

专家发言:每名专家逐一发言。

记录设想:录入专家意见一览表。

质疑设想:形成最终专家意见表。

第3章
时间序列预测法

本章主要介绍时间序列预测概述、移动平均法、指数平滑法等内容。其中,时间序列预测概述主要阐述了时间序列的含义、因素分析、构成模式等内容;移动平均法主要阐述了简单移动平均法、加权移动平均法、趋势移动平均法;指数平滑法主要阐述了一次指数平滑法、二次指数平滑法、三次指数平滑法。

3.1 时间序列预测概述

最早的时间序列分析可以追溯到 7000 年前的古埃及。当时,为了发展农业生产,古埃及人一直在密切关注尼罗河泛滥的规律,把尼罗河涨落的情况逐天记录下来,就构成了所谓的时间序列。通过对这个时间序列的长期观察,他们发现尼罗河的涨落非常有规律。天狼星和太阳同时升起的那一天之后,再过 200 天左右,尼罗河就开始泛滥,泛滥期将持续七八十天,洪水过后,土地肥沃,随意播种就会有丰厚的收成。由于掌握了尼罗河泛滥的规律,古埃及的农业迅速发展,解放出大批的劳动力去从事非农业生产,从而创建了灿烂的古埃及文明。

按照时间的顺序把事件变化发展的过程记录下来就构成了一个时间序列。对时间序列进行观察、研究,寻找它变化发展的规律,预测它将来的走势,就是时间序列预测。

3.1.1 时间序列的定义

按时间顺序排列的一组随机变量

$$y_1, y_2, \cdots, y_t, \cdots \tag{3.1}$$

表示一个随机事件的时间序列,简记为 $\{Y_t, t \in T\}$。该时间序列的 n 个有序观察值表示为

$$y_1, y_2, \cdots, y_n \text{ 或者} \{y_t, t = 1, 2, \cdots, n\} \tag{3.2}$$

3.1.2 时间序列的因素分析

一个时间序列往往会受到许多不同因素的影响。例如,某商品月销售量受到居民的购买力、商品的价格、质量的好坏、顾客的爱好、季节的变化等因素的影响;再如,航材消耗会受到机群规模、飞行时间、起落次数、气候环境等因素的影响。要想掌握各种影响因素并确定其作用大小是很困难的。根据各种因素的特点或影响效果,可将这些因素分成长期趋势、季节变动、环变动和不规则变动四类,同时可以认为时间序列是由这四类因素构成或叠加的结果。

1. 长期趋势(T)

长期趋势是指由于某种根本性因素的影响,时间序列在较长时间内连续不断地朝着一定的方向发展(上升或下降),或者随着时间的推移无明显的上升或下降,总体呈现出一种稳定的趋势。长期趋势反映了事物的主要变化趋势,是事物本质在数量上的体现,它是分析预测目标时间序列的重点。例如,历年的国民生产总值、刹车盘消耗量等均呈现一定的长期趋势。

2. 季节变动(S)

季节变动是指由于自然条件、社会条件或人们的生活习惯的影响,时间序列在一年内随着季节的转变而引起的周期性变动。例如,空调、服装、蔬菜等销量具有明显的季节性特点。在航材保障工作中也存在季节变动情况。冬季天气极其严寒,飞机运行环境变化较大,密封圈的膨胀系数、钢索的延伸性等会发生变化,这会使飞机工作系统患上"冬季病",如液压系统部件、起落架等出现"跑、冒、滴、漏"现象。为此,航材保障部门一般都会进行换季普查,准备充足的零件、耗材,确保换季工作顺利开展。

3. 循环变动(C)

循环变动是指社会经济现象以一定时间为周期的变动。循环变动是涨落起伏的变动,不朝单一方向发展,因而它有别于长期趋势。又因为循环变动是不稳定的,短则一两年,长则数年、数十年,上次出现以后,下次何时出现难以预料,故它又有别于季节变动。循环变动往往是由高值到低,再回到高值的波浪形模式。例如,资本主国家经济危机的变化周期以及航材的批次到寿、订货和送修等也是循环变动现象。

4. 不规则变动(I)

不规则变动是指由各种偶然性因素引起的无周期变动。不规则变动又可分为突然变动和随机变动。突然变动,是指诸如战争、自然灾害、地震、意外事故、方针、政策的改变等所引起的变动。随机变动是指由于大量的随机因素所产生的影响,如股票价格的异动、航材的随机故障等。不规则变动的规律不易掌握,很难预测。

3.1.3 时间序列的构成模式

时间序列的变动可以看成是长期趋势、季节变动、循环变动和不规则变动 4 种因素的叠加,是它们综合作用的结果。其作用形式一般有 3 种模式:

加法模式:

$$y_t = T_t + S_t + C_t + I_t \tag{3.3}$$

乘法模式:

$$y_t = T_t \cdot S_t \cdot C_t \cdot I_t \tag{3.4}$$

混合模式:

$$y_t = T_t \cdot S_t + C_t + I_t \tag{3.5}$$

$$y_t = S_t + T_t \cdot C_t \cdot I_t \tag{3.6}$$

式中:y_t 为第 t 期的时间序列值;T_t 为第 t 期的长期趋势值;S_t 为第 t 期的季节变动值;C_t 为第 t 期的循环变动值;I_t 为第 t 期的不规则变动值。

上面所研究的是时间序列的一般构成。实际进行时间序列分析和预测时,4 个分量不一定同时存在。例如,有时可能没有 S_t,即时间序列无季节变动的影响;有时可能没有 C_t,即时间序列无循环变动的影响。

一般而言,若时间序列的季节变动、循环变动和随机变动的变化幅度随着长期趋势的增长(或衰减)而增强(或减弱),应采用乘法模式;若季节变动、循环变动和随机变动的幅度不随长期趋势的增衰而变化,应采用加法模式。

3.2 移动平均法

移动平均法是在算术平均的基础上发展起来的一种预测方法。算术平均虽能代表一组数据的平均水平,但它不能反映数据的变化趋势。当时间序列的数据由于受周期变动和随机变动的影响起伏较大,不易显示出发展变化趋势时,可用移动平均法消除这些因素的影响,显露出时间序列的长期趋势。

移动平均法包括简单移动平均法、加权移动平均法和趋势移动平均法等。

3.2.1 简单移动平均法

1. 预测模型

简单移动平均法(即一次移动平均法)就是取时间序列的 N 个观测值予以平均,并依次滑动至将数据处理完毕,得到一个平均值序列。

设时间序列为 $y_1, y_2, \cdots, y_t$,则简单移动平均公式为

$$M_t = \frac{y_t + y_{t-1} + \cdots + y_{t-N+1}}{N} \qquad (3.7)$$

式中：M_t 为 t 期移动平均值；N 为移动平均的项数。

式(3.7)的递推公式为

$$M_t = M_{t-1} + \frac{y_t - y_{t-N}}{N} \qquad (3.8)$$

式(3.8)表明当 t 向前移动一个时期，就增加一个新近数据，去掉一个远期数据，得到一个新的平均数。由于它不断地"吐故纳新"，逐期向前移动，所以称为移动平均法。

简单移动平均预测公式为

$$\hat{y}_{t+1} = M_t \qquad (3.9)$$

式(3.9)表示第 t 期的移动平均值即为第 $t+1$ 期的预测值。

2. 适用范围

由于移动平均可以平滑数据，清除周期变动和不规则变动的影响，使长期趋势显示出来，因而经常用于预测。一般来说，简单移动平均法只适用于当前时期后一时期的预测，不适用于当前时期后多个时期的预测。

简单移动平均法适用于预测目标的发展趋势变化不大的情况，如果目标的发展趋势存在其他的变化，采用简单移动平均法就会产生较大的预测误差。换句话说，所要预测的变量在一个较短的时间范围之内应表现为一个相当平稳的时间序列，否则简单移动平均法的适应性就会比较差。

3. 模型应用

例 3.1 某航材 13 年的消耗量（单位：件）统计数据如表 3.1 所列，试用简单移动平均法预测第 14 年的消耗量，取 $N=3$，$N=4$ 并对两种情况的预测精度进行比较分析。

表 3.1　某航材历年消耗量及简单移动平均法计算表

年度序号	y_t	M_t ($N=3$)	$\hat{y}_t$ ($N=3$)	M_t ($N=4$)	$\hat{y}$ ($N=4$)	$(\hat{y}_t - y_t)^2$ ($N=3, t \geq 5$)	$(\hat{y}_t - y_t)^2$ ($N=4, t \geq 5$)
1	10						
2	12						
3	13	11.67					
4	9	11.33	11.67	11.00			
5	10	10.67	11.33	11.00	11.00	1.78	1.00
6	8	9.00	10.67	10.00	11.00	7.11	9.00
7	7	8.33	9.00	8.50	10.00	4.00	9.00

年度序号	y_t	M_t (N = 3)	$\hat{y}_t$ (N = 3)	M_t (N = 4)	$\hat{y}_t$ (N = 4)	$(\hat{y}_t - y_t)^2$ (N = 3, t ≥ 5)	$(\hat{y}_t - y_t)^2$ (N = 4, t ≥ 5)
8	8	7.67	8.33	8.25	8.50	0.11	0.25
9	13	9.33	7.67	9.00	8.25	28.44	22.56
10	14	11.67	9.33	10.50	9.00	21.78	25.00
11	14	13.67	11.67	12.25	10.50	5.44	12.25
12	12	13.33	13.67	13.25	12.25	2.78	0.06
13	16	14.00	13.33	14.00	13.25	7.11	7.56
14			14.00		14.00		
$\sum\limits_{t=5}^{13}(\hat{y}_t - y_t)^2$						78.56	86.69

解：

$N = 3$ 时的简单移动平均公式：

$$M_t = \frac{y_t + y_{t-1} + y_{t-2}}{3}$$

$N = 4$ 时的简单移动平均公式：

$$M_t = \frac{y_t + y_{t-1} + y_{t-2} + y_{t-3}}{4}$$

根据上述公式分别计算 $N = 3$，$N = 4$ 时的简单移动平均预测值，结果如表 3.1 所列。

下面根据表 3.1 的数据，绘制消耗量观察值及移动平均预测值趋势图，如图 3.1 所示。

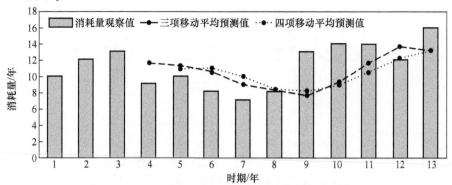

图 3.1　消耗量观察值及移动平均预测值趋势图

根据图 3.1 可知，实际消耗量的随机波动较大，经过移动平均法计算后，随机波动显著减少。同时也可以看出，N越大，修匀的程度越强，波动也越小，但对实际消耗趋势的反应也越迟钝；而N越小，对消耗趋势的反应越灵敏，但修匀性则越差，容易把随机干扰反映出来。因此，N的选择甚为重要，N应该取多大，应根据具体情况确定。当N等于周期变动的周期时，即可消除周期变化的影响。

下面通过方差、平均精度两个指标比较$N=3$、$N=4$两种情况的预测精度，综合确定选取哪一种情况的预测值作为最终结果。

（1）计算方差，其计算过程如表3.1所列。

当$N=3$时方差为

$$S^2 = \frac{1}{9} \sum_{t=5}^{13} (\hat{y}_t - y_t)^2 = \frac{1}{9} \times 78.56 = 8.73$$

当$N=4$时方差为

$$S^2 = \frac{1}{9} \sum_{t=5}^{13} (\hat{y}_t - y_t)^2 = \frac{1}{9} \times 86.69 = 9.63$$

由此可见，$N=3$时S^2较小。

（2）计算平均精度，其计算过程如表3.2所列。

表 3.2　平均精度计算表

年度序号	y_t	$\hat{y}_t$ $(N=3)$	$\hat{y}_t$ $(N=4)$	$\left\| \dfrac{y_t - \hat{y}_t}{y_t} \right\|$ $(N=3)$	$\left\| \dfrac{y_t - \hat{y}_t}{y_t} \right\|$ $(N=4)$
1	10				
2	12				
3	13				
4	9	11.67			
5	10	11.33	11	0.13	0.10
6	8	10.67	11	0.33	0.38
7	7	9.00	10	0.29	0.43
8	8	8.33	8.5	0.04	0.06
9	13	7.67	8.25	0.41	0.37
10	14	9.33	9	0.33	0.36
11	14	11.67	10.5	0.17	0.25
12	12	13.67	12.25	0.14	0.02
13	16	13.33	13.25	0.17	0.17
	$\sum\limits_{t=5}^{13} \left\| \dfrac{y_t - \hat{y}_t}{y_t} \right\|$			2.01	2.13

当 $N = 3$ 时的平均精度为

$$Z = \left(1 - \frac{1}{9} \sum_{t=5}^{13} \left| \frac{y_t - \hat{y}_t}{y_t} \right| \right) \times 100\% = \left(1 - \frac{1}{9} \times 2.01 \right) \times 100\% = 77.67\%$$

当 $N = 4$ 时的平均精度为

$$Z = \left(1 - \frac{1}{9} \sum_{t=5}^{13} \left| \frac{y_t - \hat{y}_t}{y_t} \right| \right) \times 100\% = \left(1 - \frac{1}{9} \times 2.13 \right) \times 100\% = 76.32\%$$

由此可见,$N = 3$ 时 Z 较高。

上述两个预测精度指标的计算结果表明,$N = 3$ 的预测精度较高,所以应选择 $N = 3$ 的预测结果作为最终结果。$N = 3$ 时第 14 年该航材消耗预测值为 14 件。

3.2.2 加权移动平均法

1. 预测模型

简单移动平均法对数据不分远近,同等对待,不符合新信息优先原则。一般情况下,每期数据包含的信息量是不一样的,近期数据往往包含着更多未来的信息,应给予更大的权重。

加权移动平均法的基本思想是:考虑各期数据的重要性,对不同时期数据给予不同的权重。

加权移动平均法的计算公式为

$$M_{t\omega} = \omega_1 y_t + \omega_2 y_{t-1} + \cdots + \omega_N y_{t-N+1}, t \geq N, \omega_i \geq 0, \sum_{i=1}^{N} \omega_i = 1 \quad (3.10)$$

式中:$M_{t\omega}$ 为第 t 期的加权移动平均值;ω_i 为观测值 y_i 的权重。ω_i 体现了相应的 y_i 在加权移动平均值中的重要程度。

加权移动平均法的预测公式为

$$\hat{y}_{t+1} = M_{t\omega} \quad (3.11)$$

式(3.11)表示第 t 期的加权移动平均值即为第 $t + 1$ 期的预测值。在加权移动平均法中,ω_i 的取值具有一定的经验性,一般原则是:近期数据的权重大,远期数据的权重小,具体取值多少由预测者对时间序列进行全面分析后确定。

2. 适用范围

加权移动平均法常用于不同时期数据包含信息量明显不同的情况。

3. 模型应用

例 3.2 依据例 3.1 中的数据,试运用加权移动平均法对该航材第 14 年的消耗量进行预测,取 $N = 3$、$N = 4$,并对两种情况的预测精度进行比较分析。

解:

$N = 3$ 时的加权移动平均公式

$$M_t = \omega_1 y_t + \omega_2 y_{t-1} + \omega_3 y_{t-2}$$

式中:权重取 $\omega_1 = 0.2, \omega_2 = 0.3, \omega_3 = 0.5$。

$N = 4$ 时的加权移动平均公式

$$M_t = \omega_1 y_t + \omega_2 y_{t-1} + \omega_3 y_{t-2} + \omega_4 y_{t-3}$$

式中:权重取 $\omega_1 = 0.1, \omega_2 = 0.2, \omega_3 = 0.3, \omega_4 = 0.4$。

根据上述公式分别计算 $N = 3$、$N = 4$ 时的加权移动平均预测值,如表 3.3 所列。

表 3.3　加权移动平均法计算表

年度序号	y_t	M_t $(N=3)$	$\hat{y}_t$ $(N=3)$	M_t $(N=4)$	$\hat{y}_t$ $(N=4)$	$(\hat{y}_t - y_t)^2$ $(N=3, t \geq 5)$	$(\hat{y}_t - y_t)^2$ $(N=4, t \geq 5)$
1	10						
2	12						
3	13	12.10					
4	9	10.80	12.10	10.90			
5	10	10.30	10.80	10.50	10.90	0.64	0.81
6	8	8.80	10.30	9.30	10.50	5.29	6.25
7	7	7.90	8.80	8.10	9.30	3.24	5.29
8	8	7.70	7.90	7.90	8.10	0.01	0.01
9	13	10.30	7.70	9.80	7.90	28.09	26.01
10	14	12.50	10.30	11.80	9.80	13.69	17.64
11	14	13.80	12.50	13.20	11.80	2.25	4.84
12	12	13.00	13.80	13.10	13.20	3.24	1.44
13	16	14.40	13.00	14.20	13.10	9.00	8.41
14			14.40		14.20		
$\sum\limits_{t=5}^{13} (\hat{y}_t - y_t)^2$						65.45	70.7

下面通过比较 $N = 3$、$N = 4$ 两种情况的方差 S^2 来确定哪一种情况的预测精度更高。

当 $N = 3$ 时方差为

$$S^2 = \frac{1}{9} \sum_{t=5}^{13} (\hat{y}_t - y_t)^2 = \frac{1}{9} \times 65.45 = 7.27$$

当 $N = 4$ 时方差为

$$S^2 = \frac{1}{9} \sum_{t=5}^{13} (\hat{y}_t - y_t)^2 = \frac{1}{9} \times 70.7 = 7.86$$

由此可见，$N=3$ 时 S^2 较小，所以预测值选择 $N=3$ 的预测结果，即第 14 年该航材预计消耗 14.4 件，四舍五入即为 14 件。

另外，与简单移动平均法的方差相比，加权移动平均法的方差更小。由此可见，根据新信息优先原则赋予适当权重的做法与该航材实际消耗规律更相符。因此，加权移动平均法比简单移动平均法更准确。

3.2.3 趋势移动平均法

1. 预测模型

简单移动平均法和加权移动平均法在时间序列没有明显的变动趋势时能够准确地反映实际情况，但当时间序列出现直线增加或减少的变动趋势时，用简单移动平均法来预测就会出现滞后偏差。因此，需要进行修正，修正的方法是作二次移动平均，利用移动平均存在滞后偏差的规律来建立直线趋势的预测模型，这就是趋势移动平均法，也称二次移动平均法。

一次移动平均值计算公式为

$$M_t^{(1)} = \frac{y_t + y_{t-1} + \cdots + y_{t-N+1}}{N}$$

在一次移动平均的基础上再进行一次移动平均就是二次移动平均，其计算公式为

$$M_t^{(2)} = \frac{M_t^{(1)} + M_{t-1}^{(1)} + \cdots + M_{t-N+1}^{(1)}}{N} \tag{3.12}$$

式（3.12）的递推公式为

$$M_t^{(2)} = M_{t-1}^{(2)} + \frac{M_t^{(1)} - M_{t-N}^{(1)}}{N} \tag{3.13}$$

下面利用移动平均的滞后偏差建立趋势移动平均预测模型。

设：

（1）t 为当前时期数；

（2）T 为由 t 至预测期的时期数；

（3）$\hat{y}_{t+T}$ 为第 $t+T$ 期预测值；

（4）a_t 为截距；

（5）b_t 为斜率。

若时间序列 $\{y_t\}$ 从某时期开始具有直线趋势，则其趋势移动平均预测公式为

$$\hat{y}_{t+T} = a_t + b_t T, T = 1, 2, \cdots$$

$$\begin{cases} a_t = 2M_t^{(1)} - M_t^{(2)} \\ b_t = \dfrac{2}{N-1}(M_t^{(1)} - M_t^{(2)}) \end{cases} \tag{3.14}$$

式中：a,b 又称为平滑系数,读者若有兴趣可自行推导其计算公式。

2. 适用范围

趋势移动平均法适用于时间序列呈现直线增加或减少趋势的情况。

3. 模型应用

例3.3　依据例3.1中的数据,试运用趋势移动平均法($N=3$)对该航材第14年的消耗量进行预测。

解：

$N=3$时的趋势移动平均法计算结果如表3.4所列,包括一次移动平均值、二次移动平均值、平滑系数、预测值($T=1$)等。

该航材第14年的消耗量预测值为14.67件,四舍五入后即为15件。

表 3.4　趋势移动平均法计算表

年度序号	y_t	$M_t^{(1)}$	$M_t^{(2)}$	a_t	b_t	a_t+b_t	$\hat{y}_t$	$(\hat{y}_t-y_t)^2$
1	10							
2	12							
3	13	11.67						
4	9	11.33						
5	10	10.67	11.22	10.11	−0.56	9.56		
6	8	9.00	10.33	7.67	−1.33	6.33	9.56	2.42
7	7	8.33	9.33	7.33	−1.00	6.33	6.33	0.44
8	8	7.67	8.33	7.00	−0.67	6.33	6.33	2.78
9	13	9.33	8.44	10.22	0.89	11.11	6.33	44.44
10	14	11.67	9.56	13.78	2.11	15.89	11.11	8.35
11	14	13.67	11.56	15.78	2.11	17.89	15.89	3.57
12	12	13.33	12.89	13.78	0.44	14.22	17.89	34.68
13	16	14.00	13.67	14.33	0.33	14.67	14.22	3.16
14							14.67	

下面将趋势移动平均法、加权移动平均法预测的精度进行对比分析。加权移动平均法权重分别为 $w_1=0.2,w_2=0.3,w_3=0.5$。由于计算方差时趋势移动平均法的 t 起始值最小,即 $t\geq6$,所以加权移动平均法也按 $t\geq6$ 计算方差。

运用趋势移动平均法预测的方差为

$$S^2=\frac{1}{8}\sum_{t=6}^{13}(\hat{y}_t-y_t)^2=\frac{1}{8}\times99.84=12.48$$

运用加权移动平均法预测的方差为

$$S^2 = \frac{1}{8} \sum_{t=6}^{13} (\hat{y}_t - y_t)^2 = \frac{1}{8} \times 64.81 = 8.1$$

由此可见,加权移动平均法预测精度更高一些。感兴趣的读者可以尝试给出加权移动平均法的误差计算过程。

下面再采用平均精度指标,对 $N = 3$ 时趋势移动平均法、加权移动平均法的预测精度进行比较分析,其计算过程如表 3.5 所列。

表 3.5　趋势移动平均法、加权移动平均法平均精度($N=3$)计算表

年度序号	y_t	$\hat{y}_t$		$\left\|\dfrac{\hat{y}_t - y_t}{y_t}\right\|$	
		趋势移动平均法	加权移动平均法	趋势移动平均法	加权移动平均法
1	10				
2	12				
3	13				
4	9		12.1		0.34
5	10		10.8		0.08
6	8	9.56	10.3	0.19	0.29
7	7	6.33	8.8	0.10	0.26
8	8	6.33	7.9	0.21	0.01
9	13	6.33	7.7	0.51	0.41
10	14	11.11	10.3	0.21	0.26
11	14	15.89	12.5	0.13	0.11
12	12	17.89	13.8	0.49	0.15
13	16	14.22	13	0.11	0.19
		$\sum\limits_{t=6}^{13} \left\|\dfrac{\hat{y}_t - y_t}{y_t}\right\|$		1.95	1.67

趋势移动平均法的平均精度为

$$Z = \left(1 - \frac{1}{8} \sum_{t=6}^{13} \left|\frac{\hat{y}_t - y_t}{y_t}\right|\right) \times 100\% = \left(1 - \frac{1}{8} \times 1.95\right) \times 100\% = 75.58\%$$

加权移动平均法的平均精度为

$$Z = \left(1 - \frac{1}{8} \sum_{t=6}^{13} \left|\frac{\hat{y}_t - y_t}{y_t}\right|\right) \times 100\% = \left(1 - \frac{1}{8} \times 1.67\right) \times 100\% = 79.08\%$$

可见,加权移动平均法的平均精度比趋势移动平均法高出 3.5 个百分点,所以其预测精度明显更高一些。

3.3 指数平滑法

移动平均法虽简单易行,但存在一些不足:一是存储数据量较大。每计算一次移动平均值,就需要存储最近 N 个观察数据,当需要经常预测时就有不便之处;二是移动平均法仅考虑最近的 N 期数据,而对 $t-N$ 期以前的数据则完全不考虑。但在实际情况中,不同时期的观察值包含着不同的信息量,更为切合实际的方法是各期观察值都要考虑且要对各期观察值依时间顺序加权。

指数平滑法可以消除历史统计序列中的随机波动,找出其中的主要发展趋势,而且既不需要存储很多历史数据,又考虑了各期数据的重要性,同时使用了全部历史资料。因此,指数平滑法是移动平均法的改进和发展。指数平滑法适用于进行简单的时间序列分析和中、短期预测。

根据平滑次数不同,指数平滑法分为一次指数平滑法、二次指数平滑法、三次指数平滑法和高次指数平滑法。本节主要介绍比较常用的一次指数平滑法、二次指数平滑法和三次指数平滑法。

3.3.1 一次指数平滑法

1. 预测模型

设:

(1) $y_1, y_2, \cdots, y_t$ 为时间序列观察值;

(2) $S_t^{(1)}$ 为一次指数平滑值;

(3) α 为加权系数。

则一次指数平滑公式为

$$S_t^{(1)} = \alpha y_t + (1 - \alpha) S_{t-1}^{(1)} \tag{3.15}$$

一次指数平滑法的第 t 期指数平滑值即为第 $t + 1$ 期预测值

$$\hat{y}_{t+1} = S_t^{(1)} \tag{3.16}$$

为什么该方法称为"指数"平滑法呢?下面展开一次指数平滑值公式。

$$
\begin{aligned}
S_t^{(1)} &= \alpha y_t + (1 - \alpha) S_{t-1}^{(1)} \\
&= \alpha y_t + (1 - \alpha)(\alpha y_{t-1} + (1 - \alpha) S_{t-2}^{(1)}) \\
&= \alpha y_t + \alpha(1 - \alpha) y_{t-1} + (1 - \alpha)^2 S_{t-2}^{(1)} \\
&= \alpha y_t + \alpha(1 - \alpha) y_{t-1} + (1 - \alpha)^2(\alpha y_{t-2} + (1 - \alpha) S_{t-3}^{(1)}) \\
&= \alpha y_t + \alpha(1 - \alpha) y_{t-1} + \alpha(1 - \alpha)^2 y_{t-2} + (1 - \alpha)^3 S_{t-3}^{(1)} + \cdots + (1 - \alpha)^t S_0^{(1)} \\
&\quad \cdots\cdots \\
&= \alpha \sum_{j=0}^{t-1} (1 - \alpha)^j y_{t-j} + (1 - \alpha)^t S_0^{(1)}
\end{aligned}
$$

$\exists\, t \to \infty$

$\because \alpha \in (0,1)$

$\therefore (1-\alpha)^t \to 0$

因此，一次指数平滑值公式可转换为

$$S_t^{(1)} = \alpha \sum_{j=0}^{\infty} (1-\alpha)^j y_{t-j}$$

由此可见，指数平滑值用到所有观察值，且权重由近至远呈几何级数下降，符合指数规律，因此该方法称为指数平滑法。

2. α 值和平滑初始值的确定方法

1）α 值的确定方法

α 值应根据时间序列的波动程度在 0~1 之间选择。具体方法如下。

如果预测目标的时间序列趋势总体比较稳定，没有大的波动，α 值应取小一点，如 0.1~0.3，以减小修正幅度，使预测模型能包含较长时间序列的信息。

如果时间序列具有迅速且明显的变动倾向，则 α 应取大一点，如 0.6~0.8，使预测模型灵敏度高一些，以便迅速跟上数据的变化。

在实际应用时，可以多取几个 α 值进行试算，看哪个预测误差较小，就采用哪个 α 值作为权重。也可以采用遗传算法等方法来获得更准确的 α 值。

2）平滑初始值的确定方法

平滑初始值是由预测者估计或指定的。当时间序列的数据较多，例如，在 20 个以上时，初始值对以后的预测值影响很小，可选用第一期观察值为初始值。如果时间序列的数据较少，在 20 个以下时，初始值可能对以后的预测值影响很大，可选用前几期的观察值为初始值。

如果时间序列比较平稳，波动不大，可以不用区分 20 个以上或 20 个以下，均取最初几期观察值的平均值作为初始值即可。

3. 模型应用

例 3.4 某作动筒消耗量（单位：件）如表 3.6 所列，试采用一次指数平滑法预测 2018 年该航材消耗量。

表 3.6 某作动筒消耗量及一次指数平滑法计算表

年份/年	t	y_t/件	$\alpha = 0.3$		$\alpha = 0.5$		$\alpha = 0.7$	
			$S_t^{(1)}$	$\hat{y}_t$	$S_t^{(1)}$	$\hat{y}_t$	$S_t^{(1)}$	$\hat{y}_t$
2005	0	57	55.00		55.00		55.00	
2006	1	53	54.40	55.00	54.00	55.00	53.60	55.00
2007	2	53	53.98	54.40	53.50	54.00	53.18	53.60
2008	3	57	54.89	53.98	55.25	53.50	55.85	53.18

年份/年	t	y_t/件	$\alpha = 0.3$		$\alpha = 0.5$		$\alpha = 0.7$	
			$S_t^{(1)}$	$\hat{y}_t$	$S_t^{(1)}$	$\hat{y}_t$	$S_t^{(1)}$	$\hat{y}_t$
2009	4	57	55.52	54.89	56.13	55.25	56.66	55.85
2010	5	60	56.86	55.52	58.06	56.13	59.00	56.66
2011	6	59	57.50	56.86	58.53	58.06	59.00	59.00
2012	7	61	58.55	57.50	59.77	58.53	60.40	59.00
2013	8	60	58.99	58.55	59.88	59.77	60.12	60.40
2014	9	63	60.19	58.99	61.44	59.88	62.14	60.12
2015	10	61	60.43	60.19	61.22	61.44	61.34	62.14
2016	11	63	61.20	60.43	62.11	61.22	62.50	61.34
2017	12	62	61.44	61.20	62.06	62.11	62.15	62.50
2018	13			61.44		62.06		62.15

解：

首先,加权系数取 $\alpha = 0.3, 0.5, 0.7$,三种情况的初始值均为

$$S_0^{(1)} = \frac{y_1 + y_2}{2} = 55$$

然后,计算各期平滑值和预测值,见表 3.6。

当 $\alpha = 0.3$ 时,方差为

$$S^2 = \frac{1}{12} \sum_{t=1}^{12} (y_t - \hat{y}_t)^2 = 6.87$$

同理,当 $\alpha = 0.5, 0.7$ 时,方差分别为 0.75、0.72。

计算结果表明,当 $\alpha = 0.3$ 时, S^2 最小。

故选取 $\alpha = 0.3$ 时的预测值作为 2018 年该作动筒消耗量的预测值,即

$$\hat{y}_{13} = S_{12}^{(1)} = 61.44 \text{（件）}$$

3.3.2　二次指数平滑法

一次指数平滑法虽然克服了移动平均法的缺点,但当时间序列的变动出现直线趋势时,用该方法进行预测,仍存在明显的滞后偏差。修正的方法与趋势移动平均法相同,即再作二次指数平滑,利用滞后偏差的规律建立二次指数平滑模型。

1. 预测模型

一次、二次指数平滑值分别为

$$S_t^{(1)} = \alpha y_t + (1 - \alpha) S_{t-1}^{(1)}$$
$$S_t^{(2)} = \alpha S_t^{(1)} + (1 - \alpha) S_{t-1}^{(2)} \tag{3.17}$$

当时间序列 $\{y_t\}$ 从某时期开始具有直线趋势时，可用以下二次指数平滑模型预测：

$$\hat{y}_{t+T} = a_t + b_t T, (T = 1,2,3,\cdots)$$
$$\begin{cases} a_t = 2S_t^{(1)} - S_t^{(2)} \\ b_t = \dfrac{\alpha}{1-\alpha}(S_t^{(1)} - S_t^{(2)}) \end{cases} \tag{3.18}$$

式中：a_t, b_t 分别为二次指数平滑模型的截距和斜率，其推导过程详述如下。

一次、二次指数平滑值的公式可以展开为

$$S_t^{(1)} = \alpha y_t + (1 - \alpha) S_{t-1}^{(1)} = \alpha \sum_{j=0}^{\infty} (1 - \alpha)^j y_{t-j}$$

$$S_t^{(2)} = \alpha S_t^{(1)} + (1 - \alpha) S_{t-1}^{(2)} = \alpha \sum_{j=0}^{\infty} (1 - \alpha)^j S_{t-j}^{(1)}$$

$$S_{t-j}^{(1)} = \alpha y_{t-j} + (1 - \alpha) S_{t-j-1}^{(1)} = \alpha \sum_{i=0}^{\infty} (1 - \alpha)^i y_{t-j-i}$$

对上述指数平滑值公式两边取数学期望，即

$$E(S_t^{(1)}) = \alpha \sum_{j=0}^{\infty} (1 - \alpha)^j E(y_{t-j})$$

$$= \alpha \sum_{j=0}^{\infty} (1 - \alpha)^j (a_t - b_t j)$$

$$= a_t \alpha \sum_{j=0}^{\infty} (1 - \alpha)^j - b_t \alpha \sum_{j=0}^{\infty} (1 - \alpha)^j j$$

$$\because \alpha \sum_{j=0}^{\infty} (1 - \alpha)^j = \alpha \frac{1}{1 - (1 - \alpha)} = 1$$

$$\alpha \sum_{j=0}^{\infty} (1 - \alpha)^j j = \alpha \frac{1 - \alpha}{(1 - (1 - \alpha))^2} = \frac{1 - \alpha}{\alpha}$$

$$\therefore E(S_t^{(1)}) = a_t - b_t \frac{1 - \alpha}{\alpha}$$

$$E(S_{t-j}^{(1)}) = \alpha \sum_{i=0}^{\infty} (1 - \alpha)^i E(y_{t-j-i})$$

$$= \alpha \sum_{i=0}^{\infty} (1 - \alpha)^i (a_t - b_t j - b_t i)$$

$$= (a_t - b_t j) \alpha \sum_{i=0}^{\infty} (1 - \alpha)^i - b_t \alpha \sum_{i=0}^{\infty} (1 - \alpha)^i i$$

$$\because \alpha \sum_{i=0}^{\infty} (1-\alpha)^{i} = 1, \alpha \sum_{i=0}^{\infty} (1-\alpha)^{i} i = \frac{1-\alpha}{\alpha}$$

$$\therefore E(S_{t-j}^{(1)}) = a_t - b_t j - b_t \frac{1-\alpha}{\alpha}$$

$$E(S_t^{(2)}) = \alpha \sum_{j=0}^{\infty} (1-\alpha)^j E(S_{t-j}^{(1)})$$

$$= \alpha \sum_{j=0}^{\infty} (1-\alpha)^j (a_t - b_t \frac{1-\alpha}{\alpha} - b_t j)$$

$$= (a_t - b_t \frac{1-\alpha}{\alpha}) \alpha \sum_{j=0}^{\infty} (1-\alpha)^j - b_t \alpha \sum_{j=0}^{\infty} (1-\alpha)^j j$$

$$\because \alpha \sum_{j=0}^{\infty} (1-\alpha)^j = 1$$

$$\alpha \sum_{j=0}^{\infty} (1-\alpha)^j j = \frac{1-\alpha}{\alpha}$$

$$\therefore E(S_t^{(2)}) = a_t - b_t \frac{1-\alpha}{\alpha} - b_t \frac{1-\alpha}{\alpha} = a_t - b_t \frac{2(1-\alpha)}{\alpha}$$

由于随机变量的数学期望是平滑值的最佳估计,所以有

$$\begin{cases} E(S_t^{(1)}) = a_t - b_t \dfrac{1-\alpha}{\alpha} = S_t^{(1)} \\ E(S_t^{(2)}) = a_t - b_t \dfrac{2(1-\alpha)}{\alpha} = S_t^{(2)} \end{cases}$$

解得

$$\begin{cases} a_t = 2S_t^{(1)} - S_t^{(2)} \\ b_t = \dfrac{\alpha}{1-\alpha}(S_t^{(1)} - S_t^{(2)}) \end{cases}$$

2. α 值和初始值的确定方法

α 值和初始值的确定方法同一次指数平滑法。

3. 模型应用

例 3.5 某传感器 2005—2018 年的消耗量(单位:件)如表 3.7 所列。试用二次指数平滑法预测 2019 年和 2020 年该航材的消耗量。

表 3.7 某传感器消耗量及二次指数平滑法计算表

年份/年	t	y_t	$S_t^{(1)}$	$S_t^{(2)}$	a_t	b_t	$\hat{y}_t$	$\hat{y}_t - y_t$	$(\hat{y}_t - y_t)^2$
2005	0	45	47.50	47.50	47.50	0.00			
2006	1	50	48.25	47.73	48.78	0.22	47.50	-2.50	6.25
2007	2	53	49.68	48.31	51.04	0.59	49.00	-4.00	16.00

年份/年	t	y_t	$S_t^{(1)}$	$S_t^{(2)}$	a_t	b_t	$\hat{y}_t$	$\hat{y}_t - y_t$	$(\hat{y}_t - y_t)^2$
2008	3	56	51.57	49.29	53.86	0.98	51.63	−4.38	19.14
2009	4	62	54.70	50.91	58.49	1.62	54.84	−7.17	51.34
2010	5	69	58.99	53.34	64.65	2.42	60.11	−8.89	78.98
2011	6	76	64.09	56.56	71.62	3.23	67.07	−8.93	79.77
2012	7	85	70.37	60.70	80.03	4.14	74.85	−10.15	103.00
2013	8	100	79.26	66.27	92.24	5.57	84.17	−15.83	250.66
2014	9	116	90.28	73.47	107.09	7.20	97.81	−18.19	330.96
2015	10	135	103.70	82.54	124.85	9.07	114.29	−20.71	428.96
2016	11	167	122.69	94.58	150.79	12.04	133.92	−33.08	1094.39
2017	12	197	144.98	109.70	180.26	15.12	162.83	−34.17	1167.30
2018	13	214	165.69	126.50	204.88	16.80	195.38	−18.62	346.78
2019	14						221.67	$\dfrac{1}{13}\sum\limits_{t=1}^{13}(\hat{y}_t - y_t)^2$	305.66
2020	15						238.47		

解：

（1）绘制散点图（图3.2）。从该图可以看出，该航材年消耗量具有明显的直线趋势，因此可利用二次指数平滑法进行预测。

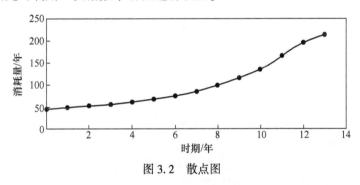

图3.2　散点图

（2）观察时间序列趋势，可见趋势比较稳定，故取 $\alpha = 0.3$；另外，一次、二次平滑值的初始值 $S_0^{(1)}$，$S_0^{(2)}$ 都取 2005 年和 2006 年消耗量观察值的均值，即 $S_0^{(1)} = S_0^{(2)} = 47.5$。

（3）分别计算各期的一次平滑值、二次平滑值、参数值、预测值、误差等（表3.7）。由该表可确定二次指数平滑预测模型，即

$$\hat{y}_{13+T} = 204.88 + 16.8T$$

因此，2019 年和 2020 年该航材的消耗量预测值分别为

$$\hat{y}_{14} = 204.88 + 16.8 \times 1 = 221.67 \, (\text{件})$$

$$\hat{y}_{15} = 204.88 + 16.8 \times 2 = 238.47 \, (\text{件})$$

二次指数平滑法预测结果的方差为 305.66，而如果采用一次指数平滑法预测，则其方差为 1510.03。可见，对于该类时间序列趋势，二次指数平滑法的预测精度比一次指数平滑法高很多。

3.3.3 三次指数平滑法

二次指数平滑法能处理直线变化的长期趋势，二次曲线或更复杂的长期趋势则需要用三次指数平滑法或者更高形式的平滑法预测。三次指数平滑法是在二次指数平滑法的基础上，再进行一次平滑。

1. 预测模型

一次、二次、三次指数平滑值为

$$\begin{cases} S_t^{(1)} = \alpha y_t + (1 - \alpha) S_{t-1}^{(1)} \\ S_t^{(2)} = \alpha S_t^{(1)} + (1 - \alpha) S_{t-1}^{(2)} \\ S_t^{(3)} = \alpha S_t^{(2)} + (1 - \alpha) S_{t-1}^{(3)} \end{cases} \tag{3.19}$$

三次指数平滑预测模型为

$$\hat{y}_{t+T} = a_t + b_t T + c_t T^2 \tag{3.20}$$

式中：$a_t = 3S_t^{(1)} - 3S_t^{(2)} + S_t^{(3)}$

$$b_t = \frac{\alpha}{2(1-\alpha)^2} [(6 - 5\alpha) S_t^{(1)} - 2(5 - 4\alpha) S_t^{(2)} + (4 - 3\alpha) S_t^{(3)}]$$

$$c_t = \frac{\alpha^2}{2(1-\alpha)^2} [S_t^{(1)} - 2S_t^{(2)} + S_t^{(3)}]$$

2. α 值和初始值的确定方法

α 值和初始值的确定方法同一次指数平滑法。

3. 模型应用

例 3.6 统计某型航材连续 20 个季度的消耗件数，如表 3.8 所列。试利用三次指数平滑法预测第 21、22 个季度的消耗量。

表 3.8 某航材消耗量及三次指数平滑法计算表

t	y_t	$S_t^{(1)}$	$S_t^{(2)}$	$S_t^{(3)}$	a_t	b_t	c_t	$\hat{y}_t$	$\hat{y}_t - y_t$	$(\hat{y}_t - y_t)^2$
0	12	13.50	13.50	13.50	13.50	0.00	0.00			
1	15	14.25	13.88	13.69	14.81	0.84	0.09	13.50	−1.50	2.25
2	17	15.63	14.75	14.22	16.84	1.73	0.17	15.75	−1.25	1.56
3	20	17.81	16.28	15.25	19.84	2.78	0.25	18.75	−1.25	1.56
4	22	19.91	18.09	16.67	22.11	2.79	0.20	22.88	0.88	0.77

t	y_t	$S_t^{(1)}$	$S_t^{(2)}$	$S_t^{(3)}$	a_t	b_t	c_t	$\hat{y}_t$	$\hat{y}_t - y_t$	$(\hat{y}_t - y_t)^2$
5	18	18.95	18.52	17.60	18.89	-0.81	-0.25	25.09	7.09	50.32
6	30	24.48	21.50	19.55	28.48	5.54	0.51	17.83	-12.17	148.15
7	32	28.24	24.87	22.21	32.32	5.14	0.35	34.53	2.53	6.41
8	52	40.12	32.49	27.35	50.23	13.83	1.24	37.81	-14.19	201.29
9	55	47.56	40.03	33.69	56.29	10.52	0.60	65.30	10.30	106.07
10	71	59.28	49.65	41.67	70.55	13.74	0.82	67.41	-3.59	12.92
11	78	68.64	59.15	50.41	78.89	11.38	0.38	85.11	7.11	50.56
12	86	77.32	68.23	59.32	86.58	9.52	0.09	90.65	4.65	21.61
13	103	90.16	79.20	69.26	102.15	13.53	0.51	96.19	-6.81	46.36
14	110	100.08	89.64	79.45	110.77	11.07	0.13	116.19	6.19	38.30
15	123	111.54	100.59	90.02	122.87	11.90	0.19	121.97	-1.03	1.06
16	131	121.27	110.93	100.47	131.50	10.05	-0.06	134.96	3.96	15.71
17	150	135.63	123.28	111.88	148.94	14.72	0.47	141.49	-8.51	72.40
18	166	150.82	137.05	124.46	165.77	16.72	0.59	164.14	-1.86	3.48
19	183	166.91	151.98	138.22	183.01	17.86	0.59	183.08	0.08	0.01
20								201.45	$\dfrac{1}{19}\sum_{t=1}^{19}(\hat{y}_t - y_t)^2$	41.09
21								221.07		

解：

（1）绘制散点图（图3.3）。从该图可以看出，年消耗量总体呈二次曲线上升趋势，因此可利用三次指数平滑法进行预测。

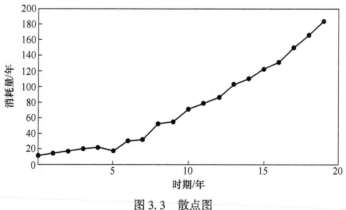

图3.3　散点图

（2）观察时间序列趋势，可以看出有一定的上升趋势但又不是特别快速上升，故取 $\alpha = 0.5$。一次、二次、三次平滑值的初始值 $S_0^{(1)}$，$S_0^{(2)}$，$S_0^{(3)}$ 都取时间序列前两项的均值，即

$$S_0^{(1)} = S_0^{(2)} = S_0^{(3)} = \frac{y_1 + y_2}{2} = 13.5$$

（3）分别计算各期的一次平滑值、二次平滑值、三次平滑值、参数值、预测值、误差等（表3.8）。由该表可确定三次指数平滑预测模型，即

$$\hat{y}_{19+T} = 183.01 + 17.86T + 0.59T^2$$

因此，第21、22个季度的消耗量预测值分别为

$$\hat{y}_{20} = 183.01 + 17.86 \times 1 + 0.59 \times 1^2 = 201.45 = 201（件）$$
$$\hat{y}_{21} = 183.01 + 17.86 \times 2 + 0.59 \times 2^2 = 221.07 = 221（件）$$

三次指数平滑法预测结果的方差为41.09，而如果采用一次、二次指数平滑法预测，则其方差分别为366.12、37.03（表3.9）。

在这三种指数平滑法中，二次、三次指数平滑法的预测精度比较接近，而且比一次指数平滑法高很多；其中二次指数平滑法的预测精度最高。因此，在实际应用时应该多尝试几种方法，从中选择精度最高的来预测。

表3.9　一次、二次指数平滑法预测误差计算表

t	y_t	一次指数平滑法		二次指数平滑法			
		$\hat{y}_t$	$(\hat{y}_t - y_t)^2$	a_t	b_t	$\hat{y}_t$	$(\hat{y}_t - y_t)^2$
0	12			13.50	0.00		
1	15	13.50	2.25	14.63	0.38	13.50	2.25
2	17	14.25	7.56	16.50	0.88	15.00	4.00
3	20	15.63	19.14	19.34	1.53	17.38	6.89
4	22	17.81	17.54	21.72	1.81	20.88	1.27
5	18	19.91	3.63	19.38	0.43	23.53	30.59
6	30	18.95	122.03	27.45	2.98	19.81	103.79
7	32	24.48	56.60	31.61	3.37	30.43	2.47
8	52	28.24	564.62	47.74	7.63	34.98	289.80
9	55	40.12	221.44	55.09	7.53	55.37	0.14
10	71	47.56	549.45	68.91	9.63	62.63	70.14
11	78	59.28	350.45	78.13	9.49	78.53	0.28
12	86	68.64	301.37	86.41	9.09	87.63	2.65
13	103	77.32	659.47	101.12	10.96	95.49	56.35
14	110	90.16	393.63	110.52	10.44	112.09	4.35
15	123	100.08	525.33	122.49	10.95	120.96	4.15
16	131	111.54	378.69	131.61	10.34	133.44	5.96
17	150	121.27	825.41	147.99	12.35	141.95	64.79
18	166	135.63	922.03	164.59	13.77	160.34	32.03
19	183	150.82	1035.71	181.84	14.93	178.35	21.60
20	$\dfrac{1}{19}\sum\limits_{t=1}^{19}(\hat{y}_t - y_t)^2$		366.12	$\dfrac{1}{19}\sum\limits_{t=1}^{19}(\hat{y}_t - y_t)^2$			37.03

为了更清晰地体现一次指数平滑法、二次指数平滑法、三次指数平滑法在本例中应用效果的差异,下面对这三种预测方法的预测值与观察值的趋势进行对比,如图 3.4 所示。

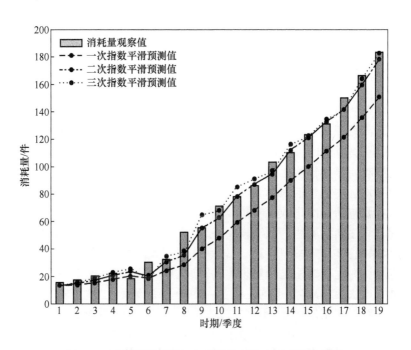

图 3.4　消耗量观察值与三种指数平滑法预测值趋势图

　　由图 3.4 可见,上述三种方法的预测值与观察值都有一定的误差。其中,一次指数平滑法的预测误差最大,与观察值相比存在明显的滞后;与一次指数平滑法相比,二次指数平滑法与三次指数平滑法的误差明显小很多,且比较接近,预测结果的拟合程度都比较高。与二次指数平滑法相比,三次指数平滑法的预测结果稍微滞后,误差稍大一些。总体上来说,上述三种方法中,二次指数平滑法的拟合效果最好,预测精度最高;三次指数平滑法存在一定的滞后性,但拟合效果仅次于二次指数平滑法,预测精度也较高;一次指数平滑法的拟合效果最差,预测精度最低。根据以上分析可知,本例中的观察值既有一定的直线趋势,也有一定的二次曲线趋势,所以既可以用二次指数平滑法预测,也可以用三次指数平滑法预测,二者预测精度都比较高而且比较接近。在实际应用中,可以多用几种方法预测,选择精度最高的预测结果作为最终预测值。

　　另外,为获得更高的预测精度,对加权系数可以多试几种取值,比较其方差大小,这样可以选择方差最小的加权系数来预测。例如,$\alpha = 0.4, 0.6, 0.7$ 时对应的方差分别为 1056.95、202.32、136665.75,与 $\alpha = 0.5$ 时的方差 41.09 相比,后者的方差最小,说明加权系数取 0.5 时预测精度最高,所以可以取加权系数为 0.5 来预测。

3.4 小结

时间序列预测是对时间序列进行观察、研究,寻找它变化发展的规律,预测它将来的趋势。时间序列是事件变化发展过程中按照时间的顺序记录下来的一组数据。

时间序列的因素包括长期趋势、季节变动、循环变动和不规则变动四类。时间序列的变动可以看成是长期趋势、季节变动、循环变动和不规则变动四种因素的叠加,其构成模式包括加法、乘法、混合三种。

常用的时间序列预测法包括移动平均法、指数平滑法等。

移动平均法主要包括简单移动平均法、加权移动平均法、趋势移动平均法,指数平滑法主要包括一次指数平滑法、二次指数平滑法、三次指数平滑法等。

不同时间序列预测法的预测模型、预测步骤等有很多相同的地方,也有各自的特点,建议采用比较方法来学习。比较是认识对象间的相同点或相异点的逻辑方法。马克思认为比较方法是理解现象的钥匙,是一种科学方法。简单移动平均法、加权移动平均法、趋势移动平均法以及一次指数平滑法、二次指数平滑法、三次指数平滑法具有很多相似之处,采用比较方法学习这几种方法有助于加深理解、举一反三,达到灵活运用、事半功倍的效果。

在利用各种时间序列预测法预测时,为获得较高的预测精度,一方面可以通过各种预测精度指标来比较不同预测方法的预测效果;另一方面可以多尝试几种加权系数的取值并比较其预测效果,最终选择预测效果最优的策略来预测。

思考与练习

1. 简述三种移动平均法的区别。
2. 简述三种指数平滑法的适用范围和局限性。
3. 某商场 1~11 月的营业收入时间序列如表 3.10 所列。试用简单移动平均法预测该商场第 12 月份的销售收入。

表 3.10　商场营业收入

月份 t	1	2	3	4	5	6
营业收入/万元	522.7	573.5	605.8	651.2	703.4	773.0
月份 t	7	8	9	10	11	
营业收入/万元	816.6	891.3	964.1	1015.7	1104.8	

4. 某单位某型飞机燃油系统配件近 6 个月来的发付记录如表 3.11 所列。试用三项加权移动平均法预测下一个月的发付数,给定权重分别为 0.6、0.3 及 0.1。

表 3.11　飞机燃油系统配件发付记录

月份	发付数/件	月份	发付数/件
第 1 月	19	第 4 月	25
第 2 月	18	第 5 月	29
第 3 月	22	第 6 月	32

5. 某航材的历年消耗量(单位:件)如表 3.12 所列。试运用一次指数平滑法,分别取 $\alpha = 0.3, 0.5, 0.7$,初始值取前两项平均值,预测 2010 年的航材消耗数。

表 3.12　航材消耗统计表

年份/年	2001	2002	2003	2004	2005	2006	2007	2008	2009
消耗量/件	221	263	240	269	270	301	259	294	262

6. 某网上自营店 2013—2019 年销售商品的营业额(单位:万元)如表 3.13 所列,用二次指数平滑法(取 $\alpha = 0.7$)预测该网店 2020 年和 2021 年的营业额。

表 3.13　某网店 2013—2019 年销售商品的营业额

年份/年	2013	2014	2015	2016	2017	2015	2019
营业额/万元	30.2	32.3	34.9	37.1	39.5	42	44.8

7. 1998—2017 年全国社会商品零售额(单位:亿元)如表 3.14 所列。试用三次指数平滑法预测 2018 年和 2020 年全国社会商品零售总额。

表 3.14　1998—2017 年全国社会商品零售额

年份/年	1998	1999	2000	2001	2002	2003	2004
零售额/亿元	33387	35659	39312	42998	48005	52478	59534
年份/年	2005	2006	2007	2008	2009	2010	2011
零售额/亿元	68456	79425	94513	114853	132646	157879	184041
年份/年	2012	2013	2014	2015	2016	2017	
零售额/亿元	211034	237811	241342	272347	311478	342981	

8. 对某型航材消耗量(单位:件)进行了历年数据统计,如表 3.15 所列,试用三种指数平滑法分别进行预测,求出误差并说明结论。

表 3.15　某型航材历年消耗量

年度序号	1	2	3	4	5	6
消耗量/件	177	173	181	194	202	210
年度序号	7	8	9	10	11	
消耗量/件	221	228	239	237	242	

第4章
回归分析预测法

本章主要介绍回归分析预测概述、一元线性回归预测、多元线性回归预测。其中,回归分析预测概述主要阐述回归分析和相关分析的相关概念、联系以及回归模型常见种类等;一元线性回归预测主要阐述一元线性回归模型及其假设条件、参数估计、检验、预测值和预测区间、应用;多元线性回归主要阐述多元线性回归模型及其假设条件、参数估计、检验、预测值和预测区间、应用。

4.1 回归分析预测概述

回归分析起源于生物学研究,是由英国生物学家兼统计学家高尔登在19世纪末叶研究遗传学特性时首先提出来的。他在研究人类的身高时,发现父母身高与子女身高之间有密切的关系。一般说来,高个子父母的子女身高有低于其父母身高的趋势;而矮个子父母的子女身高往往有高于其父母身高的趋势。从整个发展趋势看,高个子父母的子女身高回归于其种族的平均身高,而矮个子父母的子女身高则从另一个方向回归于种族的平均身高。高尔登在1889年发表的著作《自然的遗传》中,提出了回归分析方法以后,很快就应用到经济领域中,而且这一名词也一直为生物学和统计学所沿用。

一般说来,回归分析预测法是研究因变量随自变量变化的关系形式的分析方法,其目的在于根据已知自变量来估计和预测因变量的总平均值。例如,农作物亩产量与施肥量、降雨量和气温有着依存关系。通过对这一依存关系的分析,在已知施肥量、降雨量和气温信息的条件下,可以预测农作物的平均亩产量。又如,很多起落装置器材的消耗与飞行小时、起落次数有关,所以可根据飞行小时与起落次数预测其消耗量。

4.1.1 回归分析和相关分析

1. 区别
1) 回归分析
回归分析是对具有相关关系的变量之间的数量变化规律进行测定,研究某一随机变量(因变量或被解释变量)与其他一个或几个普通变量(自变量或解释变量)之间的数量变动关系,并据此对因变量进行预测的分析方法。由回归分析求出的关系式即为回归模型。回归分析需要明确区分自变量和因变量,且要求因变量须为随机变量。

2)相关分析

相关分析是以相关关系为对象,研究两个或两个以上随机变量之间线性依存关系的紧密程度。如果是一元相关,用相关系数表示;而如果是多元相关,则用复相关系数表示。相关分析研究的变量地位对等,不需要区分自变量与因变量。

综上所述,回归分析研究的是客观事物之间存在的严格的函数关系,目的是建立数学模型解释因果关系,用于预测或量化变量间影响程度。而相关分析研究的是衡量变量间线性关联的强度和方向,不考虑因果关系。

2. 联系

回归分析与相关分析是研究客观事物之间相互依存关系的不可分割的两个方面。两者均以变量间关系为研究核心,同时互为补充,相关分析提供关联强度,回归分析揭示具体影响模式。一般先通过相关分析筛选显著相关变量,再通过回归分析构建回归模型深入分析具体影响。

4.1.2 回归模型常见种类

1. 根据自变量的多少分类

根据自变量的多少,回归模型分为一元回归模型、多元回归模型。一元回归模型是根据一个因变量和一个自变量之间的函数关系建立的回归模型。多元回归模型是根据一个因变量和两个或两个以上自变量之间的函数关系建立的回归模型。

2. 根据回归模型的形式线性与否分类

根据回归模型的形式线性与否可分为线性回归模型、非线性回归模型。线性回归模型中的因变量与自变量之间成线性关系。非线性回归模型中的因变量与自变量之间成非线性关系,常见形式包括双曲线、多项式、对数、三角函数、指数、幂函数等各种曲线。非线性回归模型可通过直接和间接两种换元法转化为线性模型求解。例如,双曲线、多项式、对数、三角函数模型可以直接换元,指数、幂函数模型则需先通过两边取对数的方法转化为线性模型再换元。

3. 根据回归模型所含的变量是否有虚拟变量分类

虚拟变量是指地域、经济结构、社会、历史、文化、性别、宗教、战争、季节、政府经济政策变化等具有属性性质的品质变量,这些变量并不是产量、销售量、消耗量、成本、身高、温度等数量变量,但是这些品质变量有时会对预测结果产生较大影响。如果根据回归模型所含的变量是否有虚拟变量来分类,那么不含虚拟变量的回归模型为普通回归模型,含虚拟变量的回归模型则为带虚拟变量的回归模型。

在回归模型中,还有其他的分类方法,在此不再一一介绍。在各种回归模型中,一元线性回归模型和多元线性回归模型是最常用的两种,下面主要对这两种回归模型进行详细介绍。

4.2 一元线性回归预测

4.2.1 一元线性回归模型

一元线性回归预测法,是对两个具有线性关系的变量建立线性回归模型,根据自变量的变动来预测因变量平均发展趋势的方法。

设 x 为自变量,y 为因变量,y 与 x 之间存在某种线性关系,则一元线性回归模型为

$$y = a + bx + u \tag{4.1}$$

式中:u 为非主要因素以及随机变化、观测误差和模型数学形式设定偏差等各种因素对 y 的影响的总和,通常称为随机扰动项;a,b 为常数,是待定的参数。

给定 (x,y) 的 n 对观测值 $(x_i, y_i)(i = 1,2,\cdots,n)$,代入式(4.1),即

$$y_i = a + bx_i + u_i \tag{4.2}$$

式中:$u_i(i = 1,2,\cdots,n)$ 为 u 的 n 个观测值。

事实上,u_i 是不可预测的。因此,给定 (x,y) 的一组观测值 (x_i, y_i),要对上式参数 a,b 作出合理的估计,首先必须假设 u_i 分布满足以下基本假设条件。

4.2.2 一元线性回归模型的基本假设条件

1. 假设1

假设1用公式表示为

$$E(u_i) = 0, i = 1,2,\cdots,n \tag{4.3}$$

假设1是说,对于 x 的每个观测值 x_i,u_i 是一个具有多种不同取值的随机变量,其中有一些值大于零,另一些值小于零,所有可能取值的数学期望为零。按照这一假设,对式(4.1)两边同时取数学期望,可得

$$E(y) = a + bx \tag{4.4}$$

式(4.4)表明,因变量 y 的数学期望是关于自变量 x 的线性函数。$E(y) = a + bx$ 所代表的直线称为理论回归直线。

2. 假设2

假设2用公式表示为

$$D(u_i) = \sigma_u^2, i = 1, 2, \cdots, n \tag{4.5}$$

$$\mathrm{Cov}(u_i, u_j) = 0, i \neq j, i, j = 1, 2, \cdots, n \tag{4.6}$$

式(4.5)称为等方差性。这一假设限定,在各次观测中,随机扰动项 u_i 具有相同的方差,即各次观测的随机扰动幅度相同。式(4.6)称为无序列相关性。该假设限定,对于任意两次不同的观测而言,其随机扰动项 u_i 和 u_j 不相关,亦即随机扰动项 u_i 在某一次观测中的取值与其在另外任何一次观测中的取值不存在线性相关关系。

3. 假设 3

假设 3 用公式表示为

$$\mathrm{Cov}(u_i, x_i) = 0, i = 1, 2, \cdots, n \tag{4.7}$$

式(4.7)要求随机扰动项 u_i 与自变量 x_i 不相关。这是因为 u_i 作为非主要因素以及随机变化、观测误差和模型数学形式设定偏差等各种因素对 y 的影响的总和,不能与自变量 x_i 对 y 的影响存在相关关系。否则,就无法分离 u_i 和 x_i 对 y 的影响,无法建立所要求的回归模型。

比假设 3 更强的假设条件是要求自变量 x_i 为非随机变量。自变量是可控制的变量,用于解释或预测因变量的变化;因变量是随机变化的。

由于随机扰动项包含了非主要因素以及随机变化、观测误差和模型数学形式设定偏差等各种因素对 y 的影响的总和,根据中心极限定理,还可以进一步假设 u_i 服从正态分布,在该分布下最小二乘法具有最优性质。

4.2.3 一元线性回归模型参数的估计

1. 参数估计

估计模型的回归系数有许多方法,其中使用最广泛的是最小二乘法。

设

$$\hat{y}_i = \hat{a} + \hat{b}x_i \tag{4.8}$$

为由一组观测值 $(x_i, y_i)(i = 1, 2, \cdots, n)$ 得到的回归直线,通常称为样本回归直线。式中: $\hat{a}, \hat{b}$ 分别为 a, b 的估计值,称 $\hat{b}$ 为回归系数,它表示当自变量每变动一个单位时因变量预期的平均变动量; $\hat{y}_i$ 为 y_i 的估计值,对于每一个自变量 x_i,可得到一个估计值 $\hat{y}_i = \hat{a} + \hat{b}x_i$。

可用最小二乘法为观测值配合一条较为理想的回归直线,一般要求观测值与模型估计值的误差平方和为最小。

设误差平方和为

$$Q = \sum_{i=1}^{n} (y_i - \hat{y}_i)^2 \tag{4.9}$$

式中：n 为观察值数量，$\hat{y}_i = \hat{a} + \hat{b}x_i$，则误差平方和公式可转换为

$$Q = \sum_{i=1}^{n} (y_i - \hat{a} - \hat{b}x_i)^2 \tag{4.10}$$

针对误差平方和最小问题，可用多元微分学求其极值，即将误差平方和分别对 $\hat{a}, \hat{b}$ 求偏导，然后令 $\dfrac{\partial Q}{\partial \hat{a}} = \dfrac{\partial Q}{\partial \hat{b}} = 0$，所得的两个方程联立即可求出参数 $\hat{a}, \hat{b}$。具体计算过程如下：

$$\frac{\partial Q}{\partial \hat{a}} = -2\sum_{i=1}^{n} (y_i - \hat{a} - \hat{b}x_i) = 0$$

$$\Rightarrow \sum_{i=1}^{n} y_i - n\hat{a} - \hat{b}\sum_{i=1}^{n} x_i = 0$$

$$\Rightarrow n\hat{a} + \hat{b}\sum_{i=1}^{n} x_i = \sum_{i=1}^{n} y_i$$

$$\frac{\partial Q}{\partial \hat{b}} = -2\sum_{i=1}^{n} (y_i - \hat{a} - \hat{b}x_i)x_i = 0$$

$$\Rightarrow \sum_{i=1}^{n} x_i y_i - \hat{a}\sum_{i=1}^{n} x_i - \hat{b}\sum_{i=1}^{n} x_i^2 = 0$$

$$\Rightarrow \hat{a}\sum_{i=1}^{n} x_i + \hat{b}\sum_{i=1}^{n} x_i^2 = \sum_{i=1}^{n} x_i y_i$$

可得方程组

$$\begin{cases} n\hat{a} + \hat{b}\displaystyle\sum_{i=1}^{n} x_i = \sum_{i=1}^{n} y_i \\ \hat{a}\displaystyle\sum_{i=1}^{n} x_i + \hat{b}\sum_{i=1}^{n} x_i^2 = \sum_{i=1}^{n} x_i y_i \end{cases}$$

解得

$$\begin{cases} \hat{b} = \dfrac{n\displaystyle\sum_{i=1}^{n} x_i y_i - \sum_{i=1}^{n} x_i \sum_{i=1}^{n} y_i}{n\displaystyle\sum_{i=1}^{n} x_i^2 - \left(\sum_{i=1}^{n} x_i\right)^2} \\[4mm] \hat{a} = \dfrac{\displaystyle\sum_{i=1}^{n} x_i^2 \sum_{i=1}^{n} y_i - \sum_{i=1}^{n} x_i \sum_{i=1}^{n} x_i y_i}{n\displaystyle\sum_{i=1}^{n} x_i^2 - \left(\sum_{i=1}^{n} x_i\right)^2}\ \text{或}\ \bar{y} - \hat{b}\bar{x} \end{cases} \tag{4.11}$$

式中：$\bar{x} = \dfrac{1}{n} \sum\limits_{i=1}^{n} x_i$，$\bar{y} = \dfrac{1}{n} \sum\limits_{i=1}^{n} y_i$。

2. 估计量的统计特性

最小二乘估计量 $\hat{a}, \hat{b}$ 具有线性、无偏性和最小方差性等良好的性质。

4.2.4 一元线性回归模型的检验

建立的一元线性回归模型,是否符合变量之间的客观规律性,两变量之间是否具有显著的线性相关关系,还需要对回归模型进行显著性检验。这是因为对于任何观测值 $(x_i, y_i)(i = 1, 2, \cdots, n)$,只要 n 满足估计的基本要求,均可估计出回归系数 a, b 的值,找到一条回归直线,但是这条回归直线是否有意义,可否用于预测或控制,只有通过显著性检验才能下结论。在一元线性回归模型中最常用的显著性检验方法有：R 检验法、F 检验法和 t 检验法。R 检验法在实际应用中较为常见,下面着重介绍该方法。

第一步,计算相关系数 R

$$R = \sqrt{\frac{\sum (\hat{y}_i - \bar{y})^2}{\sum (y_i - \bar{y})^2}} = \sqrt{1 - \frac{\sum (y_i - \hat{y}_i)^2}{\sum (y_i - \bar{y})^2}}$$

$$= \frac{n \sum x_i y_i - \sum x_i \sum y_i}{\sqrt{n \sum x_i^2 - \left(\sum x_i \right)^2} \sqrt{n \sum y_i^2 - \left(\sum y_i \right)^2}} \quad (4.12)$$

式中：$\sum (y_i - \bar{y})^2$ 为总变差；$\sum (\hat{y}_i - \bar{y})^2$ 为回归平方和；$\sum (y_i - \hat{y}_i)^2$ 为残差平方和。因为 $\sum (y_i - \bar{y})^2 = \sum (\hat{y}_i - \bar{y})^2 + \sum (y_i - \hat{y}_i)^2$,所以回归平方和越大,残差平方和越小,此时回归直线与样本差距越小。这表明回归直线的拟合效果越好,线性相关关系越显著。R 越大,线性显著性越强。R 既可用 $\sqrt{\dfrac{\sum (\hat{y}_i - \bar{y})^2}{\sum (y_i - \bar{y})^2}}$ 计算,

也可用其展开式 $\dfrac{n \sum x_i y_i - \sum x_i \sum y_i}{\sqrt{n \sum x_i^2 - \left(\sum x_i \right)^2} \sqrt{n \sum y_i^2 - \left(\sum y_i \right)^2}}$ 计算。

第二步,根据回归模型的自由度 $n - 2$ 和给定的显著性水平 α 值,从相关系数临界值表中查出临界值 $R_\alpha(n - 2)$；

第三步,判别。若 $|R| > R_\alpha(n - 2)$,则表明两变量之间线性相关关系显著,检验通过,这时回归模型可以用来预测；若 $|R| \leqslant R_\alpha(n - 2)$,则表明两变量之间线性相关关系不显著,检验未通过,回归模型不能用来进行预测。这时,应分析其原因,对回归模型重新调整。

4.2.5　一元线性回归模型的预测值和预测区间

在一元线性回归模型中,对于自变量 x 的一个给定值,代入回归模型,就可以求得一个对应的回归预测值,又称为点估计值。

预测区间是在一定的显著性水平上,依据数理统计方法计算出的包含预测对象未来真实值的某一区间范围。

设预测点为 x_0,则预测值为

$$\hat{y}_0 = \hat{a} + \hat{b}x_0 \tag{4.13}$$

设预测误差为

$$e_0 = y_0 - \hat{y}_0$$

由于 y_0 和 $\hat{y}_0$ 都服从正态分布,所以 e_0 的期望值与方差分别为

$$E(e_0) = E(y_0 - \hat{y}_0) = E(y_0) - E(\hat{y}_0) = 0 \tag{4.14}$$

$$\begin{aligned}
D(e_0) &= D(y_0 - \hat{y}_0) \\
&= D(y_0) + D(\hat{y}_0) \\
&= \sigma^2 + \left[\frac{1}{n} + \frac{(x_0 - \bar{x})^2}{\sum (x_i - \bar{x})^2} \right] \sigma^2 \\
&= \left[1 + \frac{1}{n} + \frac{(x_0 - \bar{x})^2}{\sum (x_i - \bar{x})^2} \right] \sigma^2
\end{aligned} \tag{4.15}$$

所以 e_0 服从正态分布

$$e_0 \sim N\left(0, \left[1 + \frac{1}{n} + \frac{(x_0 - \bar{x})^2}{\sum (x_i - \bar{x})^2} \right] \sigma^2 \right)$$

令方差

$$S_0^2 = \left[1 + \frac{1}{n} + \frac{(x_0 - \bar{x})^2}{\sum (x_i - \bar{x})^2} \right] S_y^2$$

其中, S_0 为标准差, S_y 为估计标准误差,其计算公式为

$$S_y = \sqrt{\frac{\sum (y_i - \hat{y}_i)^2}{n - 2}} = \sqrt{\frac{\sum (y_i - \hat{a} - \hat{b}x_i)^2}{n - 2}} \tag{4.16}$$

实际应用时,也可以采用其展开式 $S_y = \sqrt{\dfrac{\sum y_i^2 - \hat{a} \sum y_i - \hat{b} \sum x_i y_i}{n - 2}}$ 计算。

因为 S_y^2 是 σ^2 的无偏估计量,所以 S_0^2 也是 $D(e_0)$ 的无偏估计量。可以证明, S_0^2 服从 χ^2 分布,则

$$\frac{y_0 - \hat{y}_0}{S_0} \sim t(n - 2) \tag{4.17}$$

其中

$$S_0 = \sqrt{1 + \frac{1}{n} + \frac{(x_0 - \bar{x})^2}{\sum (x_i - \bar{x})^2}} S_y$$

$$= \sqrt{1 + \frac{1}{n} + \frac{n(x_0 - \bar{x})^2}{n \sum x_i^2 - (\sum x_i)^2}} S_y \tag{4.18}$$

通过上述分析,可以得到,在显著性水平为 α 时,预测值 $\hat{y}_0$ 的预测区间为

$$\hat{y}_0 \pm t_{\alpha/2}(n - 2) S_0 \tag{4.19}$$

当实际观察值较多,满足大样本条件(一般 $n > 30$)时,式(4.18)中根式的值近似地等于 1,此时 $S_0 \approx S_y$。

4.2.6 一元线性回归模型的应用

1. 计算步骤

(1) 设定变量,绘制散点图,由散点图判断自变量和因变量之间是否呈线性关系;

(2) 建立一元线性回归方程;

(3) 计算回归系数,得到回归方程;

(4) 检验线性关系的显著性;

(5) 预测。

2. 注意事项

1) 重视数据的收集和甄别

在收集数据的过程中可能遇到的问题如下。

(1) 一些变量无法直接观测;

(2) 数据缺失或出现异常数据;

(3) 数据量不够;

(4) 数据不准确、不一致、有矛盾。

在遇到以上问题时一定要认真甄别数据,确保数据准确。

2) 合理确定数据的单位

在建立回归方程时,如果不同变量的单位选取不适当,导致模型中各变量的数量级差异悬殊,往往会给建模和模型解释带来诸多不便。比如模型中有的变量用小数位表示,有的变量用百位或千位数表示,可能会因舍入误差使模型计算

的准确性受到影响。因此,应适当选取变量的单位,使模型中各变量的数量级大体一致。

3. 模型应用

例 4.1　某型飞机某器材 2007—2018 年的故障和单机年均飞行小时数据如表 4.1 所列。另外,2019 年该器材的单机计划飞行小时为 140h,显著性水平 $\alpha = 0.05$。试运用一元线性回归分析法预测 2019 年该器材的故障数。

要求绘制散点图,进行显著性检验,估计 2019 年故障数的预测区间。

表 4.1　故障数和单机年均飞行小时数据

年份/年	2007	2008	2009	2010	2011	2012	2013	2014	2015	2016	2017	2018
单机年均飞行小时/h	69	73	72	68	72	72	94	100	119	122	124	122
故障数/件	16	26	20	12	16	22	32	35	40	41	48	45

解:

1) 绘制散点图

由散点图(图 4.1)可以看出历年的故障数与年均单机飞行小时之间成线性关系,因此可以采用一元线性回归法预测。

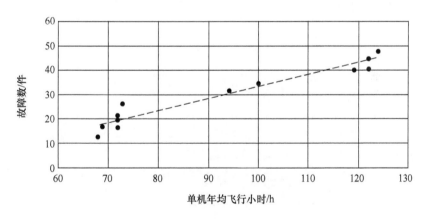

图 4.1　散点图

2) 建立回归方程

设一元线性回归方程为

$$\hat{y} = \hat{a} + \hat{b}x$$

3) 计算回归系数

回归系数估计值为

$$\hat{b} = \frac{n \sum x_i y_i - \sum x_i \sum y_i}{n \sum x_i^2 - \left(\sum x_i\right)^2} = 0.4998$$

$$\hat{a} = \bar{y} - \hat{b}\bar{x} = -16.6882$$

所求回归预测方程为

$$\hat{y} = -16.6882 + 0.4998x$$

4）检验线性关系的显著性

一元线性回归预测的线性关系显著性检验方法包括 R 检验、F 检验、t 检验，其检验效果一致，下面只提供 R 检验的计算过程。

$$R = \sqrt{\frac{\sum (\hat{y}_i - \bar{y})^2}{\sum (y_i - \bar{y})^2}} = 0.9636$$

当显著性水平 $\alpha = 0.05$，自由度 $n - 2 = 12 - 2 = 10$ 时，查相关系数临界值表，得 $R_{0.05}(10) = 0.576$，因

$$R = 0.9636 > 0.576 = R_{0.05}(10)$$

故在 $\alpha = 0.05$ 的显著性水平条件下，检验通过，说明两变量之间线性相关关系显著。

5）预测

（1）计算标准差。

$$S_y = \sqrt{\frac{\sum (y_i - \hat{y}_i)^2}{n - 2}} = 3.4746$$

$$S_0 = \sqrt{1 + \frac{1}{n} + \frac{n (x_0 - \bar{x})^2}{n \sum x_i^2 - \left(\sum x_i\right)^2}} S_y = 4.1783$$

（2）当显著性水平 $\alpha = 0.05$，自由度 $n - 2 = 12 - 2 = 10$ 时，查 t 分布表得

$$t_{0.025}(10) = 2.228$$

$$t_{0.025}(n - 2) S_0 = 9.3092$$

（3）$x_0 = 140\text{h}$，代入回归方程得 y 的点估计值为

$$\hat{y}_0 = 53.2812$$

预测区间为

$$\hat{y}_0 \pm t_{\alpha/2}(n - 2) S_0 = 53.2812 \pm 9.3092$$

当 2019 年单机计划飞行小时为 140h，在 $\alpha = 0.05$ 的显著性水平条件下，故障数的预测区间为 43.9721～62.5904 件。

如果采用一次、二次、三次指数平滑法，根据本例中的故障数对 2019 年的故障数进行预测，其精度会如何呢？下面对三种指数平滑（加权系数取 0.5）和一元线性回归模型的预测效果进行比较分析，它们的预测值和方差如表 4.2 所列。

表 4.2 三种指数平滑模型与一元线性回归模型预测值、方差

时期序号	故障数/件	预测值/件			
		一次指数平滑模型	二次指数平滑模型	三次指数平滑模型	一元线性回归模型
0	16				17.7980
1	26	21.0000	21.0000	21.0000	19.7972
2	20	23.5000	26.0000	28.5000	19.2974
3	12	21.7500	21.2500	19.5000	17.2982
4	16	16.8750	11.7500	6.2500	19.2974
5	22	16.4375	13.4375	12.8125	19.2974
6	32	19.2188	20.5000	24.4688	30.2930
7	35	25.6094	32.6406	40.3750	33.2918
8	40	30.3047	38.5156	43.5625	42.7880
9	41	35.1523	44.1055	47.3711	44.2874
10	48	38.0762	45.4766	45.5566	45.2870
11	45	43.0381	51.7002	53.0020	44.2874
方差		34.0047	23.0982	28.5193	10.0600

表 4.2 中,一元线性回归模型的预测值是根据所求出的方程,其自变量分别取历年的单机年均飞行小时,从而得到历年的预测值。三种指数平滑模型预测值的计算过程不作介绍,感兴趣的读者可自行演算。

比较一下三种指数平滑模型和一元线性回归模型的方差,可以看出一元线性回归模型的方差最小,其次是二次指数平滑模型、三次指数平滑模型,一次指数平滑模型的方差最大。所以,在这四种模型中,一元线性回归模型预测精度最高。那么,为什么一元线性回归模型预测精度比三种指数平滑模型都高呢?如果从系统工程的角度考虑一下这个问题,任何事物和其他事物之间都是有联系的,任何系统内部各要素之间也都是有联系的,完全孤立地利用一个因素而没有考虑其他主要影响因素的话,其结果都不能很好地反应实际规律。在本例中,单机年均飞行小时对该航材故障数的影响很大,而三种指数平滑模型都没有很好地反映该因素的影响,所以考虑了该因素影响的一元线性回归模型则能较好地反映该航材的故障规律,其预测精度自然比其他三种模型更高。

三种指数平滑模型和一元线性回归模型预测值的趋势如图 4.2 所示,它们的拟合程度在该图中可以得到更直观地展示。显然,一元线性回归模型的预测值与故障数观察值的拟合程度最高,说明其预测精度最高。

三种指数平滑模型与一元线性回归模型针对 2019 年的预测值如表 4.3 所列。

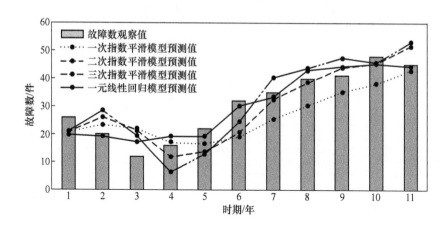

图 4.2 故障数观察值与三种指数平滑模型和一元线性回归模型预测值趋势图

表 4.3 三种指数平滑模型与一元线性回归模型 2019 年预测值

一次指数平滑 模型预测值	二次指数平滑 模型预测值	三次指数平滑 模型预测值	一元线性回归 模型预测值
44.0190	49.3311	46.6318	53.2800

虽然三种指数平滑法 2019 年的预测值与故障数观察值的趋势基本相符,但是其预测结果并不能满足实际保障需要。原因是,2019 年的单机计划飞行小时为140h,比前几年的飞行时间多出 16～18 飞行小时,这就会导致航材很可能产生更多的故障。一元线性回归模型能够将自变量的这种变化反映给因变量,使因变量发生相应的变化。而三种指数平滑模型则没有这种能力,因为它仅利用历年故障数这一个时间序列预测,对实际环境条件变化的反应不够及时、灵敏。所以,一元线性回归模型预测的结果能够更好地满足 2019 年航材保障需要。

由此可以看出,指数平滑等时间序列预测法考虑的因素过于单一,其合理应用的前提条件是各种影响因素基本没有变化或者逐步变化但变化增量不能有太大波动。否则,如果不考虑外界各种主要影响因素的变化,非要用时间序列预测法预测,自然会导致预测结果产生较大误差,与实际情况严重不符。

例 4.2 某省 2003—2018 年固定投资完成额和国内生产总值(单位:亿元)如表 4.4 所列。若 2019 年该省固定资产投资额为 19000 亿元,当显著性水平 $\alpha = 0.05$ 时,试估计 2019 年国内生产总值的预测区间。

要求:试用一元线性回归模型进行预测,并进行显著性检验。

表 4.4　某省 2003—2018 年国内生产总值和固定投资完成额数据

单位:亿元

年份/年	固定资产投资完成额 x	国内生产总值 y
2003	1768	4100
2004	1871	4349
2005	1997	4777
2006	2151	5228
2007	2424	5803
2008	3168	6721
2009	3914	8002
2010	4870	9799
2011	5535	11371
2012	6634	13509
2013	8030	15991
2014	9975	17728
2015	12092	21212
2016	13657	25055
2017	16353	27529
2018	18491	30081

解:

1) 绘制散点图

由散点图(图4.3)可以看出历年的国内生产总值和固定投资完成额之间成线性关系,因此可以采用一元线性回归法预测。

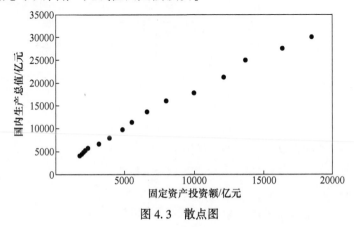

图 4.3　散点图

2）建立回归方程

设一元线性回归方程为

$$\hat{y} = \hat{a} + \hat{b}x$$

3）计算回归系数

回归系数估计值为

$$\hat{b} = \frac{n \sum x_i y_i - \sum x_i \sum y_i}{n \sum x_i^2 - (\sum x_i)^2} = 1.5918$$

$$\hat{a} = \bar{y} - \hat{b}\bar{x} = 1968.1163$$

所求回归预测方程为

$$\hat{y} = 1968.1163 + 1.5918x$$

4）检验线性关系的显著性

R 计算值为

$$R = \sqrt{\frac{\sum (\hat{y}_i - \bar{y})^2}{\sum (y_i - \bar{y})^2}} = 0.9966$$

当显著性水平 $\alpha = 0.05$,自由度 $n - 2 = 16 - 2 = 14$ 时,查相关系数临界值表,得 $R_{0.05}(14) = 0.4973$,因

$$R = 0.9966 > 0.4973 = R_{0.05}(14)$$

故在 $\alpha = 0.05$ 的显著性水平条件下,检验通过,说明两变量之间线性相关关系显著。

5）预测

（1）计算标准差。

$$S_y = \sqrt{\frac{\sum (y_i - \hat{y}_i)^2}{n - 2}} = 744.7107$$

$$S_0 = \sqrt{1 + \frac{1}{n} + \frac{n (x_0 - \bar{x})^2}{n \sum x_i^2 - (\sum x_i)^2}} S_y = 804.8264$$

（2）当显著性水平 $\alpha = 0.05$,自由度 $n - 2 = 16 - 2 = 14$ 时,查 t 分布表得

$$t_{0.025}(14) = 2.145$$

$$t_{0.025}(14)S_0 = 1726.3526$$

（3）$x_0 = 19000$ 亿元,代入回归方程得 y 的点估计值为

$$\hat{y}_0 = 32212.8488$$

预测区间为

$$\hat{y}_0 \pm t_{\alpha/2}(n - 2)S_0 = 32212.8488 \pm 1726.3526$$

即当 2019 年该省固定资产投资额为 19000 亿元,显著性水平 $\alpha = 0.05$ 时,国内生产总值的预测区间为 30486.4962~33939.2014 亿元。

4.3 多元线性回归预测

一元线性回归模型研究的是一个因变量与一个自变量之间的线性相关关系问题。但是,客观现象之间的联系是非常复杂的,许多现象的变动同时受到多种因素的影响。例如,除了飞行时间对起落装置器材的消耗量影响较大以外,起落次数也对其消耗量有很大影响。研究一个因变量与多个自变量之间的线性相关关系的方法就是多元回归预测法。

4.3.1 多元线性回归模型

假设因变量 y 受多个自变量 $x_2, x_3, \cdots, x_m$ 的影响,它们之间线性相关,可构建如下的多元线性回归模型

$$y = \beta_1 + \beta_2 x_2 + \beta_3 x_3 + \ldots + \beta_m x_m + u \tag{4.20}$$

式中:$\beta_1, \beta_2, \ldots, \beta_m$ 为回归系数,其中 β_1 为截距系数,$\beta_1, \beta_2, \cdots, \beta_m$ 为斜率系数;u 为随机误差项;回归系数个数为 m,自变量个数为 $m - 1$。

在多元线性回归模型中,$\beta_1, \beta_2, \cdots, \beta_m$ 是未知的,需要用样本观察值来估计。给定一组观察值 $y_i, x_{2i}, x_{3i}, \cdots, x_{mi}(i = 1, 2, \cdots, n)$,则式(4.20)可以转化为

$$y_i = \beta_1 + \beta_2 x_{2i} + \beta_3 x_{3i} + \cdots + \beta_m x_{mi} + u_i \tag{4.21}$$

其矩阵形式为

$$\boldsymbol{Y} = \boldsymbol{XB} + \boldsymbol{u} \tag{4.22}$$

式中:

$$\boldsymbol{Y} = \begin{bmatrix} y_1 \\ y_2 \\ \vdots \\ y_n \end{bmatrix}, \boldsymbol{X} = \begin{bmatrix} 1 & x_{21} & \cdots & x_{m1} \\ 1 & x_{22} & \cdots & x_{m2} \\ \vdots & \vdots & & \vdots \\ 1 & x_{2n} & \cdots & x_{mn} \end{bmatrix}, \boldsymbol{B} = \begin{bmatrix} \beta_1 \\ \beta_2 \\ \vdots \\ \beta_m \end{bmatrix}, \boldsymbol{u} = \begin{bmatrix} u_1 \\ u_2 \\ \vdots \\ u_n \end{bmatrix}$$

4.3.2 多元线性回归模型的基本假设条件

1. 假设 1

假设 1 用公式表示为

$$E(u_i) = 0, i = 1, 2, \cdots, n$$

要求随机扰动项的期望为 0,则有 $E(\boldsymbol{Y}) = \boldsymbol{XB}$,该直线即为多元线性回归模型

的理论回归直线。

2. 假设 2

假设 2 用公式表示为

$$D(u_i) = \sigma_u^2, i = 1, 2, \cdots, n$$

$$\mathrm{Cov}(u_i, u_j) = 0, i \neq j, i, j = 1, 2, \cdots, n$$

要求随机扰动项具有等方差性和无序列相关性。

3. 假设 3

假设 3 用公式表示为

$$\mathrm{Cov}(u_i, x_i) = 0, i = 1, 2, \cdots, n$$

要求随机扰动项与自变量不相关。

4. 假设 4

假设 4 用公式表示为

$$r(\boldsymbol{X}) = m, m < n$$

要求自变量之间不相关。

4.3.3 多元线性回归模型参数的估计

与一元线性回归模型一样,本书仍采用最小二乘法估计参数向量 $\boldsymbol{B}$。

设多元回归方程为

$$\hat{\boldsymbol{Y}} = \boldsymbol{X}\hat{\boldsymbol{B}}$$

残差向量为

$$\boldsymbol{E} = \boldsymbol{Y} - \hat{\boldsymbol{Y}} = \boldsymbol{Y} - \boldsymbol{X}\hat{\boldsymbol{B}}$$

误差平方和为

$$Q = (\boldsymbol{Y} - \hat{\boldsymbol{Y}})'(\boldsymbol{Y} - \hat{\boldsymbol{Y}})$$

$$= (\boldsymbol{Y}' - \hat{\boldsymbol{Y}}')(\boldsymbol{Y} - \hat{\boldsymbol{Y}})$$

$$= \boldsymbol{Y}'\boldsymbol{Y} - \boldsymbol{Y}'\hat{\boldsymbol{Y}} - \hat{\boldsymbol{Y}}'\boldsymbol{Y} + \hat{\boldsymbol{Y}}'\hat{\boldsymbol{Y}}$$

$$= \boldsymbol{Y}'\boldsymbol{Y} - 2\boldsymbol{Y}'\hat{\boldsymbol{Y}} + \hat{\boldsymbol{Y}}'\hat{\boldsymbol{Y}}$$

$$= \boldsymbol{Y}'\boldsymbol{Y} - 2\boldsymbol{Y}'(\boldsymbol{X}\hat{\boldsymbol{B}}) + (\boldsymbol{X}\hat{\boldsymbol{B}})'\boldsymbol{X}\hat{\boldsymbol{B}}$$

$$= \boldsymbol{Y}'\boldsymbol{Y} - 2\boldsymbol{Y}'\boldsymbol{X}\hat{\boldsymbol{B}} + \hat{\boldsymbol{B}}'\boldsymbol{X}'\boldsymbol{X}\hat{\boldsymbol{B}}$$

对误差平方和公式两边求偏导,即

$$\frac{\partial Q}{\partial \hat{B}} = \frac{\partial(Y'Y - 2Y'X\hat{B} + \hat{B}'X'X\hat{B})}{\partial \hat{B}}$$

$$= \frac{\partial(Y'Y - 2Y'X\hat{B} + \hat{B}'(X'X)\hat{B})}{\partial \hat{B}}$$

$$= 0 - 2(Y'X)' + 2(X'X)\hat{B}$$

$$= -2X'Y + 2(X'X)\hat{B}$$

$$= 0$$

根据上式可得

$$-2X'Y + 2(X'X)\hat{B} = 0$$
$$=> (X'X)\hat{B} = X'Y$$
$$=> (X'X)^{-1}(X'X)\hat{B} = (X'X)^{-1}X'Y$$
$$=> \hat{B} = (X'X)^{-1}X'Y$$

回归系数向量 B 的估计值为

$$\hat{B} = (X'X)^{-1}X'Y \tag{4.23}$$

回归系数向量估计值的统计性质：

(1) 回归系数向量 B 的估计值 $\hat{B}$ 具有线性性质；

(2) 估计值 $\hat{B}$ 是回归系数向量 B 的无偏估计量；

(3) 估计值 $\hat{B}$ 具有最小方差性。

4.3.4　多元线性回归模型的检验

在建立多元线性回归模型的过程中,为进一步分析回归模型所反映的变量之间的关系是否符合客观实际,引入的影响因素是否有效,同样需要对回归模型进行检验。常用的检验方法有 R 检验法、F 检验法、t 检验法和 DW 检验法。

1. R 检验法

对多元线性回归模型进行的 R 检验法是通过复相关系数检验一组自变量 x_1,x_2,$\cdots$,x_m 与因变量 y 之间的线性相关程度的方法,又称复相关系数检验法。

$$R = \sqrt{\frac{\sum(\hat{y}_i - \bar{y})^2}{\sum(y_i - \bar{y})^2}} = \sqrt{1 - \frac{\sum(y_i - \hat{y}_i)^2}{\sum(y_i - \bar{y})^2}} \tag{4.24}$$

R 可以用来衡量因变量 y 与自变量 x_1,x_2,$\cdots$,x_m 之间线性相关关系的密切程

度。计算 R 时,可用式(4.24)计算,也可用其展开式计算,下面给出二元、三元情形的复相关系数的展开式,即

$$R = \sqrt{1 - \frac{\sum y_i^2 - \hat{\beta}_1 \sum y_i - \hat{\beta}_2 \sum x_{2i}y_i - \hat{\beta}_3 \sum x_{3i}y_i}{\sum y_i^2 - n\bar{y}^2}} \tag{4.25}$$

$$R = \sqrt{1 - \frac{\sum y_i^2 - \hat{\beta}_1 \sum y_i - \hat{\beta}_2 \sum x_{2i}y_i - \hat{\beta}_3 \sum x_{3i}y_i - \hat{\beta}_4 \sum x_{4i}y_i}{\sum y_i^2 - n\bar{y}^2}} \tag{4.26}$$

复相关系数检验法的步骤如下:

(1)计算复相关系数;

(2)根据回归模型自由度 $n-m$ 和显著性水平值,查相关系数临界值 $R_\alpha(n-m)$;

(3)判别。

判别时需要注意,R 会随自变量个数增加而递增。在比较两个具有不同自变量个数但性质相同的回归模型时,不能只采用 R 判别,还要采用自由度调整的判定系数 $\bar{R}$ 来判别,其公式为

$$\bar{R} = \sqrt{1 - (1 - R^2)\frac{n-1}{n-m}} \tag{4.27}$$

2. F 检验法

F 检验法是通过 F 统计量检验假设 $H_0 : \beta_1 = \beta_2 = \cdots = \beta_m = 0$ 是否成立的方法。

F 统计量为

$$F = \frac{R^2}{1-R^2} \cdot \frac{n-m}{m-1} \tag{4.28}$$

对给定的显著性水平 α,查 F 分布表可得临界值 $F_\alpha(m-1, n-m)$。
若

$$F > F_\alpha(m-1, n-m)$$

则否定假设 H_0,认为一组自变量 $x_1, x_2, \cdots, x_m$ 与因变量 y 之间的回归效果显著;反之,则不显著。

回归效果不显著的原因有以下几种。

(1)影响 y 的因素除了自变量 $x_1, x_2, \cdots, x_m$ 之外,还有其他不可忽略的因素;

(2)y 与自变量 $x_1, x_2, \cdots, x_m$ 之间的关系不是线性的;

（3）y 与自变量 $x_1, x_2, \cdots, x_m$ 之间无关。

这时，回归模型就不能用来预测，应分析其原因，另选自变量或改变模型的形式。

3. t 检验法

R 检验法和 F 检验法都是将所有自变量作为一个整体来检验它们与因变量的线性相关程度和回归效果。t 检验则是通过 t 统计量对所求回归模型的每一个系数逐一检验假设 $H_0 : \beta_j = 0, j = 1, 2, \cdots, m$ 是否成立的方法。

1）t 统计量

$$t_j = \frac{\hat{\beta}_j}{S_{\hat{\beta}_j}} \tag{4.29}$$

式中：$\hat{\beta}_j$ 为第 j 个自变量 x_j 的回归系数；$S_{\hat{\beta}_j}$ 为 $\hat{\beta}_j$ 的样本标准差。

2）t 检验法的步骤

（1）计算估计标准误差 S_y：

$$S_y = \sqrt{\frac{\sum (y_i - \hat{y}_i)^2}{n - m}} \tag{4.30}$$

计算 S_y 时，也可以用它的展开式计算。下面给出常见的二元和三元情形的 S_y 展开式，即

$$S_y = \sqrt{\frac{\sum y_i^2 - \hat{\beta}_1 \sum y_i - \hat{\beta}_2 \sum x_{2i} y_i - \hat{\beta}_3 \sum x_{3i} y_i}{n - 3}} \tag{4.31}$$

$$S_y = \sqrt{\frac{\sum y_i^2 - \hat{\beta}_1 \sum y_i - \hat{\beta}_2 \sum x_{2i} y_i - \hat{\beta}_3 \sum x_{3i} y_i - \hat{\beta}_4 \sum x_{4i} y_i}{n - 4}} \tag{4.32}$$

（2）计算样本标准差 $S_{\hat{\beta}_j}$：

$$S_{\hat{\beta}_j} = \sqrt{C_{jj}} \cdot S_y \tag{4.33}$$

式中：C_{jj} 为矩阵 $(X'X)^{-1}$ 主对角线上的第 j 个元素。

（3）计算 t 统计量。

（4）评估假设。

若 $|t_j| > t_{\alpha/2}(n - m)$ 成立，则否定假设 H_0，说明 x_j 对 y 有显著影响；否则，假设成立，说明 x_j 对 y 无显著影响，应删除该因素。

4. DW 检验法

如果通过了上述检验，但样本存在序列相关，则采用回归模型预测仍会产生较大的误差，因此需要对样本进行序列相关性检验。

在序列相关中，最常见的是一阶自相关，最常用的检验方法是 DW 检验法。

DW 统计量为

$$DW = \frac{\sum_{i=2}^{n} (e_i - e_{i-1})^2}{\sum_{i=1}^{n} e_i^2}$$ (4.34)

式中：$e_i = y_i - \hat{y}_i$ 是 u_i 的估计量。

根据 DW 统计量检验模型是否存在自相关步骤如下：

(1) 计算残差 e_i；

(2) 计算 DW 统计量；

(3) 假定回归模型不存在自相关；

(4) 根据给定的显著性水平及样本容量 n 与自变量个数 $m-1$，从 DW 检验表中可以查得相应临界值 d_L, d_U，然后再利用表 4.5 判别检验结论。

表 4.5 DW 检验判别表

DW 值	检验结果
$4 - d_L < DW < 4$	否定假设，出现负自相关
$0 < DW < d_L$	否定假设，出现正自相关
$d_U < DW < 4 - d_U$	接受假设，不存在自相关
$d_L < DW < d_U$	检验无结论
$4 - d_U < DW < 4 - d_L$	检验无结论

4.3.5　多元线性回归模型的预测值与预测区间

在多元线性回归模型中，将各自变量的给定值代入回归模型，就可以求得一个对应的回归预测值，即点估计值。

多元线性回归模型的预测区间的计算方法与一元线性回归相似，感兴趣的读者可自行推导。

记预测点为 $X_0 = (1, x_{20}, \cdots, x_{m0})$，则预测值为

$$\hat{y}_0 = \hat{\beta}_1 + \hat{\beta}_2 x_{20} + \cdots + \hat{\beta}_m x_{m0}$$ (4.35)

式(4.35)如用矩阵表示，即为

$$\hat{y}_0 = X_0 \hat{B}$$ (4.36)

预测误差 $e_0 = y_0 - \hat{y}_0$ 的样本方差为

$$S_0^2 = S_y^2 [1 + X_0 (X'X)^{-1} X_0']$$ (4.37)

式中：S_y 为估计标准误差。

当预测值 $\hat{y}_0$ 的显著性水平为 α 时,预测值 $\hat{y}_0$ 的预测区间为

$$\hat{y}_0 \pm t_{\alpha/2}(n-m)S_0 \tag{4.38}$$

当样本容量大于 30 时,可以用 S_y 代替 S_0 估计预测区间。此时,t 分布接近正态分布,可以用 $z_{\alpha/2}$ 代替 $t_{\alpha/2}(n-m)$ 估计预测区间。

4.3.6　多元线性回归模型的应用

1. 计算步骤

(1) 设定变量,假设因变量与各自变量之间存在线性关系;

(2) 建立多元线性回归方程;

(3) 计算回归系数,得到回归方程;

(4) 检验线性关系的显著性;

(5) 预测。

2. 注意事项

1) 关于自变量设定问题

如果回归模型中自变量"过少",即自变量未考虑重要的影响因素时,将会影响估计量的无偏性和一致性;而如果自变量"过多",也就是在模型中加入了不必要的自变量时,则会破坏估计量的最小方差性。

2) 关于样本容量问题

对于一个含有 m 个自变量和常量的回归方程,则样本容量 n 不能小于 m;要想获得性质优良的参数估计量,则样本容量 n 越大越好。若采用正态分布计算,样本容量 n 应大于 30。t 检验法一般要求 $n-m > 8$。

3) 关于检验问题

由于 F 统计量与 R 复相关系数之间存在单调递增关系,因此 F 检验法与 R 检验法效果是基本一致的,所以一般只需要进行其中的一种检验。另外,因变量随机误差项之间一般不存在自相关现象,较少进行 DW 检验。

目前,在经济、社会、军事等各领域实际应用中,多元线性回归模型的检验方法最常用的是 F 检验法与 t 检验法。

3. 模型应用

例 4.3　维修周转时间(RCT)、平均故障间隔时间(MTBF)是影响航材需求的两个比较重要的因素。本例根据美国空军在海湾战争中的数据,选取 10 种常用的外场可更换件(LRU)作为样本,如表 4.6 所列。

表中所列的 LRU1 至 LRU10 分别为炮塔、发射显示单元、多目标指示显示器、飞行控制计算机、飞控系统面板、显示处理器、扩展数据转换模块、敌我识别器、右节流杆、高频无线电台。

已知某电台的 RCT = 188 天, MTBF = 542h。试采用多元线性回归模型对该电台需求量进行预测, 要求进行显著性检验, 估计其预测区间。

表 4.6　不同航材维修周转时间、平均故障间隔时间和需求量数据

LRU 序号	RCT/天	MTBF/h	需求量/件
1	45	265	23
2	182	616	49
3	157	474	34
4	160	587	31
5	157	725	48
6	255	493	73
7	200	385	80
8	273	684	52
9	157	821	27
10	165	246	64

解：

1）设定变量并假设线性相关

设维修周转时间为 x_2, 平均故障间隔时间为 x_3, 需求量为 y, 并假设它们之间存在线性关系。

2）建立回归方程

设二元线性回归方程为

$$\hat{y} = \hat{\beta}_1 + \hat{\beta}_2 x_2 + \hat{\beta}_3 x_3$$

3）计算回归系数

$$X'X = \begin{bmatrix} 1 & 1 & \cdots & 1 \\ x_{21} & x_{22} & \dots & x_{210} \\ x_{31} & x_{32} & \cdots & x_{310} \end{bmatrix} \begin{bmatrix} 1 & x_{21} & x_{31} \\ 1 & x_{22} & x_{32} \\ \vdots & \vdots & \vdots \\ 1 & x_{210} & x_{310} \end{bmatrix}$$

$$= \begin{bmatrix} n & \sum x_{2i} & \sum x_{3i} \\ \sum x_{2i} & \sum x_{2i}^2 & \sum x_{2i} x_{3i} \\ \sum x_{3i} & \sum x_{2i} x_{3i} & \sum x_{3i}^2 \end{bmatrix}$$

$$= \begin{bmatrix} 10 & 1751 & 5296 \\ 1751 & 341475 & 965134 \\ 5296 & 965134 & 3138238 \end{bmatrix}$$

$$(X'X)^{-1} = \begin{bmatrix} 1.373877 & -0.003762 & -0.001162 \\ -0.003762 & 0.000033 & -0.000004 \\ -0.001162 & -0.000004 & 0.000003 \end{bmatrix}$$

$$X'Y = \begin{bmatrix} 1 & 1 & \cdots & 1 \\ x_{21} & x_{22} & \cdots & x_{2 \cdot 10} \\ x_{31} & x_{32} & \cdots & x_{3 \cdot 10} \end{bmatrix} \begin{bmatrix} y_1 \\ y_2 \\ \vdots \\ y_{10} \end{bmatrix} = \begin{bmatrix} \sum y_i \\ \sum x_{2i} y_i \\ \sum x_{3i} y_i \end{bmatrix} = \begin{bmatrix} 481 \\ 91397 \\ 245660 \end{bmatrix}$$

回归系数估计值为

$$\hat{B} = (X'X)^{-1} X'Y = \begin{bmatrix} 31.6606 \\ 0.2682 \\ -0.0576 \end{bmatrix}$$

所求回归预测方程为

$$\hat{y} = 31.6606 + 0.2682 x_2 - 0.0576 x_3$$

4) 检验线性关系的显著性

(1) R 检验法:

$$R = \sqrt{\frac{\sum (\hat{y}_i - \bar{y})^2}{\sum (y_i - \bar{y})^2}} = 0.8394$$

$$\bar{R} = \sqrt{1 - (1 - R^2) \frac{n-1}{n-m}} = 0.7875$$

当显著性水平 $\alpha = 0.05$, 自由度 $n - m = 10 - 3 = 7$ 时, 查相关系数临界值表, 得 $R_{0.05}(7) = 0.6664$, 因

$$R = 0.8394 > 0.6664 = R_{0.05}(7)$$

$$\bar{R} = 0.7875 > 0.6664 = R_{0.05}(7)$$

故在 $\alpha = 0.05$ 的显著性水平条件下, 检验通过, 说明相关关系显著。

(2) F 检验法:

$$F = \frac{R^2}{1 - R^2} \cdot \frac{n-m}{m-1} = 8.3467$$

当显著性水平 $\alpha = 0.05$, 自由度 $m - 1 = 3 - 1 = 2$, $n - m = 10 - 3 = 7$ 时, 查 F 分布临界值表, 得 $F_{0.05}(2, 7) = 4.74$, 因

$$F = 8.3467 > 4.74 = F_{0.05}(2, 7)$$

故在 $\alpha = 0.05$ 的显著性水平条件下, 检验通过, 说明回归效果显著。如果需要进行 F 检验, 则应先进行 R 检验法, 只有线性相关才有必要检验回归效果。

(3) t 检验法:

$$S_y = \sqrt{\frac{\sum (y_i - \hat{y}_i)^2}{n-m}} = 12.1069$$

根据 $(X'X)^{-1}$ 主对角线计算结果有

$$S_{\hat{\beta}_2} = \sqrt{C_{22}} \cdot S_y = \sqrt{0.000033} \times 12.1069 = 0.0692$$

$$S_{\hat{\beta}_3} = \sqrt{C_{33}} \cdot S_y = \sqrt{0.000003} \times 12.1069 = 0.0224$$

$$t_2 = \frac{\hat{\beta}_2}{S_{\hat{\beta}_2}} = \frac{0.2682}{0.0692} = 3.874$$

$$t_3 = \frac{\hat{\beta}_3}{S_{\hat{\beta}_3}} = \frac{-0.0576}{0.0224} = -2.574$$

因为默认 x_1 恒取值 1,所以不用对该变量对需求量的影响进行显著性检验,只需要对 t_2、t_3 的系数进行 t 检验。

在 $\alpha = 0.05$ 的显著性水平上,$t_{0.05/2}(10-3) = 2.365$。因为 t_2、t_3 的绝对值都大于 $t_{0.05/2}(10-3) = 2.365$,所以可以判定,该电台的维修周转时间、平均故障间隔时间对它的需求量有显著影响。

(4) DW 检验。

DW 检验计算结果如表 4.7 所列。

表 4.7 DW 检验计算表

编号	y_i	$\hat{y}_i$	e_i	$(e_i - e_{i-1})^2$	e_i^2
1	23	28.4583	-5.4583	——	29.7933
2	49	44.9718	4.0282	89.9934	16.2261
3	34	46.4500	-12.4500	271.5286	155.0016
4	31	40.7432	-9.7432	7.3265	94.9303
5	48	31.9869	16.0131	663.3858	256.4180
6	73	71.6354	1.3646	214.5768	1.8622
7	80	63.1094	16.8906	241.0560	285.2922
8	52	65.4566	-13.4566	920.9547	181.0812
9	27	26.4553	0.5447	196.0384	0.2967
10	64	61.7330	2.2670	2.9662	5.1392
合计				2607.8264	1026.0408

根据表 4.7 可得

$$DW = \frac{\sum\limits_{i=2}^{n}(e_i - e_{i-1})^2}{\sum\limits_{i=2}^{n}e_i^2} = 2.5416$$

当 $\alpha = 0.01, m = 3, n = 10$,查 DW 检验表。因为该表中样本容量最低是 15,故

按 $n = 15$ 取值。因此,可查得 $d_L = 0.7, d_U = 1.25$。

因为
$$d_U = 1.25 < \text{DW} = 2.5416 < 4 - d_U = 2.75$$
故回归模型不存在自相关。

上述模型估计和各项检验结果表明,所建立的回归模型较为优良,可以用来预测。

5) 预测

设预测点为 $\boldsymbol{x}_0 = \begin{bmatrix} 1 & 188 & 542 \end{bmatrix}$,代入回归方程得 $\hat{y}_0$ 预测值为

$$\hat{y}_0 = 31.6606 + 0.2682x_2 - 0.0576x_3$$
$$= 31.6606 + 0.2682 \times 188 - 0.0576 \times 542$$
$$= 50.8448(件)$$

预测区间为

$$\hat{y}_0 \pm t_{\alpha/2}(n - m)S_y = 50.8448 \pm 28.6328$$

因此,在该电台的 RCT = 188 天、MTBF = 542h 条件下,有 95% 的把握估计该电台的需求数为 22.212~79.4777 件。

如果预测区间用 $S_0 = \sqrt{1 + \boldsymbol{X}_0(\boldsymbol{X'X})^{-1}\boldsymbol{X'}_0}S_y$ 计算,即

$$\hat{y}_0 \pm t_{\alpha/2}(n - m)S_0 = 50.8448 \pm 30.0956$$

此时该电台的需求预测区间为 20.7493~80.9404 件。显然,采用 S_y 与 S_0 计算的预测区间有一定偏差,主要原因是样本容量太小。因此,对本例来说,用 S_0 计算的结果更准确一些。

例 4.4 某机型的刹车盘 2010—2019 年的消耗量与起落次数、飞行小时数据如表 4.8 所列。试采用多元线性回归模型预测 2020 年该航材的消耗量,要求进行显著性检验,估计该航材的消耗量预测区间。预计该航材 2020 年的起落次数为 220 次,飞行小时为 420h。

表 4.8 某机型刹车盘 2010—2019 年消耗量与起落次数、飞行小时数据

年份/年	消耗量/件	起落次数/次	飞行小时/h
2010	18	14	32
2011	21	36	58
2012	19	32	84
2013	49	56	102
2014	68	89	123
2015	92	112	232
2016	88	126	155
2017	138	134	287
2018	145	165	256
2019	188	210	412

解：

1）设定变量并假设线性相关

设起落次数为 x_2，飞行小时为 x_3，消耗量为 y，并假设它们之间存在线性关系。

2）建立回归方程

设二元线性回归方程为

$$\hat{y} = \hat{\beta}_1 + \hat{\beta}_2 x_2 + \hat{\beta}_3 x_3$$

3）计算回归系数

$$X'X = \begin{bmatrix} 1 & 1 & \cdots & 1 \\ x_{21} & x_{22} & \cdots & x_{210} \\ x_{31} & x_{32} & \cdots & x_{310} \end{bmatrix} \begin{bmatrix} 1 & x_{21} & x_{31} \\ 1 & x_{22} & x_{32} \\ \vdots & \vdots & \vdots \\ 1 & x_{210} & x_{310} \end{bmatrix} = \begin{bmatrix} n & \sum x_{2i} & \sum x_{3i} \\ \sum x_{2i} & \sum x_{2i}^2 & \sum x_{2i}x_{3i} \\ \sum x_{3i} & \sum x_{2i}x_{3i} & \sum x_{3i}^2 \end{bmatrix}$$

$$= \begin{bmatrix} 10 & 974 & 1741 \\ 974 & 131274 & 234615 \\ 1741 & 234615 & 432475 \end{bmatrix}$$

$$(X'X)^{-1} = \begin{bmatrix} 0.360580 & -0.002663 & -0.000007 \\ -0.002663 & 0.000270 & -0.000136 \\ -0.000007 & -0.000136 & 0.000076 \end{bmatrix}$$

$$X'Y = \begin{bmatrix} 1 & 1 & \cdots & 1 \\ x_{21} & x_{22} & \cdots & x_{2\cdot10} \\ x_{31} & x_{32} & \cdots & x_{3\cdot10} \end{bmatrix} \begin{bmatrix} y_1 \\ y_2 \\ \vdots \\ y_{10} \end{bmatrix} = \begin{bmatrix} \sum y_i \\ \sum x_{2i}y_i \\ \sum x_{3i}y_i \end{bmatrix}$$

$$= \begin{bmatrix} 826 \\ 113701 \\ 205918 \end{bmatrix}$$

回归系数估计值为

$$\hat{B} = (X'X)^{-1}X'Y = \begin{bmatrix} -6.3705 \\ 0.5454 \\ 0.2059 \end{bmatrix}$$

所求回归预测方程为

$$\hat{y} = -6.3705 + 0.5454x_2 + 0.2059x_3$$

4）检验线性关系的显著性

（1）R 检验法：

$$R = \sqrt{\frac{\sum (\hat{y}_i - \bar{y})^2}{\sum (y_i - \bar{y})^2}} = 0.9901$$

$$\bar{R} = \sqrt{1 - (1 - R^2)\frac{n-1}{n-m}} = 0.9873$$

当显著性水平 $\alpha = 0.05$，自由度 $n - m = 10 - 3 = 7$ 时，查相关系数临界值表，得 $R_{0.05}(7) = 0.6664$，因

$$R = 0.9901 > 0.6664 = R_{0.05}(7)$$

$$\overline{R} = 0.9873 > 0.6664 = R_{0.05}(7)$$

故在 $\alpha = 0.05$ 的显著性水平条件下，检验通过，说明相关关系显著。

（2）F 检验法：

$$F = \frac{R^2}{1 - R^2} \cdot \frac{n - m}{m - 1} = 174.1741$$

当显著性水平 $\alpha = 0.05$，自由度 $m - 1 = 3 - 1 = 2, n - m = 10 - 3 = 7$ 时，查 F 分布临界值表，得 $F_{0.05}(2,7) = 4.74$，因

$$F = 174.1741 > 4.74 = F_{0.05}(2,7)$$

故在 $\alpha = 0.05$ 的显著性水平条件下，检验通过，说明回归效果显著。

（3）t 检验法：

$$S_y = \sqrt{\frac{\sum (y_i - \hat{y}_i)^2}{n - m}} = 9.4218$$

根据 $(X'X)^{-1}$ 主对角线计算结果有

$$S_{\hat{\beta}_2} = \sqrt{C_{22}} \cdot S_y = \sqrt{0.000270} \times 9.4218 = 0.1548$$

$$S_{\hat{\beta}_3} = \sqrt{C_{33}} \cdot S = \sqrt{0.000076} \times 9.4218 = 0.0821$$

$$t_2 = \frac{\hat{\beta}_2}{S_{\hat{\beta}_2}} = \frac{0.5454}{0.1548} = 3.5237$$

$$t_3 = \frac{\hat{\beta}_3}{S_{\hat{\beta}_3}} = \frac{0.2059}{0.0821} = 2.5079$$

在 $\alpha = 0.05$ 的显著性水平上，$t_{0.05/2}(10 - 3) = 2.365$。因为 t_2、t_3 的绝对值都大于 $t_{0.05/2}(10 - 3) = 2.365$，所以可以判定，起落次数、飞行小时对该航材的消耗量有显著影响。

（4）DW 检验。

DW 检验计算结果如表 4.9 所列。

表 4.9　DW 检验计算表

编号	y_i	$\hat{y}_i$	e_i	$(e_i - e_{i-1})^2$	e_i^2
1	18	7.8542	10.1458		102.9363
2	21	25.2065	-4.2065	205.9882	17.6949
3	19	28.3788	-9.3788	26.7522	87.9617
4	49	45.1745	3.8255	174.3525	14.6342
5	68	67.4965	0.5035	11.0354	0.2535

编号	y_i	$\hat{y}_i$	e_i	$(e_i - e_{i-1})^2$	e_i^2
6	92	102.4851	−10.4851	120.7504	109.9380
7	88	94.2651	−6.2651	17.8091	39.2509
8	138	125.8090	12.1910	340.6272	148.6213
9	145	136.3326	8.6674	12.4157	75.1246
10	188	192.9977	−4.9977	186.7365	24.9771
合计				1096.4672	621.3927

由表 4.9 可得

$$DW = \frac{\sum_{i=2}^{n} (e_i - e_{i-1})^2}{\sum_{i=2}^{n} e_i^2} = 1.7645$$

当 $\alpha = 0.01, m = 3, n = 10$，查 DW 检验表。因为该表中样本容量最低是 15，故按 $n = 15$ 取值。因此，可查得 $d_L = 0.7, d_U = 1.25$。

因为

$$d_U = 1.25 < DW = 1.7645 < 4 - d_U = 2.75$$

故回归模型不存在自相关。

上述模型估计和各项检验结果表明，所建立的回归模型较为优良，可以用来预测。

5）预测

设预测点为 $\boldsymbol{x}_0 = \begin{bmatrix} 1 & 220 & 420 \end{bmatrix}$，代入回归方程得 $\hat{y}_0$ 预测值为

$$\hat{y}_0 = -6.3704 + 0.5454x_2 + 0.2059x_3$$
$$= -6.3704 + 0.5454 \times 220 + 0.2059 \times 420$$
$$= 200.0989(件)$$

预测区间为

$$\hat{y}_0 \pm t_{\alpha/2}(n - m)S_y = 200.0989 \pm 22.2826$$

因此，在该航材 2020 年的起落次数为 220 次、飞行小时为 420h 的条件下，有 95% 的把握估计该航材的消耗数为 177.8163 ~ 222.3815 件。

如果预测区间用 $S_0 = \sqrt{1 + \boldsymbol{X}_0 (\boldsymbol{X}'\boldsymbol{X})^{-1} \boldsymbol{X}_0'} S_y$ 计算，即

$$\hat{y}_0 \pm t_{\alpha/2}(n - m)S_0 = 200.0989 \pm 27.8994$$

此时该航材的需求预测区间为 172.1994 ~ 227.9983 件。与例 4.3 相比，采用 S_y 与 S_0 计算的预测区间的偏差更大一些，主要原因也是样本容量太小。因此，对本例来说，用 S_0 计算的结果更准确一些。

经过检验可知,以上多元线性回归预测的两个案例中自变量均和因变量线性显著相关。这说明在预测时深入分析事物发展规律、弄清主要影响因素的重要性,对预测结果的准确性来说,这一点甚至比单纯追求方法的先进性更关键。为了验证这一点,下面以例4.4的数据为例,分别选择起落次数、飞行小时作为自变量,因变量不变,建立一元线性回归模型,然后对其预测效果进行比较。一元、多元线性回归预测值如表4.10所列,它们和消耗量观察值的趋势如图4.4所示。

表 4.10 一元、多元线性回归预测值

年份/年	消耗量观察值/件	一元线性回归预测值		多元回归预测值/件
		自变量只考虑起落次数/次	自变量只考虑飞行小时/h	
2010	18	6.4344	14.3746	7.8542
2011	21	26.5270	26.8572	25.2065
2012	19	22.8738	39.3398	28.3788
2013	49	44.7930	47.9816	45.1745
2014	68	74.9319	58.0637	67.4965
2015	92	95.9378	110.3946	102.4851
2016	88	108.7240	73.4269	94.2651
2017	138	116.0304	136.8001	125.8090
2018	145	144.3427	121.9170	136.3326
2019	188	185.4412	196.8126	192.9977

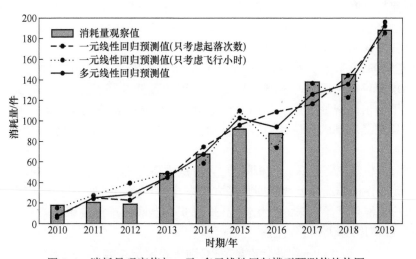

图 4.4 消耗量观察值与一元、多元线性回归模型预测值趋势图

由该趋势图可以看出,多元线性回归预测结果拟合效果最好;从方差来看,一元线性回归预测时只考虑起落次数与只考虑飞行小时的方差分别为 117.9701、172.3588,前者方差更小,说明与飞行小时相比,起落次数对航材消耗量的影响更大;多元线性回归预测方差为 62.1393,在这三种情况中最小。综合以上分析,可以确定多元线性回归预测精度最高,两种一元线性回归预测都没有全面考虑对航材消耗影响较大的两个因素(起落次数、飞行小时),所以其预测结果不如多元线性回归预测法准确。

4.4　小结

回归分析预测法是研究因变量随自变量变化的关系形式的分析方法,其目的在于根据已知自变量来估计和预测因变量的总平均值。

回归分析与相关分析是研究客观事物之间相互依存关系的不可分割的两个方面。相关分析需要回归分析来表明客观事物数量关系的具体形式,而回归分析则应建立在相关分析的基础上,确定主要影响因素,建立回归模型。

按照不同分类方法,回归分析预测方法包括一元回归模型、多元回归模型,线性回归模型、非线性回归模型,普通回归模型,带虚拟变量的回归模型,等等。其中,比较常用的是一元线性回归模型和多元线性回归模型。

一元线性回归模型和多元线性回归模型的预测步骤相同,都包括:设定变量,假设自变量和因变量之间成线性关系;建立线性回归方程;计算回归系数,得到回归方程;检验线性关系的显著性;预测。其区别主要包括:一是自变量数量不同,一元线性回归模型只有一个自变量,多元线性回归模型则有两个或两个以上的自变量;二是检验方法不同,一元线性回归预测只需要进行 R 检验法,多元线性回归模型常进行 R 检验法与 t 检验法。

"正确问题的近似答案要比近似问题的精确答案更有价值",这正是回归分析所追求的目标。回归分析预测法是最常用的预测建模技术之一,有助于在重要情况下做出明智的决策。回归分析是数据科学和机器学习的核心。虽然理解回归分析定义和基础理论相对容易,但优化回归算法以获得更高的准确性非常困难。

回归分析预测需要深入分析问题,弄清楚主要影响因素,确定自变量个数,再选择一元线性回归或多元线性回归等方法来建模预测。另外,利用回归模型外推预测时应摸清自变量未来的变化情况,这对获得准确的预测结果至关重要。总体上来说,在使用回归分析预测法时应注意:

　　　　　　　·定性分析是前提,确定要素是关键;
　　　　　　　·选用模型要适当,外推预测需谨慎。

思考与练习

1. 何为回归分析？进行回归分析时应当注意哪些问题？
2. 简述一元线性回归的假设条件。
3. 对于一元线性回归模型和多元线性回归模型分别应进行哪些检验？
4. 历年单机飞行小时与某备件消耗数如表 4.11 所列。

表 4.11   历年单机飞行小时与某备件消耗数据表

时序	1	2	3	4	5	6	7	8
单机飞行小时/h	2	3	5	6	8	10	12	13
消耗数/件	6	8	11	13	16	19	23	27

（1）建立一元线性回归模型。
（2）计算相关系数 R，当显著性水平 $\alpha = 0.05$ 时，对模型进行显著性检验。
（3）计算估计标准误差 S_y。
5. 某单位统计近 8 个季度某机型飞行起落次数与轮胎消耗数的数据如表 4.12 所列。

表 4.12   飞行起落次数与轮胎消耗数据表

季度	1	2	3	4	5	6	7	8
飞行起落次数/次	8	11	13	15	17	20	27	33
轮胎消耗数/条	11	14	17	19	22	25	33	40

（1）建立一元线性回归模型。
（2）当显著性水平 $\alpha = 0.05$ 时，对模型进行显著性检验。
（3）若第 9 季度的飞行起落次数为 38，试预测轮胎消耗数。
（4）对第 9 季度轮胎消耗数做区间预测。
6. 某品牌笔记本电脑在某一地区的销售额和销售利润如表 4.13 所列。

表 4.13   某品牌笔记本电脑在某一地区的销售情况

编号	1	2	3	4	5	6	7	8
销售额/台	180	230	380	440	490	670	960	1000
销售利润/万元	8.3	12.7	18.1	22.3	26.4	41	65	79

（1）试建立一元线性回归模型，计算相关系数。
（2）对回归模型进行显著性检验（取 $\alpha = 0.05$）。
（3）若销售额为 550 万元，试预测其销售利润。
7. 某单位 2010—2019 年航材满足率、航材保障良好率、航材下送率的数据如

表 4.14 所列。

根据表中统计数据,试建立多元线性回归模型预测 2020 年的满足率。

(1) 取显著性水平 $\alpha = 0.05$,试对建立的回归模型进行 R 检验法、F 检验法、t 检验法和 DW 检验法。

(2) 假定该单位 2020 年的航材保障良好率、航材下送率分别为 98% 和 85%,试对该航材满足率做区间估计。

表 4.14 某单位 2010—2019 年航材保障相关数据

年份/年	满足率 y /%	航材保障良好率 x_2 /%	航材下送率 x_3 /%
2010	72	75	20
2011	74	77	27
2012	75	78	35
2013	78	80	43
2014	81	82	51
2015	86	85	58
2016	88	88	64
2017	90	93	70
2018	92	94	76
2019	96	97	82

第 5 章
趋势外推预测法

本章主要介绍趋势外推预测概述、直线趋势外推预测法和曲线趋势外推预测法。其中,趋势外推预测概述主要阐述了趋势外推预测法的含义、前提假设;直线趋势外推预测法主要阐述了线性趋势时间序列的特点、拟合直线方程法、加权拟合直线方程法以及拟合直线方程法的特殊运用;曲线趋势外推预测法主要阐述了指数曲线预测法、修正指数曲线预测法、生长曲线预测法等内容。

5.1 趋势外推预测概述

1. 趋势外推预测的含义

统计资料表明,大量社会经济现象的发展主要是渐进型的,其发展相对于时间具有一定的规律性。趋势外推法就是在事物的历史的和现实的随机现象中,寻求它们具有的相似特点,从而得到系统运动变化的规律,并据此规律推测出该系统未来的状况。这就是应用趋势外推法可以对事物的未来状况进行预测的理论根据。

广义地讲,任何预测方法都是某种推测或推断。而对时间序列而言,推测与推断都是一种外推,即由现在推测未来。

很多变量的发展变化与时间之间都存在一定的规律性,若能发现其规律,并用函数的形式加以量化,就可运用该函数关系去预测未来的变化趋势。趋势外推法就是根据变量(预测目标)的时间序列数据资料,提示其发展变化规律,并通过变量时间序列数据与时序之间的关系建立适当的预测模型,推断其未来变化的趋势。

2. 趋势外推法的两个前提假设

(1) 在研究某项技术或经济的过去、现在和未来的整个发展过程中,它保持相对不变,亦即内、外因保持相对不变。

(2) 技术或经济的发展过程,一般属于渐进式变化,而不是跳跃式变化,具有较强的稳定性。

3. 趋势外推法的种类

趋势外推预测法是研究变量的发展变化相对于时间之间的函数关系。

根据函数关系的形态不同,主要分为直线趋势外推预测法、曲线趋势外推预测法,其中直线趋势外推预测法比较简单,下面只对其数学模型作简要介绍。

5.2 直线趋势外推预测法

直线趋势外推预测法是最简单的一种外推法,适用于时间序列观察值数据呈直线上升或下降的情形。常用的预测方法有拟合直线方程法、加权拟合直线方程法。

5.2.1 拟合直线方程法的数学模型

拟合直线方程法与一元线性回归预测法类似,是根据时间序列数据的长期变动趋势,运用数理统计方法,确定待定参数,建立直线预测模型,并用之进行预测的一种定量预测分析方法。其特点是自变量是样本时期编号。

设拟合直线方程为

$$\hat{y}_t = \hat{a} + \hat{b}x_t \tag{5.1}$$

式中:$\hat{y}_t$ 为第 t 期的预测值,是因变量;x_t 为自变量,表示第 t 期的编号的取值;$\hat{a}$ 为趋势直线在 y 轴上的截距;$\hat{b}$ 为趋势直线的斜率。

设:y_t 为时间序列第 t 期实际观察值 $(t = 1, 2, \cdots, n)$;e_t 为第 t 期实际观察值与其预测值的离差,即

$$e_t = y_t - \hat{y}_t = y_t - \hat{a} - \hat{b}x_t$$

则总离差平方和 Q 为

$$Q = \sum_{t=1}^{n} e_t^2 = \sum_{t=1}^{n} (y_t - \hat{y}_t)^2 = \sum_{t=1}^{n} (y_t - \hat{a} - \hat{b}x_t)^2$$

式中:y_t, x_t 的取值均已确定,Q 的大小取决于待定系数 $\hat{a}, \hat{b}$ 的取值。也就是说,Q 实际上是以 $\hat{a}, \hat{b}$ 为自变量的二元函数。所以,为使 Q 值为最小,可采用最小二乘法,分别对 $\hat{a}, \hat{b}$ 求偏导,并令之为零。即

$$\frac{\partial Q}{\partial \hat{a}} = \frac{\partial}{\partial \hat{a}} \sum_{t=1}^{n} (y_t - \hat{a} - \hat{b}x_t)^2 = 0 \tag{5.2}$$

$$\frac{\partial Q}{\partial \hat{b}} = \frac{\partial}{\partial \hat{b}} \sum_{t=1}^{n} (y_t - \hat{a} - \hat{b}x_t)^2 = 0 \tag{5.3}$$

联立式(5.2)和式(5.3)求解,得

$$\hat{a} = \frac{1}{n} \sum_{t=1}^{n} y_t - \hat{b} \frac{1}{n} \sum_{t=1}^{n} x_t = \bar{y} - \hat{b}\bar{x} \tag{5.4}$$

$$\hat{b} = \frac{n\sum\limits_{t=1}^{n} x_t y_t - \left(\sum\limits_{t=1}^{n} x_t\right)\left(\sum\limits_{t=1}^{n} y_t\right)}{n\sum\limits_{t=1}^{n} x_t^2 - \left(\sum\limits_{t=1}^{n} x_t\right)^2} = \frac{\sum\limits_{t=1}^{n} (x_t - \bar{x})(y_t - \bar{y})}{\sum\limits_{t=1}^{n} (x_t - \bar{x})^2} \tag{5.5}$$

式中：$\bar{x} = \dfrac{1}{n}\sum\limits_{t=1}^{n} x_t$；$\bar{y} = \dfrac{1}{n}\sum\limits_{t=1}^{n} y_t$。

要注意，自变量 x_t 的取值为 1 到 n，也就是说，自变量 x_t 的取值等于其下标 t，如 $x_1 = 1$，$x_t = t$。而实际上，从直线趋势法的原理来讲，时间变量 x_t 的取值代表的是时间变量的编号，而这种编号并不一定要从 1 开始。还可以从任一个自然数开始顺序编号，如 $x_1 = 0$，$x_1 = -3$。所以，可以利用这样的便利减少工作量，这种方法称为正、负对称编号法。即当时间序列的数据长度 n 为奇数时，取中数 $\left(\dfrac{n+1}{2}\right)$ 的编号为 0，那么 x_t 就构成了以 0 号为中心的正、负数对称的顺序编号，也就是令 $x_t = t - \dfrac{n+1}{2}$，使得 $\sum\limits_{t=1}^{n} x_t = 0$。例如，$n = 7$，$\dfrac{n+1}{2} = 4$，那么 x_t 的取值为 $x_1 = -3$，$x_2 = -2, \cdots, x_4 = 0, \cdots, x_7 = 3$。此时显然有 $\sum\limits_{t=1}^{7} x_t = 0$，从而达到简化计算的目的。使用正、负对称编号法时，上述 $\hat{a}, \hat{b}$ 的计算公式可以简化为

$$\begin{cases} \hat{a} = \dfrac{\sum\limits_{t=1}^{n} y_t}{n} = \bar{y} \\[4mm] \hat{b} = \dfrac{\sum\limits_{t=1}^{n} x_t y_t}{\sum\limits_{t=1}^{n} x_t^2} \end{cases} \tag{5.6}$$

5.2.2 加权拟合直线方程法的数学模型

加权拟合直线方程是指对离差平方进行加权，方法是：对最近期数据赋予最大权重为 α，而后由近及远，按 α 比例递减，其权重分别为 $\alpha^0, \alpha^1, \cdots, \alpha^{n-1}$，其中 $0 \leqslant \alpha < 1$，$\alpha^0 = 1$。

假设加权拟合直线方程为 $\hat{y}_t = \hat{a} + \hat{b}x_t$，加权离差平方和为

$$Q = \sum_{t=1}^{n} \alpha^{n-t}(y_t - \hat{a} - \hat{b}x_t)^2 \tag{5.7}$$

对式（5.7）分别求 $\hat{a}$ 与 $\hat{b}$ 的偏导数，并令之为零：

$$\frac{\partial Q}{\partial \hat{a}} = \sum_{t=1}^{n} \alpha^{n-t} y_t - \hat{a} \sum_{t=1}^{n} \alpha^{n-t} - \hat{b} \sum_{t=1}^{n} \alpha^{n-t} x_t = 0 \qquad (5.8)$$

$$\frac{\partial Q}{\partial \hat{b}} = \sum_{t=1}^{n} \alpha^{n-t} x_t y_t - \hat{a} \sum_{t=1}^{n} \alpha^{n-t} x_t - \hat{b} \sum_{t=1}^{n} \alpha^{n-t} x_t^2 = 0 \qquad (5.9)$$

以上两式联立,解得

$$\hat{a} = \frac{\displaystyle\sum_{t=1}^{n} \alpha^{n-t} y_t - \hat{b} \sum_{t=1}^{n} \alpha^{n-t} x_t}{\displaystyle\sum_{t=1}^{n} \alpha^{n-t}}$$

$$\hat{b} = \frac{\displaystyle\sum_{t=1}^{n} \alpha^{n-t} x_t \sum_{t=1}^{n} \alpha^{n-t} y_t - \sum_{t=1}^{n} \alpha^{n-t} \sum_{t=1}^{n} \alpha^{n-t} x_t y_t}{\displaystyle(\sum_{t=1}^{n} \alpha^{n-t} x_t)^2 - \sum_{t=1}^{n} \alpha^{n-t} \sum_{t=1}^{n} \alpha^{n-t} x_t^2}$$

感兴趣的读者可自行推导。

5.3 曲线趋势外推预测法

在很多情况下,变量间的关系由于受众多因素的影响,其变动趋势并非总是一条简单的直线方程,往往会呈现出不同形态的曲线变动趋势。

曲线外推预测法是指根据时间序列数据资料的散点图的走向趋势,选择恰当的曲线方程,利用最小二乘法等来确定待定的参数,建立曲线预测模型进行预测的方法。

常见的曲线外推趋势预测法有指数曲线预测法、修正指数曲线预测法和生长曲线预测法。

5.3.1 指数曲线预测法

技术发展、社会发展的大量定量特征表现为随时间按指数或接近指数规律增长。对发展中的事物,利用指数曲线模型进行外推预测在实际中具有很广泛的应用,其预测步骤包括选择预测模型、求模型参数、预测三步。

1. 预测模型

指数曲线预测模型为

$$y_t = ae^{bt}, a > 0 \qquad (5.10)$$

式中：a, b 为参数；t 表示时间(实际为时间序列的序号)。

为便于读者根据样本散点图判断是否符合指数曲线,图5.1给出指数曲线图。

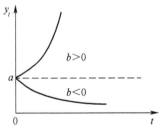

图 5.1 指数曲线图

指数曲线预测模型的特点是环比发展速度为一个常数(即一阶比率),如表5.1所列。当时间序列数值的环比发展速度大体相等,或者对数一阶差分近似为一个常数时,是可以依据指数曲线预测模型来进行预测的。

表 5.1 指数曲线模型一阶比率计算表

时序 t	ae^{bt}	一阶比率 y_t/y_{t-1}
1	ae^{b}	
2	ae^{2b}	e^{b}
3	ae^{3b}	e^{b}
4	ae^{4b}	e^{b}
$\vdots$	$\vdots$	$\vdots$
$t-1$	$ae^{(t-1)b}$	e^{b}
t	ae^{tb}	e^{b}

2. 模型参数估计方法

对式(5.10)两端取对数,得

$$\ln y_t = \ln a + bt \tag{5.11}$$

令 $Y_t = \ln y_t, A = \ln a$，则

$$Y_t = A + bt \tag{5.12}$$

可以看出, $Y_t = \ln y_t$ 相对于时间 t 成线性变化。因此,可以先将时间序列 y_t 取对数后,用变换后的新序列与时间 t 建立线性模型,从而可以利用最小二乘法来求出该线性模型参数,进而通过求解反对数得到 a, b 的值。

根据最小二乘法的原理求解式(5.12)参数 A, b 的方法与求解一元线性回归模型参数的方法相同,具体过程不再详细介绍,下面只给出参数 A, b 的计算公式：

$$\begin{cases} b = \dfrac{\sum tY_t - n\bar{t}\bar{Y}}{\sum t^2 - n\bar{t}^2} \\ A = \bar{Y} - b\bar{t} \end{cases} \tag{5.13}$$

根据式(5.13)再对 A 求反对数,即可得 a 值。

3. 模型应用

例 5.1 某机型 2011—2019 年某电子备件的消耗量统计数据如表 5.2 所列,试预测该航材 2020 年的消耗量。

表 5.2 某电子备件 2011—2019 年消耗量

年份/年	2011	2012	2013	2014	2015	2016	2017	2018	2019
消耗量/件	17	28	46	74	123	200	310	543	887

解:

1)选择预测模型

(1)绘制散点图(图 5.2),根据散点图分布来选择模型,可以初步确定选用指数曲线预测模型,即

$$y_t = ae^{bt} \quad (a > 0, b > 0)$$

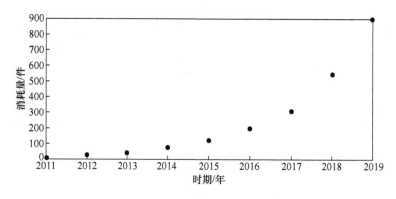

图 5.2 某机型 2011—2019 年某电子备件的消耗量散点图

(2)计算一阶比率(表 5.3),并结合散点图最后确定选用哪一种模型。

表 5.3 指数曲线模型一阶比率计算表

消耗量/件	17	28	46	74	123	200	310	543	887
一阶比率 y_t/y_{t-1}		1.65	1.64	1.61	1.66	1.63	1.55	1.75	1.63

由表 5.3 可知,观测值的一阶比率大致相等,符合指数曲线模型的数字特征。

通过以上分析可知,所给统计数据的趋势图和数字特征都与指数曲线模型相符,所以可选用模型

$$y_t = ae^{bt}$$

2）求模型参数

先对观测值的数据进行变换

$$\ln y_t = \ln a + bt \Longleftrightarrow Y_t = A + bt$$

其变换数据如表 5.4 所列。

表 5.4　观测值数据转换表

年份/年	2011	2012	2013	2014	2015	2016	2017	2018	2019
时序 t	1	2	3	4	5	6	7	8	9
$Y_t = \ln y_t$	2.83	3.33	3.83	4.30	4.81	5.30	5.74	6.30	6.79

经计算后得

$$n = 9, \sum t = 45, \sum t^2 = 285, \sum Y_t = 43.23$$

$$\sum tY_t = 245.67, \bar{t} = \frac{1}{n}\sum t = 5, \bar{Y} = \frac{1}{n}\sum Y_t = 4.8$$

根据直线模型公式

$$\begin{cases} b = \dfrac{\sum tY_t - n\bar{t}\bar{Y}}{\sum t^2 - n\bar{t}^2} = \dfrac{245.67 - 9 \times 5 \times 4.8}{285 - 9 \times 5^2} = 0.5 \\ A = \bar{Y} - b\bar{t} = 4.8 - 0.5 \times 5 = 2.3 \end{cases}$$

$$\because A = \ln a$$

$$\therefore a = e^A = e^{2.3} = 9.97$$

所求指数模型为

$$y_t = 9.97e^{0.5t}$$

3）预测

2020 年该电子备件的消耗量为

$$y_{10} = 9.97e^{0.5 \times 10} = 1480 \text{（件）}$$

本例中消耗量的散点图呈现的指数曲线与三次指数平滑法适用的二次曲线相近,下面根据本例数据对这两种方法的预测效果进行比较分析。

指数曲线与三次指数平滑法的预测值如表 5.5 所列。其中,三次指数平滑法的加权系数为 0.4,此时的预测精度比加权系数为 0.2、0.3、0.5、0.6 等值时都高,感兴趣的读者可自行验证。

上述两种方法的预测结果与消耗量观察值的趋势如图 5.3 所示。从该图可以看出,指数曲线法的预测结果与消耗量观察值的拟合效果较好,而三次指数平滑法

后三期的预测结果呈现出明显的滞后性,但前六期预测结果的拟合效果较好。

表 5.5 消耗量观察值、指数曲线与三次指数平滑法预测值

时序	消耗量观察值	指数曲线预测值	三次指数平滑预测值
1	17	16.4378	
2	28	27.1013	18.0000
3	46	44.6824	36.1152
4	74	73.6689	67.7244
5	123	121.4595	113.4095
6	200	200.2528	190.0384
7	310	330.1611	309.9659
8	543	544.3436	480.9909
9	887	897.4708	838.2272

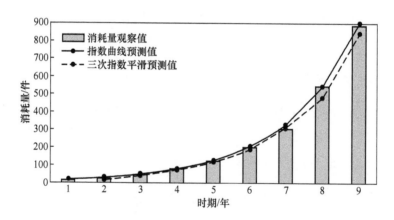

图 5.3 消耗量观察值、指数曲线与三次指数平滑法预测值趋势图

另外,计算得到指数曲线法的方差为 58.1464,三次指数平滑法的方差为 350.117,这也表明了后者误差较大。根据以上分析可知,指数曲线法的预测精度更高;同时,对于变化比较平缓的呈指数趋势的时间序列,如果采用三次指数平滑法也可以获得比较准确的预测结果。

5.3.2 修正指数曲线预测法

采用指数曲线外推预测,存在预测随着时间推移无限增大的问题。这与客观实际是不一致的,因为任何事物的发展都有其一定的限度,不可能无限增长。例如,一种商品的销售量,在其市场成长期内可能会按照指数曲线增长,但随着时间

的推移,其增长的趋势可能会减缓以至于停滞。对于这种情况,可以采用修正指数曲线进行预测。

1. 预测模型及其特征

修正指数曲线预测模型为

$$y_t = a + bc^t \quad (a > 0) \tag{5.14}$$

式中:a,b,c 为待定参数该模型的特点是一阶差比率为一个常数。

为便于读者根据样本散点图判断是否符合修正指数曲线,图 5.4 给出修正指数曲线图。

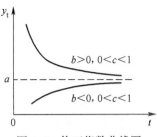

图 5.4　修正指数曲线图

2. 模型参数估计方法

为求出 a,b,c 三个参数,可应用分组法。通常的做法是先把整个时间序列数据分成三组,使每组数据个数相等,然后通过各组数据之和求出参数的具体数值。

设数据序列为

$$y_0,y_1,y_2,\cdots,y_{3n-1}$$

将其分成每组数据个数相等的 3 组,即

$$\text{I}:y_0,y_1,y_2,\cdots,y_{n-1}$$
$$\text{II}:y_n,y_{n+1},y_{n+2},\cdots,y_{2n-1}$$
$$\text{III}:y_{2n},y_{2n+1},y_{2n+2},\cdots,y_{3n-1}$$

各组数据之和分别记为 I 、II 、III 。

将第 I 组数据分别代入式(5.14),有

$$\begin{cases} y_0 = a + bc^0 \\ y_1 = a + bc^1 \\ y_2 = a + bc^2 \\ \quad\quad \vdots \\ y_{n-1} = a + bc^{n-1} \end{cases}$$

对上述各式两端求和,得

$$\mathrm{I} = \sum_{i=0}^{n-1} y_i = na + b + bc + bc^2 + \cdots + bc^{n-1}$$

$$= na + b(1 + c + c^2 + \cdots + c^{n-1}) \frac{c-1}{c-1}$$

$$= na + b\left(\frac{c + c^2 + c^3 + \cdots + c^n - 1 - c - c^2 - \cdots - c^{n-1}}{c-1}\right)$$

$$= na + b\left(\frac{c^n - 1}{c-1}\right)$$

同理

$$\mathrm{II} = \sum_{i=n}^{2n-1} y_i = na + bc^n + bc^{n+1} + bc^{n+2} + \cdots + bc^{2n-1}$$

$$= na + bc^n(1 + c + c^2 + \cdots + c^{n-1}) \frac{c-1}{c-1}$$

$$= na + bc^n\left(\frac{c^n - 1}{c-1}\right)$$

整理上式可得

$$\mathrm{II} - \mathrm{I} = na + bc^n\left(\frac{c^n - 1}{c-1}\right) - na - b\left(\frac{c^n - 1}{c-1}\right)$$

$$= b\frac{(c^n - 1)^2}{c-1}$$

可得

$$b = (\mathrm{II} - \mathrm{I})\frac{c-1}{(c^n - 1)^2}$$

又

$$\mathrm{III} - \mathrm{II} = na + bc^{2n}\left(\frac{c^n - 1}{c-1}\right) - na - bc^n\left(\frac{c^n - 1}{c-1}\right)$$

$$= bc^n\frac{(c^n - 1)^2}{c-1}$$

$$\frac{\mathrm{III} - \mathrm{II}}{\mathrm{II} - \mathrm{I}} = \frac{\dfrac{bc^n(c^n - 1)^2}{c-1}}{\dfrac{b(c^n - 1)^2}{c-1}} = c^n$$

可得

$$c = \left(\frac{\mathrm{III} - \mathrm{II}}{\mathrm{II} - \mathrm{I}}\right)^{\frac{1}{n}}$$

又据

$$I = na + b\left(\frac{c^n - 1}{c - 1}\right)$$

可得

$$a = \frac{I}{n}\left[\, I - b\left(\frac{c^n - 1}{c - 1}\right)\right]$$

修正指数曲线预测模型参数为

$$c = \left(\frac{III - II}{II - I}\right)^{\frac{1}{n}}$$

$$b = (\, II - I\,)\frac{c - 1}{(c^n - 1)^2} \tag{5.15}$$

$$a = \frac{I}{n}\left[\, I - b\left(\frac{c^n - 1}{c - 1}\right)\right]$$

3. 模型应用

例 5.2 某机型 2009—2020 年列装以来某液压助力器的消耗量统计数据如表 5.6 所列,试预测该航材 2021 年的消耗量(单位:件)。

表 5.6 某液压助力器 2009—2020 年消耗量

年度序号	1	2	3	4	5	6	7	8	9	10	11	12
消耗量/件	38	46	54	56	57	58	59	60	61	63	64	65

解:

1)选择预测模型

(1)绘制散点图(图 5.5),初步确定选用修正指数曲线预测模型 $y = a + bc^t$ ($b < 0, 0 < c < 1$)进行预测。

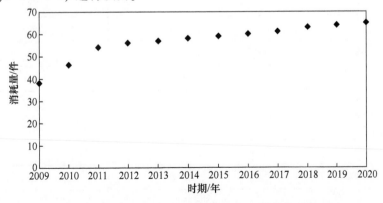

图 5.5 某机型 2009—2020 年某液压助力器的消耗量散点图

（2）计算一阶差比率(表5.7)。

由表5.7可知,观测值的一阶差比率大致相等,符合修正指数曲线模型的数字特征。

表5.7　指数曲线模型一阶差比率计算表

y_t	38	46	54	56	57	58	59	60	61	63	64	65
一阶差分 $y_t - y_{t-1}$		8	8	2	1	1	1	1	1	2	1	1
一阶差比率 $\dfrac{y_t - y_{t-1}}{y_{t-1} - y_{t-2}}$			1	0.25	0.5	1	1	1	1	2	0.5	1

通过以上分析可知,所给统计数据的趋势图和数字特征都与修正指数曲线模型相符。所以,可选用修正指数曲线模型进行预测。

2) 计算模型参数

模型参数计算结果如表5.8所列。

表5.8　修正指数曲线计算表

年份/年	时序 t	消耗量 y_t
2009	1	38
2010	2	46
2011	3	54
2012	4	56
Ⅰ = 194		
2013	5	57
2014	6	58
2015	7	59
2016	8	60
Ⅱ = 234		
2017	9	61
2018	10	63
2019	11	64
2020	12	65
Ⅲ = 253		

由表 5.8 得

$$c = \left(\frac{\text{III} - \text{II}}{\text{II} - \text{I}}\right)^{\frac{1}{n}} = \left(\frac{253 - 234}{234 - 194}\right)^{\frac{1}{4}} = 0.83$$

$$b = (\text{II} - \text{I})\frac{c - 1}{(c^n - 1)^2} = (234 - 194) \times \frac{0.83 - 1}{(0.83^4 - 1)^2} = -24.63$$

$$a = \frac{1}{n}\left[\text{I} - b\frac{c^n - 1}{c - 1}\right] = \frac{1}{4} \times \left(194 + 24.63 \times \frac{0.83^4 - 1}{0.83 - 1}\right) = 67.53$$

所求修正指数模型为

$$y_t = 67.53 - 24.63 \times 0.83^t$$

3) 预测

2021 年的消耗量为

$$y_{13} = 67.53 - 24.63 \times 0.83^{13} = 65.34\,(件)$$

5.3.3　生长曲线预测法

技术和经济的发展过程类似于生物的发展过程,经历发生、发展、成熟三个阶段,而每一阶段的发展速度是不一样的。一般地,在发生阶段,变化速度较为缓慢;在发展阶段,变化速度加快;到成熟阶段,变化速度又趋缓慢。按照这三个阶段发展规律得到的事物变化发展曲线,通常称为生长曲线或增长曲线,亦称逻辑增长曲线。由于此类曲线常似"S"形,故又称 S 曲线。

目前,S 曲线已广泛应用于描述及预测生物个体生长发育及某些技术、经济特性的发展领域中。按预测对象的性质不同,生长曲线有多种数学模型,其中应用较广的有龚珀兹(B. Gompertz)模型、皮尔(R. Pearl)模型和林德诺(L. Ridenour)模型等。本节主要介绍龚珀兹曲线模型。

1. 龚珀兹曲线模型

龚珀兹曲线预测模型为

$$y_t = ka^{b^t} \tag{5.16}$$

式中:k, a, b 为待定参数。

参数 k, a, b 的不同取值,决定龚珀兹曲线的不同形式,用以描述不同产品生命周期的具体规律。

对上式两端取对数,得

$$\lg y_t = \lg k + b^t \lg a \tag{5.17}$$

可见其在形式上与修正指数曲线相同。

龚珀兹曲线一般形状如图 5.6 所示。

图 5.6(a)中的渐近线意味着市场对某类产品的需求已逐渐接近饱和状态。

图 5.6(b)中的渐近线意味着市场对某类产品的需求已由饱和状态开始下降。

图 5.6(c)中的渐近线意味着市场需求下降迅速,已接近最低水平。
图 5.6(d)中的渐近线意味着市场需求量开始从最低水平迅速上升。

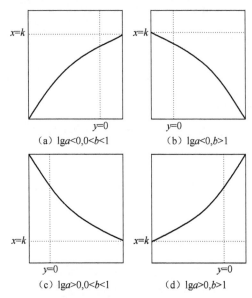

图 5.6 龚珀兹曲线一般形状

用分组法求解龚珀兹曲线中参数 k,a,b 的具体步骤为:

(1) 收集历史统计数据,样本数要能够被 3 整除,设

$$y_1,y_2,\cdots,y_{3n}$$

(2) 将样本数据分成每组数据个数相等的三组。

$$\text{I}:y_1,y_2,\cdots,y_n$$

$$\text{II}:y_{n+1},y_{n+2},\cdots,y_{2n}$$

$$\text{III}:y_{2n+1},y_{2n+2},\cdots,y_{3n}$$

(3) 对各组中的样本数据 y_i 取对数。

$$\text{I}:\lg y_1,\lg y_2,\cdots,\lg y_n$$

$$\text{II}:\lg y_{n+1},\lg y_{n+2},\cdots,\lg y_{2n}$$

$$\text{III}:\lg y_{2n+1},\lg y_{2n+2},\cdots,\lg y_{3n}$$

(4) 取对数后的各组数据求和,分别记为 I 、II、III。

(5) 仿照上例中的计算过程,可得

$$b = \left(\frac{\text{III} - \text{II}}{\text{II} - \text{I}}\right)^{\frac{1}{n}}$$

$$\lg a = (\text{II} - \text{I})\frac{b - 1}{(b^n - 1)^2}$$

$$\lg k = \frac{1}{n}\left(\text{I} - \frac{b^n - 1}{b - 1}\lg a \right) \text{或} \lg k = \frac{1}{n}\left[\frac{\text{I} \times \text{III} - \text{II}^2}{\text{I} + \text{II} - 2\text{III}} \right]$$

（6）查反对数表，求出参数 k,a,b，并将 k,a,b 代入公式 $y_t = ka^{b^t}$，即得龚珀兹曲线预测模型。

2. 龚珀兹曲线预测模型的特征

在选择应用龚珀兹曲线预测法时，应考察历史数据 y_t 对数的一阶差比率是否大致相等，计算方法如表 5.9 所列。当一组统计数据对数的一阶差比率大致相等时，就可选用龚珀兹曲线模型进行预测。

表 5.9　龚珀兹曲线模型的一阶差比率计算表

时序 t	$y_t = ka^{b^t}$	$\lg y_t = \lg k + b^t\lg a$	$\lg y_t - \lg y_{t-1}$	$\dfrac{\lg y_t - \lg y_{t-1}}{\lg y_{t-1} - \lg y_{t-2}}$
1	ka^b	$\lg k + b\lg a$		
2	ka^{b^2}	$\lg k + b^2\lg a$	$b(b-1)\lg a$	
3	ka^{b^3}	$\lg k + b^3\lg a$	$b^2(b-1)\lg a$	b
4	ka^{b^4}	$\lg k + b^4\lg a$	$b^3(b-1)\lg a$	b
…	…	…	…	…
$t-1$	$ka^{b^{t-1}}$	$\lg k + b^{t-1}\lg a$	$b^{t-1}(b-1)\lg a$	b
t	ka^{b^t}	$\lg k + b^t\lg a$	$b^t(b-1)\lg a$	b

3. 模型应用

例 5.3　2011—2019 年某油泵的消耗量统计数据如表 5.10 所列，试预测该航材 2020 年的消耗量。

表 5.10　某油泵 2011—2019 年消耗量

年份/年	2011	2012	2013	2014	2015	2016	2017	2018	2019
消耗量/件	4	7	9	10	10	11	13	15	16

解：

1）选择预测模型

绘制散点图（图 5.7），选择预测模型。

根据散点图所示曲线，又因 $\lg y_t$ 一阶差比率大致相等，因此可以初步确定选用龚珀兹曲线预测模型 $y_t = ka^{b^t}$ 进行预测。

2）求模型参数

模型参数计算结果如表 5.11 所列。

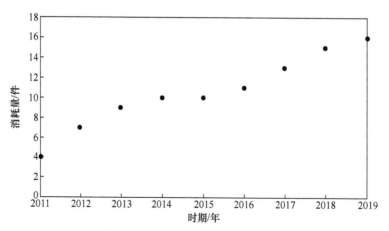

图 5.7 某机型 2011—2019 年某油泵的消耗量散点图

表 5.11 修正指数曲线计算表

年份/年	时序 t	消耗量 y_t	$\lg y_t$
2011	1	4	0.6
2012	2	7	0.85
2013	3	9	0.95
I = 2.4			
2014	4	10	1
2015	5	10	1
2016	6	11	1.04
II = 3.04			
2017	7	13	1.11
2018	8	15	1.18
2019	9	16	1.2
III = 3.49			

由表 5.11 得

$$b = \left(\frac{\text{III} - \text{II}}{\text{II} - \text{I}}\right)^{\frac{1}{n}} = \left(\frac{3.49 - 3.04}{3.04 - 2.4}\right)^{\frac{1}{3}} = 0.89$$

$$\lg a = (\text{II} - \text{I})\frac{b - 1}{(b^n - 1)^2} = (3.04 - 2.4) \times \frac{0.89 - 1}{(0.89^3 - 1)^2} = -0.81$$

所以

$$a = 0.15$$

$$\lg k = \frac{1}{n} \left(\text{I} - \frac{b^n - 1}{b - 1} \lg a \right) = \frac{1}{3} \times \left(2.4 + \frac{0.89^3 - 1}{0.89 - 1} \times 0.81 \right) = 1.52$$

所以
$$k = 33.11$$

所求指数模型为
$$y_t = 33.11 \times 0.15^{0.89^t}$$

3）预测

2020 年该油泵的消耗量为
$$y_{10} = 33.11 \times 0.15^{0.89^{10}} = 18 \text{（件）}$$

5.4 小结

很多变量的发展变化与时间之间都存在一定的规律性，若能发现其规律，并用函数的形式加以量化，就可运用该函数关系去预测未来的变化趋势。趋势外推法就是根据变量（预测目标）的时间序列数据资料，揭示其发展变化规律，并通过变量时间序列数据与时序之间的关系建立适当的预测模型，推断其未来变化的趋势。

趋势外推法包括直线趋势外推预测法、曲线趋势外推预测法两种。

直线趋势外推预测法是最简单的一种外推法，适用于时间序列观察值数据呈直线上升或下降的情形。常用的直线趋势外推预测法有拟合直线方程法、加权拟合直线方程法。

曲线外推预测法是指根据时间序列数据资料的散点图的走向趋势，选择恰当的曲线方程，利用最小二乘法等来确定待定的参数，建立曲线预测模型进行预测的方法。

常见的曲线外推趋势预测法有指数曲线法、修正指数曲线法和生长曲线法，其预测步骤包括选择预测模型、求模型参数、预测三步。

趋势外推预测需要根据时间序列的变化特点，通过合适的数学模型进行外推预测。为了确保预测结果的安全可靠，必须对事先选择的预测模型进行分析和检验。只有当选择的预测模型对历史数据的拟合效果符合要求时，用该模型进行外推预测才有可能准确和可靠。

思考与练习

1. 简要论述趋势外推法的基本思想。
2. 论述曲线趋势预测模型的求解过程。
3. 试推导指数曲线预测模型的参数求解公式。
4. 简要论述龚珀兹生长曲线预测模型的求解过程。

5. 能否认为数据的拟合程度越好,预测的精确度越高?为什么?

6. 某机型某刹车盘 2011—2019 年的消耗量如表 5.12 所列。

表 5.12　刹车盘历年消耗量

年份/年	2011	2012	2013	2014	2015	2016	2017	2018	2019
消耗量/件	52	54	58	61	64	67	71	74	77

试分别用拟合直线方程法和加权拟合直线方程法($\alpha = 0.08$)预测该航材 2020 年和 2021 年的消耗量。

7. 某机型某开关 2001—2013 年的消耗量如表 5.13 所列。

表 5.13　航材历年消耗量

年份/年	2001	2002	2003	2004	2005	2006	2007	2008	2009	2010	2011	2012	2013
消耗量/件	12	14	15	15	16	15	19	28	32	45	53	51	54

试选用合适的曲线预测模型,预测 2014 年和 2015 年该航材的消耗量。

8. 某食品公司 2005—2020 年的销售额统计资料如表 5.14 所列,请用合适的指数曲线模型预测 2021 年和 2022 年该公司的销售额。

表 5.14　某食品公司 2005—2020 年的销售额

年份/年	2005	2006	2007	2008	2009	2010	2011	2012
销售额/亿元	838	903	960	1027	1132	1212	1274	1381
年份/年	2013	2014	2015	2016	2017	2018	2019	2020
销售额/亿元	1447	1529	1664	1902	2245	2467	2686	2958

9. 已知表 5.15 中 (x_i, y_i) 为某液压阀消耗量的时间序列数据,其中 x_i 为时间序号, y_i 为历年消耗量(单位:件)。试利用龚珀兹生长曲线预测 2005 年该航材的消耗量。

表 5.15　某液压阀 1996—2004 年的消耗量

年份/年	1996	1997	1998	1999	2000	2001	2002	2003	2004
x_i	1	2	3	4	5	6	7	8	9
y_i	5	6	7	7	8	9	9	10	11

第6章
马尔可夫预测法

本章主要介绍马尔可夫预测概述、状态转移概率、状态转移概率矩阵、马尔可夫预测的应用。其中,马尔可夫预测概述主要阐述了马尔可夫预测的含义、马尔可夫链的性质以及马尔可夫链的数学模型。马尔可夫预测法的应用主要是对经济领域中的市场占有率、商品销售状态、期望利润进行预测,但该方法在军事领域的应用研究则很少,本章主要系统介绍其在航材保障领域中的应用方法。

6.1 马尔可夫预测概述

马尔可夫预测法是应用随机过程中马尔可夫链的理论和方法,研究分析经济、社会、军事等现象的变化规律,并借此对未来进行预测的一种方法。

马尔可夫链的最重要的性质就是"无后效性"。那么什么是"无后效性"呢?一只青蛙在一片长满荷叶的池塘里跳来跳去,从一片荷叶跳到另一片荷叶上。青蛙下一次跳到哪片荷叶上,还是原地不动,只与它此时此刻在哪片荷叶上有关,而与其过去曾在哪片荷叶上无关。这种性质就是"无后效性",即:"系统在每一时刻的状态仅仅取决于前一时刻的状态,而与其过去的历史无关"。

马尔可夫链是一种具有无后效性的随机时间序列。马尔可夫预测法是用马尔可夫链研究事物变化规律,预测未来状态。

设随机过程 $\{X_n, n \geq 0\}$,若满足以下条件:

(1)每个随机变量 X_n 只取非负整数值。

(2)对任意的非负整数 $t_1 < t_2 < \cdots < m < m + k, E_1, E_2, \cdots, E_m; E_j$,当

$$P(X_{t_1} = E_1, X_{t_2} = E_2, \cdots, X_m = E_m) > 0$$

时,有

$$P\{X_{m+k} = E_j \mid X_{t_1} = E_1, X_{t_2} = E_2, \cdots, X_m = E_m\}$$
$$= P\{X_{m+k} = E_j \mid X_m = E_m\} \tag{6.1}$$

则称 $\{X_n, n \geq 0\}$ 为马尔可夫链。

X_n 的取值 $E_1, E_2, \cdots, E_m; E_j$ 称为状态,$n = t_1, t_2, \cdots, m$ 表示所采集样本数据对

应的历史时刻，$n = m$ 表示当前时刻，$n = m + k$ 表示要预测的未来时刻。式(6.1)的含义就是未来时刻 $n = m + k$ 下 X_n 的状态取值仅与当前状态 E_m 有关，与过去的 $E_1, E_2, \cdots, E_{m-1}$ 无关，即体现了马尔可夫链的"无后效性"。另外，当前时刻的状态常表示为 $S^{(0)}$，$m+k$ 时刻的状态则表示为 $S^{(k)}$。

6.2　状态转移概率

马尔可夫链的概率特性取决于条件概率 $P\{A \mid B\} = P\{X_{m+k} = E_j \mid X_m = E_i\}$ ——表示由状态 A 向状态 B 转移的概率，称为状态转移概率。$P\{X_{m+k} = E_j \mid X_m = E_i\}$ 就表示某系统在时刻 m 处于状态 E_i 的条件下，到时刻 $m + k$ 处于状态 E_j 的概率。

一般称条件概率

$$p_{ij}^{(k)}(m) = P(X_{m+k} = E_j \mid X_m = E_i) \tag{6.2}$$

为马尔可夫链的 k 步转移概率 $p_{ij}^{(k)}(m)$，表示时刻 m 时处于状态 E_i 的条件下，经过 k 步到时刻 $m + k$ 时处于状态 E_j 的概率。特别地，当 $k = 1$ 时称为 1 步转移概率，记为

$$p_{ij}(m) = P(X_{m+1} = E_j \mid X_m = E_i) \tag{6.3}$$

若对任意非负整数 n，马尔可夫链 $\{X_n, n \geq 0\}$ 的 1 步转移概率 $p_{ij}(m)$ 与 m 无关，也就是说，转移概率是固定的，与时间无关，则称 $\{X_n, n \geq 0\}$ 为齐次马尔可夫链。

例 6.1　某机型航材保障涉及 A、B、C 三个仓库，平时保障时如果某个仓库发生航材短缺，那么就需要从别的仓库调拨。

当前年度各个仓库之间调拨航材相互转移的数量如表 6.1 所列。

表 6.1　调拨航材转移表

调出仓库	调入仓库			
	A	B	C	合计
A	30	5	7	42
B	2	32	6	40
C	1	3	14	18

假设：历年的调拨航材都储存在三个仓库内——以下称为"调拨航材"，其他库存航材能满足本地机场所需；三个仓库的调拨航材总数量正好 100 件，而且总数量恒定，只在三个仓库之间转移。

试计算明年的状态转移概率。

解:

该机型明年调拨航材的状态转移概率为

$$p_{11} = 5/7, p_{12} = 5/42, p_{13} = 1/6$$
$$p_{21} = 1/20, p_{22} = 4/5, p_{23} = 3/20$$
$$p_{31} = 1/18, p_{32} = 1/6, p_{33} = 7/9$$

6.3 状态转移概率矩阵

称

$$p = \begin{bmatrix} p_{11} & p_{12} & \cdots & p_{1N} \\ p_{21} & p_{22} & \cdots & p_{2N} \\ \vdots & \vdots & p_{ij} & \vdots \\ p_{N1} & p_{N2} & \cdots & p_{NN} \end{bmatrix} \tag{6.4}$$

为1步转移概率矩阵,其中 p_{ij} 为1步转移概率,即系统经过一次变动从状态 i 变化到状态 j 的概率。

1步转移概率矩阵具有如下性质

$$\sum_{j=1}^{N} p_{ij} = 1 \tag{6.5}$$

其中

$$0 \leqslant p_{ij} \leqslant 1, i, j = 1, 2, \cdots, N$$

称

$$p^{(k)} = \begin{bmatrix} p_{11}^{(k)} & p_{12}^{(k)} & \cdots & p_{1N}^{(k)} \\ p_{21}^{(k)} & p_{22}^{(k)} & \cdots & p_{2N}^{(k)} \\ \vdots & \vdots & & \vdots \\ p_{N1}^{(k)} & p_{N2}^{(k)} & \cdots & p_{NN}^{(k)} \end{bmatrix} \tag{6.6}$$

为 k 步转移概率矩阵。

k 步转移概率矩阵也具有与1步转移概率矩阵类似的性质,即

$$\sum_{j=1}^{N} p_{ij}^{(k)} = 1 \tag{6.7}$$

式中

$$0 \leqslant p_{ij}^{(k)} \leqslant 1, i, j = 1, 2, \cdots, N$$

从状态转移概率矩阵的性质可知,2步状态转移概率矩阵可由1步状态转移概率矩阵求出,即

$$p_{ij}^{(2)} = \sum_{t=1}^{N} p_{it}p_{tj}, t = 1,2,\cdots,N \tag{6.8}$$

式(6.8)表示系统从状态 i 出发,经过 2 步转移到状态 j 的概率,等于系统从状态 i 出发经 1 步转移到状态 t,然后再从状态 t 转移到状态 j 的概率。

$$\boldsymbol{p}^{(2)} = \begin{bmatrix} p_{11}^{(2)} & p_{12}^{(2)} & \cdots & p_{1N}^{(2)} \\ p_{21}^{(2)} & p_{22}^{(2)} & \cdots & p_{2N}^{(2)} \\ \vdots & \vdots & & \vdots \\ p_{N1}^{(2)} & p_{N2}^{(2)} & \cdots & p_{NN}^{(2)} \end{bmatrix}$$

$$= \begin{bmatrix} \sum_{t=1}^{N} p_{1t}p_{t1} & \sum_{t=1}^{N} p_{1t}p_{t2} & \cdots & \sum_{t=1}^{N} p_{1t}p_{tN} \\ \sum_{t=1}^{N} p_{2t}p_{t1} & \sum_{t=1}^{N} p_{2t}p_{t2} & \cdots & \sum_{t=1}^{N} p_{2t}p_{tN} \\ \vdots & \vdots & & \vdots \\ \sum_{t=1}^{N} p_{Nt}p_{t1} & \sum_{t=1}^{N} p_{Nt}p_{t2} & \cdots & \sum_{t=1}^{N} p_{Nt}p_{tN} \end{bmatrix}$$

$$= \begin{bmatrix} p_{11} & p_{12} & \cdots & p_{1N} \\ p_{21} & p_{22} & \cdots & p_{2N} \\ \vdots & \vdots & & \vdots \\ p_{N1} & p_{N2} & \cdots & p_{NN} \end{bmatrix} \begin{bmatrix} p_{11} & p_{12} & \cdots & p_{1N} \\ p_{21} & p_{22} & \cdots & p_{2N} \\ \vdots & \vdots & & \vdots \\ p_{N1} & p_{N2} & \cdots & p_{NN} \end{bmatrix}$$

$$= \boldsymbol{p}^2$$

由此可得

$$\boldsymbol{p}^{(2)} = \boldsymbol{p}^2 \tag{6.9}$$

式(6.9)表明 2 步状态转移概率矩阵等于 1 步状态转移概率矩阵的平方。

类似地,可以推出

$$\boldsymbol{p}^{(k)} = \boldsymbol{p}^k \tag{6.10}$$

即 k 步状态转移概率矩阵等于 1 步状态转移概率矩阵的 k 次方。

例 6.2 某油泵的消耗主要有两种状态,一是高消耗,二是低消耗。由于其故障具有随机性,故可将其消耗情况看作一个状态随时间变化且变化的概率不随时间改变的随机系统。可以认为下一年的消耗情况变化只与当前有关而与过去无关,即无后效性。因此,该油泵的消耗状态可看作马尔可夫链。

假设:

(1)该油泵当前为高消耗,当前状态概率为 80%;保持高消耗的概率为 0.7,从高消耗变化到低消耗的概率为 0.3;

(2)该油泵当前为低消耗,当前状态概率为 20%;保持低消耗的概率为 0.4,从低消耗变化到高消耗的概率为 0.6。

试预测两年后该油泵的消耗情况处于高消耗以及处于低消耗的占比。

解：

1 步状态转移概率矩阵为

$$p = \begin{bmatrix} p_{11} & p_{12} \\ p_{21} & p_{22} \end{bmatrix} = \begin{bmatrix} 0.7 & 0.3 \\ 0.6 & 0.4 \end{bmatrix}$$

已知该油泵当前年度有 80% 的概率是高消耗，20% 的概率是低消耗。因此，当前年度的状态向量 $S^{(0)}$ 为

$$S^{(0)} = \begin{bmatrix} 0.8 & 0.2 \end{bmatrix}$$

2 步状态转移概率矩阵为

$$p^{(2)} = p^2$$
$$= \begin{bmatrix} 0.7 & 0.3 \\ 0.6 & 0.4 \end{bmatrix}^2$$
$$= \begin{bmatrix} 0.67 & 0.33 \\ 0.66 & 0.34 \end{bmatrix}$$

两年后的状态向量 $S^{(2)}$ 为

$$S^{(2)} = S^{(0)} p^{(2)}$$
$$= \begin{bmatrix} 0.8 & 0.2 \end{bmatrix} \begin{bmatrix} 0.67 & 0.33 \\ 0.66 & 0.34 \end{bmatrix}$$
$$= \begin{bmatrix} 0.668 & 0.332 \end{bmatrix}$$

故得到，两年后大约有 66.8% 的概率处于高消耗状态，33.2% 的概率处于低消耗状态。

例 6.3 某仓库现有某型温度传感器的质量状态有 3 种，即 E_1（新品）、E_2（堪用品）、E_3（待修品），其状态转移情况见表 6.2。试求该航材的 2 步转移概率矩阵。

表 6.2 温度传感器质量状态转移情况表

当前状态	下步状态		
	E_1	E_2	E_3
E_1	4	8	12
E_2	0	6	2
E_3	0	10	2

解：

1 步状态转移概率矩阵为

$$p = \begin{bmatrix} 0.167 & 0.333 & 0.5 \\ 0 & 0.75 & 0.25 \\ 0 & 0.833 & 0.167 \end{bmatrix}$$

2 步状态转移概率矩阵为

$$p^{(2)} = p^2$$

$$= \begin{bmatrix} 0.167 & 0.333 & 0.5 \\ 0 & 0.75 & 0.25 \\ 0 & 0.833 & 0.167 \end{bmatrix}^2$$

$$= \begin{bmatrix} 0.028 & 0.722 & 0.25 \\ 0 & 0.771 & 0.229 \\ 0 & 0.764 & 0.236 \end{bmatrix}$$

6.4 马尔可夫预测法的应用

6.4.1 市场占有率预测

当前时期企业的产品在市场销售总额所占的比例称为产品当前时期的市场占有率,即

$$S^{(0)} = [\, p_1^{(0)} \ p_2^{(0)} \ \cdots \ p_n^{(0)} \,]$$

企业产品未来的市场占有率为

$$S^{(k)} = [\, p_1^{(k)} \ p_2^{(k)} \ \cdots \ p_n^{(k)} \,]$$

用马尔可夫预测法预测市场占有率,就是根据当前时期的市场占有率和市场转移概率对未来的市场占有率进行预测,其基本的数学模型如下:

$$S^{(k)} = [\, p_1^{(k)} \ p_2^{(k)} \ \cdots \ p_n^{(k)} \,] = S^{(0)} p^{(k)}$$

$$= [\, p_1^{(0)} \ p_2^{(0)} \ \cdots \ p_n^{(0)} \,] \begin{bmatrix} p_{11} & p_{12} & \cdots & p_{1n} \\ p_{21} & p_{22} & \cdots & p_{2n} \\ \vdots & \vdots & & \vdots \\ p_{n1} & p_{n2} & \cdots & p_{nn} \end{bmatrix} \tag{6.11}$$

式(6.11)的含义是,第 k 期的市场占有率等于初始占有率向量与 k 步转移概率矩阵的乘积。

长期来看,很多产品的市场占有率会趋于稳定,此时的市场占有率称为长期占有率,表示为 $\alpha = (\alpha_1, \alpha_2, \cdots, \alpha_n)$, $\sum\limits_{i=1}^{n} \alpha_i = 1$ 且 $\alpha_i \geqslant 0$,同时设状态转移概率矩阵为 p ,则有

$$\alpha p = \alpha \tag{6.12}$$

式中:状态转移概率矩阵 p 应满足遍历性(是指 p 满足对某一时期 k ,矩阵 p 存在 $p_{ij}^{(k)} > 0, i, j = 1, 2, \cdots, n$),此时的 α 称为状态转移概率矩阵 p 的平稳分布。

根据式(6.12)即可得到一个线性方程组,从而求出长期市场占有率 α 。

市场占有率预测的主要步骤如下:

(1) 确定各状态初始占比、状态转移概率矩阵;

(2) 预测未来某时期各状态占比;

(3) 预测各状态长期占比。

例 6.4 假设某液压助力器的消耗有三种状态:高消耗(年消耗量>10 件)、中消耗(10 件≥年消耗量>3 件)、低消耗(3 件≥年消耗量),分别用 A、B、C 表示。已知 2020 年该航材 A、B、C 三种状态占比分别为 30%、50%、20%,同时该航材消耗状态的转移概率矩阵为

$$p = \begin{bmatrix} 0.5 & 0.2 & 0.3 \\ 0.6 & 0.3 & 0.1 \\ 0.7 & 0.2 & 0.1 \end{bmatrix}$$

试预测 2021 年和 2022 年该航材消耗 A、B、C 三种状态占比,并分别确定这两年最可能的消耗状态。

解:

2020 年该航材三种消耗状态初始占比为

$$S^{(0)} = \begin{bmatrix} 0.3 & 0.5 & 0.2 \end{bmatrix}$$

2021 年该航材三种消耗状态占比为

$$S^{(1)} = \begin{bmatrix} 0.3 & 0.5 & 0.2 \end{bmatrix} \begin{bmatrix} 0.5 & 0.2 & 0.3 \\ 0.6 & 0.3 & 0.1 \\ 0.7 & 0.2 & 0.1 \end{bmatrix}$$

$$= \begin{bmatrix} 0.59 & 0.25 & 0.16 \end{bmatrix}$$

2022 年该航材三种消耗状态占比为

$$S^{(2)} = \begin{bmatrix} 0.3 & 0.5 & 0.2 \end{bmatrix} \begin{bmatrix} 0.5 & 0.2 & 0.3 \\ 0.6 & 0.3 & 0.1 \\ 0.7 & 0.2 & 0.1 \end{bmatrix}^2$$

$$= \begin{bmatrix} 0.557 & 0.225 & 0.218 \end{bmatrix}$$

由此可见,在 2021 年、2022 年该航材消耗的三种状态中,处于高消耗状态的概率最大,分别为 59%、55.7%。因此,这两年该航材消耗量达到 10 件以上的可能性最大。

例 6.5 已知某型飞机经常到甲、乙、丙三个岛礁机场转场驻训,已知第一季度所携带某型航材数量各自占比为 60%、20%、20%,状态转移概率矩阵为

$$p = \begin{bmatrix} 0.5 & 0.3 & 0.2 \\ 0.5 & 0.2 & 0.3 \\ 0.3 & 0.5 & 0.2 \end{bmatrix}$$

试预测该航材第三季度各岛礁机场携行数量占比并预测长期携行数量占比。

解:

（1）预测第三季度各岛礁机场携行数量占比。

第一季度的携行数量占比为

$$S^{(0)} = \begin{bmatrix} 0.6 & 0.2 & 0.2 \end{bmatrix}$$

第三季度的携行数量占比为

$$S^{(2)} = \begin{bmatrix} 0.6 & 0.2 & 0.2 \end{bmatrix} \begin{bmatrix} 0.5 & 0.3 & 0.2 \\ 0.5 & 0.2 & 0.3 \\ 0.3 & 0.5 & 0.2 \end{bmatrix}^2$$

$$= \begin{bmatrix} 0.456 & 0.312 & 0.232 \end{bmatrix}$$

即第三季度的携行数量占比为甲岛礁机场 45.6%、乙岛礁机场 31.2%、丙岛礁机场 23.2%。

（2）预测长期携行数量占比。

因

$$p^{(2)} = \begin{bmatrix} 0.5 & 0.3 & 0.2 \\ 0.5 & 0.2 & 0.3 \\ 0.3 & 0.5 & 0.2 \end{bmatrix}^2 = \begin{bmatrix} 0.46 & 0.31 & 0.23 \\ 0.44 & 0.24 & 0.22 \\ 0.46 & 0.29 & 0.25 \end{bmatrix}$$

可见

$$p_{ij}^{(2)} > 0, i,j = 1,2,\cdots,3$$

因此，转移概率矩阵 p 满足遍历性，所以存在该矩阵的平稳分布 $\boldsymbol{\alpha}$。

设 $\boldsymbol{\alpha} = (\alpha_1, \alpha_2, \alpha_3)$，由 $\boldsymbol{\alpha}p = \boldsymbol{\alpha}$ 可得

$$\begin{bmatrix} \alpha_1 & \alpha_2 & \alpha_3 \end{bmatrix} \begin{bmatrix} 0.5 & 0.3 & 0.2 \\ 0.5 & 0.2 & 0.3 \\ 0.3 & 0.5 & 0.2 \end{bmatrix} = \begin{bmatrix} \alpha_1 & \alpha_2 & \alpha_3 \end{bmatrix}$$

结合

$$\alpha_1 + \alpha_2 + \alpha_3 = 1$$

进而可得到线性方程组

$$\begin{cases} 0.5\alpha_1 + 0.5\alpha_2 + 0.3\alpha_3 = \alpha_1 \\ 0.3\alpha_1 + 0.2\alpha_2 + 0.5\alpha_3 = \alpha_2 \\ 0.2\alpha_1 + 0.3\alpha_2 + 0.2\alpha_3 = \alpha_3 \\ \alpha_1 + \alpha_2 + \alpha_3 = 1 \end{cases}$$

由上式解得

$$\alpha_1 = \frac{173}{450}, \alpha_2 = \frac{17}{45}, \alpha_3 = \frac{107}{450}$$

该航材长期携行数量占比为甲岛礁机场 38.44%、乙岛礁机场 37.78%、丙岛礁机场 23.78%。

6.4.2 商品销售状态预测

商品销售状态预测,即用已给定的商品销售量的时间序列数据预测未来时间商品的销售状态。

商品销售状态预测的主要步骤如下:

(1)划分预测对象的状态;

(2)计算初始状态频数;

(3)计算状态转移频数;

(4)计算状态转移概率矩阵;

(5)根据状态转移概率矩阵和当前状态进行预测。

例 6.6 某舵机从 2006—2020 年的消耗量如表 6.3 所列,试通过给定数据预测 2021 年该航材的消耗状态。

表 6.3 某舵机历年消耗量统计表

年度序号	1	2	3	4	5	6	7	8	9	10	11	12	13	14	15
消耗量/件	94	111	127	68	93	76	115	108	112	91	103	103	131	98	112

解:

第一步,划分预测对象的状态:

(1)消耗量≥110 件:消耗状态为高消耗;

(2)110 件>消耗量>90 件:消耗状态为中消耗;

(3)90 件≥消耗量:消耗状态为低消耗。

第二步,计算初始状态频数。根据统计数据,确定各种状态的频数。绘制散点图(图6.1),以便于直观观察。

根据图 6.1 可知:

(1)高消耗状态的频数:$D_1 = 5$。最后一个数据不参与状态转移概率计算;

(2)中消耗状态的频数:$D_2 = 7$;

(3)低消耗状态的频数:$D_3 = 2$。

第三步:计算状态转移频数。

根据图 6.1 可以得到各状态之间的转移频数,分别为

$$D_{11} = 1, D_{12} = 3, D_{13} = 1$$
$$D_{21} = 4, D_{22} = 2, D_{23} = 1$$
$$D_{31} = 1, D_{32} = 1, D_{33} = 0$$

第四步:计算状态转移概率矩阵。

将状态转移频数除以各状态总频数即得到状态转移概率,分别为

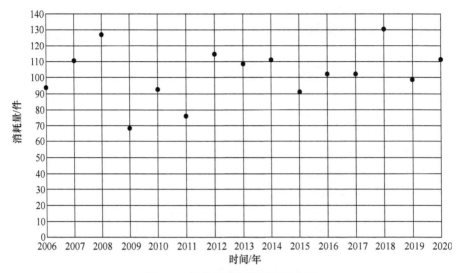

图 6.1　某舵机历年消耗量散点图

$$p_{11} = 1/5, p_{12} = 3/5, p_{13} = 1/5$$
$$p_{21} = 4/7, p_{22} = 2/7, p_{23} = 1/7$$
$$p_{31} = 1/2, p_{32} = 1/2, p_{33} = 0$$

因此可得到状态转移概率矩阵

$$\boldsymbol{p} = \begin{bmatrix} 1/5 & 3/5 & 1/5 \\ 4/7 & 2/7 & 1/7 \\ 1/2 & 1/2 & 0 \end{bmatrix}$$

第五步:根据状态转移概率矩阵和当前状态进行预测。

已知 2020 年该航材为高消耗状态,又知 $\max\{p_{11}, p_{12}, p_{13}\} = p_{12} = 3/5$,所以 2021 年预计消耗状态为中消耗状态的概率最高,其消耗量预计在 90~110 件之间。

例 6.7　2009—2020 年某传感器的消耗量如表 6.4 所列,试预测 2021 年该航材的消耗状态。

表 6.4　某传感器 2009—2020 年消耗量

年份/年	2009	2010	2011	2012	2013	2014	2015	2016	2017	2018	2019	2020
消耗量/件	5	22	27	16	8	22	18	19	30	21	31	20

解:

第一步,划分预测对象的状态。

(1) 消耗数 ≥ 25 个:消耗状态为高消耗;

(2) 25 个 > 消耗数 > 10 个:消耗状态为中消耗;

(3) 消耗数 ≤ 10 个:消耗状态为低消耗。

第二步：计算初始状态频数。根据统计数据，确定各种状态的频数。绘制散点图(图6.2)。

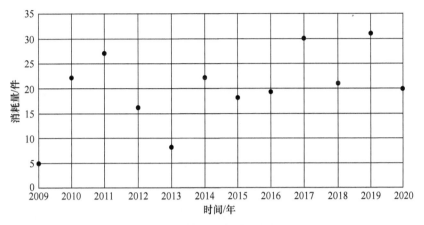

图6.2 某传感器历年消耗量散点图

根据图6.2可知：

（1）高消耗状态的频数：$D_1 = 3$；

（2）中消耗状态的频数：$D_2 = 6$，最后一个数据不参与转移概率计算；

（3）低消耗状态的频数：$D_3 = 2$。

第三步：计算状态转移频数。

根据图6.2可以得到各状态之间的转移频数，分别为

$$D_{11} = 0, D_{12} = 3, D_{13} = 0$$
$$D_{21} = 3, D_{22} = 2, D_{23} = 1$$
$$D_{31} = 0, D_{32} = 2, D_{33} = 0$$

第四步：计算状态转移概率矩阵。

将状态转移频数除以各状态总频数即得到状态转移概率，分别为

$$p_{11} = 0, \quad p_{12} = 3/3, p_{13} = 0$$
$$p_{21} = 3/6, p_{22} = 2/6, p_{23} = 1/6$$
$$p_{31} = 0, \quad p_{32} = 2/2, p_{33} = 0$$

因此可得到状态转移概率矩阵

$$p = \begin{bmatrix} 0 & 1 & 0 \\ 1/2 & 1/3 & 1/6 \\ 0 & 1 & 0 \end{bmatrix}$$

第五步：根据状态转移概率矩阵和当前状态进行预测。

已知2020年该传感器为中消耗状态，又知 $\max\{p_{21}, p_{22}, p_{23}\} = p_{21} = 1/2$，

121

所以 2021 年预计消耗状态为高消耗状态的概率最高,其消耗量预计在 25 件以上。

6.4.3　期望利润预测

在经营管理活动中,不仅要掌握销售的变化情况,同时还要预测利润的变化情况。设某系统有 N 个状态,状态 i 经过 1 步转移到状态 j 时所获得的利润为 $r_{ij}(i, j = 1,2,\cdots,N)$,于是有利润矩阵

$$r = \begin{bmatrix} r_{11} & r_{12} & \cdots & r_{1N} \\ r_{21} & r_{22} & \cdots & r_{2N} \\ \vdots & \vdots & & \vdots \\ r_{N1} & r_{N2} & \cdots & r_{NN} \end{bmatrix}$$

当 $r_{ij} > 0$ 时盈利, $r_{ij} < 0$ 时亏损, $r_{ij} = 0$ 时平衡。

由于系统状态转移为随机的,得到的利润也应当是随机的,这个利润只能是期望利润。

1 步状态转移期望利润是从状态 i 开始经过 1 步转移后所得到的期望利润值,即

$$V_i(1) = r_{i1}p_{i1} + r_{i2}p_{i2} + \cdots + r_{iN}p_{iN} = \sum_{j=1}^{N} r_{ij}p_{ij}, i = 1,2,\cdots,N \qquad (6.13)$$

k 步转移期望利润可以分解为 1 步转移期望利润为 $V_i(1)$,加上经 1 步转移后的各个状态再经 $k - 1$ 步转移到各个状态的所获期望利润 $V_j(k - 1)$,即

$$V_i(k) = V_i(1) + \sum_{j=1}^{N} p_{ij}V_j(k - 1) = \sum_{j=1}^{N} \left[V_j(k - 1) + r_{ij} \right]p_{ij}, i = 1,2,\cdots,N$$

$$(6.14)$$

另外,记 $V_i(1) = q_i, i = 1,2,\cdots,N$ 。

例 6.8　航材保障良好率与经费投入有直接的关系。在航材保障经费达到一定值时,航材保障良好率可以达到 95%,此时的航材保障良好率是一般要求达到的保障水平。因此,可以根据航材保障良好率达到 95% 时的经费投入量,将保障经费投入情况划分为经费充足和经费不足两种状态。这样,航材保障经费投入情况即相当于销售情况,航材保障良好率的增量即相当于销售获得的利润。因此,可以采用期望利润预测法来预测航材保障良好率,已知当前航材保障良好率为 95%。

假设某机型航材保障经费状态包括经费充足 E_1 和经费不足 E_2 两种,其保障经费状态转移情况和航材保障良好率增量转移情况如表 6.5 所列。

表 6.5 某机型航材保障经费状态转移情况和航材保障良好率增量转移情况表

当前状态	下步状态			
	E_1		E_2	
	航材保障经费状态转移频数	航材保障良好率增量	航材保障经费状态转移频数	航材保障良好率增量
E_1	6	0.04	4	0.01
E_2	1	0.02	4	-0.02

试计算:

(1) 下一年该机型的期望航材保障良好率。

(2) 3 年后该机型的期望航材保障良好率。

解:

航材保障经费状态转移概率矩阵为

$$\boldsymbol{p} = \begin{bmatrix} 0.6 & 0.4 \\ 0.2 & 0.8 \end{bmatrix}$$

状态转移航材保障良好率增量矩阵为

$$\boldsymbol{r} = \begin{bmatrix} 0.04 & 0.01 \\ 0.02 & -0.02 \end{bmatrix}$$

(1) 下一年期望航材保障良好率增量为

$$q_1 = 0.6 \times 0.04 + 0.4 \times 0.01 = 0.028$$

$$q_2 = 0.2 \times 0.02 + 0.8 \times (-0.02) = -0.012$$

即当前年度处于经费充足状态时,预测下一年航材保障良好率可增加 2.8%,达到 97.8%;当前年度处于经费不足状态时,预测下一年航材保障良好率会降低 1.2%,达到 93.8%。

(2) 当 $k = 3$ 时,有

$$\begin{aligned} V_1(2) &= q_1 + \sum_{j=1}^{2} p_{1j} q_j \\ &= 0.028 + [0.6 \times 0.028 + 0.4 \times (-0.012)] \\ &= 0.04 \end{aligned}$$

$$\begin{aligned} V_2(2) &= q_2 + \sum_{j=1}^{2} p_{2j} q_j \\ &= -0.012 + [0.2 \times 0.028 + 0.8 \times (-0.012)] \\ &= -0.016 \end{aligned}$$

$$V_1(3) = q_1 + \sum_{j=1}^{2} p_{1j} V_j(2)$$

$$= 0.028 + [0.6 \times 0.04 + 0.4 \times (-0.016)]$$
$$= 0.0456$$

$$V_2(3) = q_2 + \sum_{j=1}^{2} p_{2j} V_j(2)$$
$$= -0.012 + [0.2 \times 0.04 + 0.8 \times (-0.016)]$$
$$= 0.0168$$

即当前年度处于经费充足状态时,预计 3 年后航材保障良好率增加 4.56%,达到 99.56%;当本年度处于经费不足状态时,预计 3 年后航材保障良好率降低 1.68%, 达到 93.32%。

6.5 小结

马尔可夫预测法是应用随机过程中马尔可夫链的理论和方法,研究分析经济、社会、军事等现象的变化规律,并借此对未来进行预测的一种方法。

马尔可夫链的最重要的性质就是"无后效性",即系统在每一时刻的状态仅仅取决于前一时刻的状态,而与其过去的历史无关。马尔可夫链是一种具有无后效性的随机时间序列。

马尔可夫预测法是用马尔可夫链研究事物变化规律,对未来状态进行预测。该方法一般假设事物未来状态仅与当前状态有关而与过去无关,同时 1 步转移概率矩阵是稳定的,然后在此假设基础上进行预测,其关键是划分状态、确定当前状态概率以及状态转移概率矩阵。

马尔可夫预测法主要是对经济领域中的市场占有率、商品销售状态、期望利润进行预测,但是也可以用于军事领域中的相关研究。

马尔可夫预测法一般只能做短期预测,不能对未来长期情况进行准确预测。由于市场竞争等事物变化快,就需要随时分析事物变化,进一步修正状态转移概率矩阵,以确保该方法达到较好的预测效果。

思考与练习

1. 简述马尔可夫链并用数学语言定义。
2. 简述状态转移概率及其矩阵的公式。
3. 某系统有三种状态 E_1, E_2, E_3,其变化情况如下:
(1) 初始状态

$E_1:100$

$E_2:300$

$E_3:500$

（2）1 步状态转移情况

$E_1 \longrightarrow E_1 : 70$

$E_1 \longrightarrow E_2 : 20$

$E_1 \longrightarrow E_3 : 10$

$E_2 \longrightarrow E_1 : 25$

$E_2 \longrightarrow E_2 : 250$

$E_2 \longrightarrow E_3 : 25$

$E_3 \longrightarrow E_1 : 60$

$E_3 \longrightarrow E_2 : 40$

$E_3 \longrightarrow E_3 : 400$

试求其状态转移概率矩阵及 1 步转移后的状态。

4. 已知某经济系统的 1 步转移概率矩阵为

$$p = \begin{bmatrix} 0.5 & 0.25 & 0.25 \\ 0.6 & 0.3 & 0.1 \\ 0.4 & 0.3 & 0.3 \end{bmatrix}$$

试求其 2 步转移概率矩阵。

5. 某雷达有新品、堪用品、待修品、废品四种状态。根据历史资料,其各类状态的 1 步转移概率矩阵为

$$p = \begin{bmatrix} 0.7 & 0.2 & 0.07 & 0.03 \\ 0 & 0.75 & 0.2 & 0.05 \\ 0 & 0.6 & 0.35 & 0.05 \\ 0 & 0 & 0 & 1 \end{bmatrix}$$

目前,该航材有新品 100 件,堪用品 80 件,待修品 30 件,废品 0 件。试预测未来一年该航材各状态的数量。

6. 有三个单位保障一种机型,已知某航材某年度在各自单位的故障数所占比例为(0.4,0.4,0.2),且状态转移概率矩阵为

$$p = \begin{bmatrix} 0.6 & 0.2 & 0.2 \\ 0.4 & 0.3 & 0.3 \\ 0.5 & 0.2 & 0.3 \end{bmatrix}$$

试预测两年后的故障数所占比例以及长期占比。提示:借鉴市场占有率以及长期市场占有率计算方法来预测。

7. 某航材的消耗状态有高消耗和低消耗两种,其 24 个季度的消耗状态如表 6.6 所列。其中,状态 1 表示高消耗,状态 0 表示低消耗。

试求消耗状态转移的 1 步和 2 步转移概率矩阵。

表 6.6　航材消耗状态情况表

季度	1	2	3	4	5	6	7	8	9	10	11	12
状态	0	1	0	1	0	1	1	0	1	0	0	1
季度	13	14	15	16	17	18	19	20	21	22	23	24
状态	1	0	1	1	1	1	0	0	1	0	1	1

8. 已知某经济系统的状态转移概率矩阵和利润矩阵分别为

$$p = \begin{bmatrix} 0.7 & 0.3 \\ 0.4 & 0.6 \end{bmatrix}, r = \begin{bmatrix} 80 & 10 \\ 20 & -20 \end{bmatrix}$$

试求第 1 期、第 2 期和第 3 期的期望利润值。

9. 某机型有 A、B、C 三个机场,每个机场由一个场站保障,这三个场站可以从任何一个场站临时借用航材,也可以将送修航材还到任何一个场站。以某舵机为例,该舵机借、还情况如表 6.7 所列。

表 6.7　三个场站舵机借、还情况表

借出单位	还件单位		
	A	B	C
A	0.7	0.2	0.1
B	0.3	0.1	0.6
C	0.2	0.3	0.5

长期来看,三个场站储备占比会趋于稳定,试计算其长期占比。

126

第7章
灰色系统预测法

本章主要介绍灰色系统预测概述以及两种典型的灰色模型(gray model,GM),包括 GM(1,1)模型和 GM(1,N)模型(N>1)。其中,灰色系统预测概述主要阐述了灰色系统的概念、特点以及灰色预测的概念、分类、特点等;GM(1,1)预测模型主要阐述了 GM(1,1)模型、GM(1,1)模型检验、GM(1,1)模型应用、GM(1,1)模型残差模型以及 GM(1,1)模型群;GM(1,N)预测模型主要阐述了其数学模型及其应用方法。

7.1 灰色系统预测概述

7.1.1 灰色系统

1. 灰色系统的概念

若一个系统的内部特征是完全已知的,即系统的信息是充足完全的,一般称为白色系统。若一个系统的内部信息是一无所知,一团漆黑,只能从它同外部的联系来观测研究,这种系统便是黑色系统。灰色系统介于二者之间,灰色系统的一部分信息是已知的,另一部分是未知的。区别白色和灰色系统的重要标志是系统各因素间是否有确定的关系。

在各种系统中经常会遇到信息不完全的情况。例如:生物防治方面,害虫与天敌间的关系即使是明确的,但天敌与饵料、害虫与害虫间的许多关系却不明确,这是缺乏生物间的关联信息;一项土建工程,尽管材料、设备、施工计划、图纸是齐备的,可是还很难估计施工进度与质量,这是缺乏劳动力及技术水平的信息;一般社会经济系统,除了输出的时间数据(如产值、产量、总收入、总支出等)外,其输入数据不明确或者缺乏,因而难以建立确定的完整的模型,这是缺乏系统信息;工程系统是客观实体,有明确的"内""外"关系(系统内部与系统外部,或系统本体与系统环境),可以较清楚地明确输入与输出,因此可以较方便地分析输入对输出的影响,可是社会、经济系统是抽象的对象,没有明确的"内""外"关系,不是客观实体,因此就难以分析输入(投入)对输出(产出)的影响,这是缺乏"模型信息"(用什么模型、用什么量进行观测控制等信息)。信息不完全的情况归纳起来主要有:元素(参数)信息不完全;结构信息不完全;关系信息(特指"内""外"关系)不完全;运行的行为信息不完全。

2. 灰色系统的特点

灰色系统理论以"部分信息已知、部分信息未知"的"小样本""贫信息"不确定型系统为研究对象,灰色系统的主要特点有以下几点。

(1)用灰色数学来处理不确定量,使之量化。数学发展史上最早研究的是确定型的微分方程,一旦有了描写事物的微分方程及初值,就能确知事物任何时候的运动。随后发展了概率论与数理统计,用随机变量和随机过程来研究事物的状态和运动。模糊数学则研究没有清晰界限的事物。灰色系统理论则认为不确定量是灰数,用灰色数学来处理不确定量,同样能使不确定量予以量化,如图 7.1 所示。

不确定量 —————— 1, 2, 3 ————→ 量化(用确定量的方法研究)
1—概率论与数理统计;2—模糊数学;3—灰色数学(灰色系统理论)。

图 7.1 不确定量的量化方法

(2)充分利用已知信息寻求系统的运动规律。研究灰色系统的关键是如何使灰色系统白化、模型化、优化。

灰色系统视不确定量为灰色量,提出了灰色系统建模的具体数学方法,它能利用时间序列来确定微分方程的参数。灰色预测不是把观测到的数据序列视为一个随机过程,而是看作随时间变化的灰色量或灰色过程,通过累加生成和累减生成逐步使灰色量白化,从而建立微分方程解的模型并用于预测。这样,对某些大系统和长期预测问题,该方法就可以发挥作用。

(3)灰色系统理论能处理贫信息系统。灰色预测模型只要求较短的观测资料即可,这和时间序列分析与概率统计分析等模型要求较长资料不一样。因此,对于某些只有少量观测数据的项目来说,灰色预测是一种很有用的工具。

7.1.2 灰色预测

灰色预测是通过鉴别系统因素之间发展趋势的相似或相异程度,即进行关联度分析,并通过对原始数据的生成处理来寻求系统变动的规律。该方法生成的数据序列有较强的规律性,可以用它来建立相应的微分方程模型,进而预测事物未来的发展趋势和未来状态。

灰色预测是用灰色系统预测模型来进行定量分析和预测的,通常分为以下几类。

（1）灰色时间序列预测。用等时距观测到的反映预测对象特征的一系列数量（如产量、销量、人口数量、存款数量、利率等）构造灰色预测模型，预测未来某一时刻的特征量，或者达到某特征量的时间。

（2）畸变预测（灾变预测）。通过灰色系统预测模型预测异常值出现的时刻，预测异常值什么时候出现在特定时区内。

（3）波形预测（拓扑预测）。通过灰色系统预测模型预测事物未来变动的轨迹。

（4）系统预测。根据系统行为特征指标建立一组相互关联的灰色预测模型，在预测系统整体变化的同时，预测系统各个环节的变化。

上述灰色预测方法的共同特点是：一是允许采用小样本数据预测。二是允许并常用于对灰因白果律事件进行预测。例如，影响粮食生产、航材消耗等事物的因素很多且难以掌握，此为灰因；而粮食产量、航材消耗量等则是具体的，此为白果。因此，粮食、航材消耗等事物的预测均为灰因白果律事件的预测。三是具有可检验性，主要是对模型的精度进行检验，主要包括残差检验、关联度检验、后验差检验。

7.2　GM(1,1)预测模型

7.2.1　GM(1,1)模型

1. 数据预处理

数据预处理的目的是通过某种生成弱化原始数据的随机性，呈现其规律性。下面介绍一下累加生成序列（1-AGO）以及紧邻均值序列（MEAN）。

1）累加生成序列

累加生成序列指一次累加生成。

记原始序列为

$$X^{(0)} = \{x^{(0)}(1), x^{(0)}(2), \cdots, x^{(0)}(n)\} \tag{7.1}$$

累加生成序列为

$$X^{(1)} = \{x^{(1)}(1), x^{(1)}(2), \cdots, x^{(1)}(n)\} \tag{7.2}$$

$$x^{(1)}(k) = \sum_{i=0}^{k} x^{(0)}(i) = x^{(1)}(k-1) + x^{(0)}(k), x^{(1)}(0) = x^{(1)}(1) \tag{7.3}$$

其中，上标"0"表示原始序列；上标"1"表示一次累加生成序列。

2）紧邻均值生成序列

令 $Z^{(1)}$ 为 $X^{(1)}$ 的紧邻均值生成序列，即

$$Z^{(1)} = (z^{(1)}(2), z^{(1)}(3), \cdots, z^{(1)}(n))$$

$$z^{(1)}(k) = \frac{1}{2}(x^{(1)}(k) + x^{(1)}(k-1)) \tag{7.4}$$

2. 模型形式

1）灰微分方程

GM(1,1)模型的灰微分方程为

$$x^{(0)}(k) + az^{(1)}(k) = b \tag{7.5}$$

式中：a 为发展系数；b 为灰色作用量。

灰微分方程为均值形式，是一种离散形式的方程。

2）白化微分方程

GM(1,1)模型是基于原始时间序列经按时间累加后所形成的新时间序列呈现的规律可以使用一阶线性微分方程的解来逼近的原理建立的，其白化微分方程或者影子方程是一种连续形式的方程，即

$$\frac{\mathrm{d}x^{(1)}(t)}{\mathrm{d}t} + ax^{(1)}(t) = b \tag{7.6}$$

那么，白化微分方程与灰微分方程是什么关系呢？

3）灰微分方程与白化微分方程之间的关系证明

白化微分方程的两边在 $[k-1, k]$ 内积分，即

$$\int_{k-1}^{k} \frac{\mathrm{d}x^{(1)}(t)}{\mathrm{d}t} \mathrm{d}t + \int_{k-1}^{k} ax^{(1)}(t)\mathrm{d}t = \int_{k-1}^{k} b\mathrm{d}t$$

$$=> \int_{k-1}^{k} \mathrm{d}x^{(1)}(t) + a\int_{k-1}^{k} x^{(1)}(t)\mathrm{d}t = b(k-(k-1))$$

$$=> x^{(1)}(k) - x^{(1)}(k-1) + a\int_{k-1}^{k} x^{(1)}(t)\mathrm{d}t = b$$

$$=> x^{(0)}(k) + a\int_{k-1}^{k} x^{(1)}(t)\mathrm{d}t = b$$

式中：$\int_{k-1}^{k} x^{(1)}(t)\mathrm{d}t$ 可以表示为图7.2所示的曲线 $x^{(1)}(t)$ 在 $[k-1, k]$ 区间内该曲线和横坐标之间区域的面积，而该面积可以用图中所示的梯形近似。

因此有

$$\int_{k-1}^{k} x^{(1)}(t)\mathrm{d}t \approx \frac{1}{2}(x^{(1)}(k) + x^{(1)}(k-1))(k-(k-1))$$

$$= \frac{1}{2}(x^{(1)}(k) + x^{(1)}(k-1))$$

$$= z^{(1)}(k) \tag{7.7}$$

将式(7.7)代入式(7.6)，则有

$$x^{(0)}(k) + az^{(1)}(k) = b$$

由此可见，白化微分方程完全等价于灰微分方程。因此，一方面可以通过灰微

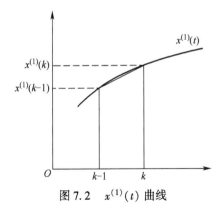

图 7.2 $x^{(1)}(t)$ 曲线

分方程估计模型参数;另一方面可以通过白化微分方程求出 $x^{(1)}(t)$ 曲线函数,即可利用其获得累加生成序列的估计值。

3. 模型参数估计

利用灰微分方程估计模型参数的方法是最小二乘法,具体阐述如下。

首先,将时刻 $k = 2,3,\cdots,n$ 的原始序列和紧邻均值生成序列代入均值形式 $x^{(0)}(k) + az^{(1)}(k) = b$,即

$$\begin{cases} x^{(0)}(2) + az^{(1)}(2) = b \\ x^{(0)}(3) + az^{(1)}(3) = b \\ \quad\vdots \\ x^{(0)}(n) + az^{(1)}(n) = b \end{cases} => \begin{cases} x^{(0)}(2) = -az^{(1)}(2) + b \\ x^{(0)}(3) = -az^{(1)}(3) + b \\ \quad\vdots \\ x^{(0)}(n) = -az^{(1)}(n) + b \end{cases}$$

令

$$\boldsymbol{B} = \begin{bmatrix} -z^{(1)}(2) & 1 \\ -z^{(1)}(3) & 1 \\ \vdots & \vdots \\ -z^{(1)}(n) & 1 \end{bmatrix}, \boldsymbol{Y} = \begin{bmatrix} x^{(0)}(2) \\ x^{(0)}(3) \\ \vdots \\ x^{(0)}(n) \end{bmatrix}, \hat{\boldsymbol{\theta}} = \begin{pmatrix} a \\ b \end{pmatrix} \tag{7.8}$$

则式(7.8)的矩阵形式为

$$\boldsymbol{Y} = \boldsymbol{B}\hat{\boldsymbol{\theta}} \tag{7.9}$$

下面用最小二乘法估计参数 $\hat{\boldsymbol{\theta}}$ 。

首先,计算误差平方和 Q ,即

$$\begin{aligned} Q &= (\boldsymbol{Y} - \hat{\boldsymbol{Y}})'(\boldsymbol{Y} - \hat{\boldsymbol{Y}}) \\ &= (\boldsymbol{Y}' - \hat{\boldsymbol{Y}}')(\boldsymbol{Y} - \hat{\boldsymbol{Y}}) \\ &= \boldsymbol{Y}'\boldsymbol{Y} - \boldsymbol{Y}'\hat{\boldsymbol{Y}} - \hat{\boldsymbol{Y}}'\boldsymbol{Y} + \hat{\boldsymbol{Y}}'\hat{\boldsymbol{Y}} \\ &= \boldsymbol{Y}'\boldsymbol{Y} - 2\boldsymbol{Y}'\hat{\boldsymbol{Y}} + \hat{\boldsymbol{Y}}'\hat{\boldsymbol{Y}} \end{aligned}$$

$$= Y'Y - 2Y'(B\hat{\boldsymbol{\theta}}) + (B\hat{\boldsymbol{\theta}})'B\hat{\boldsymbol{\theta}}$$

$$= Y'Y - 2Y'B\hat{\boldsymbol{\theta}} + \hat{\boldsymbol{\theta}}'B'B\hat{\boldsymbol{\theta}}$$

其次,求误差平方和 Q 对参数 $\hat{\boldsymbol{\theta}}$ 的偏导数并令其为 0,即

$$\frac{\partial Q}{\partial \hat{\boldsymbol{\theta}}} = \frac{\partial (Y'Y - 2Y'B\hat{\boldsymbol{\theta}} + \hat{\boldsymbol{\theta}}'B'B\hat{\boldsymbol{\theta}})}{\partial \hat{B}}$$

$$= \frac{\partial (Y'Y - 2Y'B\hat{\boldsymbol{\theta}} + \hat{\boldsymbol{\theta}}'(B'B)\hat{\boldsymbol{\theta}})}{\partial \hat{B}}$$

$$= 0 - 2(Y'B)' + 2(B'B)\hat{\boldsymbol{\theta}}$$

$$= -2B'Y + 2(B'B)\hat{\boldsymbol{\theta}}$$

$$= 0$$

再求解等式

$$-2B'Y + 2(B'B)\hat{\boldsymbol{\theta}} = 0$$

$$=> (B'B)\hat{\boldsymbol{\theta}} = B'Y$$

$$=> (B'B)^{-1}(B'B)\hat{\boldsymbol{\theta}} = (B'B)^{-1}B'Y$$

$$=> \hat{\boldsymbol{\theta}} = (B'B)^{-1}B'Y$$

因此,参数 $\hat{\boldsymbol{\theta}}$ 为

$$\hat{\boldsymbol{\theta}} = (B'B)^{-1}B'Y \tag{7.10}$$

4. 模型求解

白化微分方程 $\dfrac{\mathrm{d}x^{(1)}(t)}{\mathrm{d}t} + ax^{(1)}(t) = b$ 为一阶非齐次微分方程,它的求解分以下三步完成。

(1) 求解齐次方程: $\dfrac{\mathrm{d}x^{(1)}(t)}{\mathrm{d}t} + ax^{(1)}(t) = 0$

$$\frac{\mathrm{d}x^{(1)}(t)}{\mathrm{d}t} + ax^{(1)}(t) = 0$$

$$=> \frac{\mathrm{d}x^{(1)}(t)}{x^{(1)}(t)} = -a\mathrm{d}t$$

$$=> \int \frac{\mathrm{d}x^{(1)}(t)}{x^{(1)}(t)} = \int (-a)\mathrm{d}t$$

$$=> Ln|x^{(1)}(t)| = -at$$

$$=> x^{(1)}(t) = Ce^{-at}$$

该齐次方程的通解即为

$$x^{(1)}(t) = Ce^{-at} \tag{7.11}$$

（2）求解非齐次方程：$\dfrac{\mathrm{d}x^{(1)}(t)}{\mathrm{d}t} + ax^{(1)}(t) = b$

令

$$C = u(t)$$

将 $c = u(t)$ 代入 $x^{(1)}(t) = Ce^{-at}$ ，即

$$x^{(1)}(t) = u(t)e^{-at}$$

将 $x^{(1)}(t) = u(t)e^{-at}$ 代入非齐次方程 $\dfrac{\mathrm{d}x^{(1)}(t)}{\mathrm{d}t} + ax^{(1)}(t) = b$ ，即

$$\frac{\mathrm{d}(u(t)e^{-at})}{\mathrm{d}t} + a(u(t)e^{-at}) = b$$

$$=> u'(t)e^{-at} + u(t) \cdot (-ae^{-at}) + au(t)e^{-at} = b$$

$$=> u'(t)e^{-at} - au(t)e^{-at} + au(t)e^{-at} = b$$

$$=> u'(t)e^{-at} = b$$

$$=> u'(t) = be^{at}$$

对 $u'(t) = be^{at}$ 两边取积分，可得

$$u(t) = \int be^{at}\mathrm{d}t = b\int\frac{\mathrm{d}e^{at}}{a} = \frac{b}{a}e^{at} + C$$

将 $u(t) = \dfrac{b}{a}e^{at} + c$ 代入 $x^{(1)}(t) = u(t)e^{-at}$ ，可得

$$x^{(1)}(t) = u(t)e^{-at} = \left(\frac{b}{a}e^{at} + C\right)e^{-at} = Ce^{-at} + \frac{b}{a}$$

白化微分方程 $\dfrac{\mathrm{d}x^{(1)}}{\mathrm{d}t} + ax^{(1)} = b$ 的通解即为

$$x^{(1)}(t) = Ce^{-at} + \frac{b}{a} \tag{7.12}$$

（3）求解通解 $x^{(1)}(t) = Ce^{-at} + \dfrac{b}{a}$ 的任意常数项 C

对通解 $x^{(1)}(t) = Ce^{-at} + \dfrac{b}{a}$ ，令 $t = 1$ ，则有

$$x^{(1)}(1) = Ce^{-a} + \frac{b}{a}$$

$$=> C = e^{a}\left(x^{(1)}(1) - \frac{b}{a}\right) = e^{a}\left(x^{(0)}(1) - \frac{b}{a}\right)$$

（4）确定白化微分方程 $\dfrac{\mathrm{d}x^{(1)}(t)}{\mathrm{d}t} + ax^{(1)}(t) = b$ 的拟合值 $x^{(1)}(t)$

将 $C = \mathrm{e}^a \left(x^{(0)}(1) - \dfrac{b}{a} \right)$ 代入通解 $x^{(1)}(t) = C\mathrm{e}^{-at} + \dfrac{b}{a}$,即

$$
\begin{aligned}
x^{(1)}(t) &= C\mathrm{e}^{-at} + \frac{b}{a} \\
&= \mathrm{e}^a \left(x^{(0)}(1) - \frac{b}{a} \right) \cdot \mathrm{e}^{-at} + \frac{b}{a} \\
&= \left(x^{(0)}(1) - \frac{b}{a} \right) \cdot \mathrm{e}^{-a(t-1)} + \frac{b}{a}
\end{aligned}
$$

到此就完成了白化微分方程 $\dfrac{\mathrm{d}x^{(1)}(t)}{\mathrm{d}t} + ax^{(1)}(t) = b$ 的求解,即

$$
\hat{x}^{(1)}(t) = \left(x^{(0)}(1) - \frac{b}{a} \right) \cdot \mathrm{e}^{-a(t-1)} + \frac{b}{a} \tag{7.13}
$$

白化微分方程 $\dfrac{\mathrm{d}x^{(1)}(t)}{\mathrm{d}t} + ax^{(1)}(t) = b$ 的解 $\hat{x}^{(1)}(t)$ 也称时间响应函数,是连续形式的解,对应的离散形式的解为

$$
\hat{x}^{(1)}(k) = \left(x^{(0)}(1) - \frac{b}{a} \right) \cdot \mathrm{e}^{-a(k-1)} + \frac{b}{a} \tag{7.14}
$$

$\hat{x}^{(1)}(k)$ 并不是最终的预测值,还需要利用累减还原式获得累减生成数,此为预测值。累减还原式为

$$
\hat{x}^{(0)}(k) = \hat{x}^{(1)}(k) - \hat{x}^{(1)}(k-1) \tag{7.15}
$$

若要预测第 $n+1$ 时刻的预测值,就需要先利用离散形式解的计算公式求出 $x^{(1)}(n)$, $x^{(1)}(n+1)$,再利用累减还原式得到预测值 $\hat{x}^{(0)}(n+1)$ 。

5. 预测步骤

(1) 计算累加生成序列 $\boldsymbol{X}^{(1)}$ 、均值生成序列 $\boldsymbol{Z}^{(1)}$ 。

(2) 构造数据矩阵 $\boldsymbol{B}$ 和向量 $\boldsymbol{Y}$,计算参数向量 $\hat{\boldsymbol{\theta}}$ 。

(3) 确定预测模型 $\hat{x}^{(1)}(k)$ 。

(4) 模型精度检验。

(5) 利用累减还原式预测。

7.2.2　GM(1,1)模型检验

GM(1,1)模型的检验包括三种:残差检验、关联度检验和后验差检验。

1. 残差检验

残差检验,即对模型值和实际值的残差进行逐点检验。首先按模型计算 $\hat{x}^{(1)}(i+1)$,然后将 $\hat{x}^{(1)}(i+1)$ 累减生成 $\hat{x}^{(0)}(i)$,最后计算原始序列 $x^{(0)}(i)$ 与 $\hat{x}^{(0)}(i)$ 的绝对残差序列 $\Delta^{(0)}(i) = |x^{(0)}(i) - \hat{x}^{(0)}(i)|$,令

$$\Delta^{(0)} = \{\Delta^{(0)}(i), i = 1, 2, \cdots, n\}$$

则相对残差序列为

$$\phi = \{\phi_i, i = 1, 2, \cdots, n\}$$

$$\phi_i = \frac{\Delta^{(0)}(i)}{x^{(0)}(i)}$$

计算平均相对残差

$$\overline{\phi} = \frac{1}{n} \sum_{i=1}^{n} \phi_i \tag{7.16}$$

给定 α，当 $\overline{\phi} < \alpha$ 且 $\phi_n < \alpha$ 成立时，称模型为残差合格模型。实际应用中，α 的期望值一般控制在 20% 以内。

2. 关联度检验

关联度是表征两个事物之间的关联程度，在数学上是指两函数相似的程度。要确定关联程度，必须进行关联分析。

1）关联分析

在现实世界中很多系统的影响因素之间的关系是灰色的，无法分清哪些因素关系密切、哪些因素不密切，导致无法找到主要矛盾或特性。关联分析则可以定量地衡量各种因素之间的关联程度。

关联分析的目的是通过对各时间序列趋势的直观分析：首先定性判断某一时间序列和其他序列的相关程度即关联程度；然后根据其大小对各关联程度进行排序。如图 7.3 所示的 A、B、C、D 四个时间序列，曲线 A 与 B 趋势相似，所以曲线 A 与 B 的关联程度较大；曲线 C 与 A 随时间 t 变化的方向不一致，相比曲线 A 与 B 的关联程度，A 与 C 的关联程度更小；而曲线 A 与 D 的趋势相差最大，所以曲线 A 与 B 的关联程度最小。

设曲线 A 与 B、C、D 的关联程度分别为 r_{AB}，r_{AC}，r_{AD}，那么按照关联程度从大到小排序即为 r_{AB}，r_{AC}，r_{AD}，相应的序列 $\{r_{AB}, r_{AC}, r_{AD}\}$ 即为关联序列。

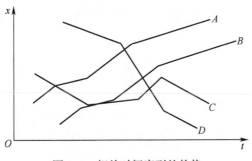

图 7.3 相关时间序列的趋势

2）关联度计算

灰关联系数是关联程度的一种衡量尺度,其平均值即为关联度。

设目标序列为

$$X_0 = \{x_0(1), x_0(2), \cdots, x_0(n)\}$$

比较序列有 m 个,即

$$X_i = \{x_i(1), x_i(2), \cdots, x_i(n)\}, i = 1, 2, \cdots, m$$

关联程度实质上是曲线间几何形状的差别程度。所以曲线间差值大小,可作为关联程度的衡量尺度,因此有灰色关联系数

$$\eta_i(k) = \frac{\min_j \min_l \Delta_j^{(0)}(l) + \rho \max_j \max_l \Delta_j^{(0)}(l)}{\Delta_i^{(0)}(k) + \rho \max_j \max_l \Delta_j^{(0)}(l)} \qquad (7.17)$$

式中:$\Delta_j^{(0)}(l) = |x_0(l) - x_j(l)|$ 为第 l 时刻 x_0 与 x_j 的绝对残差;$\min_j \min_l \Delta_j^{(0)}(l)$ 为两级最小残差(其中 $\min_l \Delta_j^{(0)}(l)$ 是第一级最小残差,表示在 X_j 序列上找出的各点与 X_0 的最小残差;$\min_j \min_l \Delta_j^{(0)}(l)$ 为第二级最小残差,表示在各序列中找出的最小残差基础上寻求所有序列中的最小残差;$\max_j \max_l \Delta_j^{(0)}(l)$ 是两级最大残差,其含义与最小残差相似;$\Delta_i^{(0)}(k) = |x_0(k) - x_i(k)|$ 为第 k 时刻 x_0 与 x_i 的绝对残差;ρ 为分辨率,$0 < \rho < 1$,一般取 $\rho = 0.5$。

关联系数仅仅体现了目标序列和比较序列之间各个时刻的关联程度,而要从总体上了解目标序列与各比较序列之间的关联程度,必须求出它们的平均值,也就是关联度,其公式为

$$r_j = \frac{1}{n} \sum_{k=1}^{n} \eta_j(k) \qquad (7.18)$$

根据工程经验,关联度大于 0.6 即表示关联程度可以接受。灰色系统预测法可以通过该方法,检验原始序列与预测值之间的关联程度。如果检验结果可以接受,则说明预测模型合理。

3. 后验差检验

后验差检验是对残差分布的统计特性进行检验,具体方法如下:

(1) 计算原始序列的平均值:

$$\bar{x}^{(0)} = \frac{1}{n} \sum_{i=1}^{n} x^{(0)}(i) \qquad (7.19)$$

(2) 计算原始序列 $X^{(0)}$ 的均方根误差:

$$S_1 = \sqrt{\frac{\sum_{i=1}^{n} [x^{(0)}(i) - \bar{x}^{(0)}]^2}{n - 1}} \qquad (7.20)$$

（3）计算绝对残差的均值：

$$\overline{\Delta} = \frac{1}{n} \sum_{i=1}^{n} \Delta^{(0)}(i) \tag{7.21}$$

（4）计算残差的均方根误差：

$$S_2 = \sqrt{\frac{\sum_{i=0}^{n} \left[\Delta^{(0)}(k) - \overline{\Delta} \right]^2}{n-1}} \tag{7.22}$$

（5）计算均方根误差比 C：

$$C = \frac{S_1}{S_2} \tag{7.23}$$

（6）计算小残差概率 P：

$$P = P\{\varepsilon_i < S_0\} \tag{7.24}$$

式中：

$$S_0 = 0.6745 S_1$$

$$\varepsilon_i = \left| \Delta^{(0)}(i) - \overline{\Delta} \right|, \varepsilon = \{\varepsilon_1, \varepsilon_2, \cdots, \varepsilon_n\}$$

注意：$\Delta^{(0)}(i)$，$\overline{\Delta}$ 均为绝对值。

后验差检验判别依据表 7.1 实施。若对于给定的 $C_0 > 0$，当 $C < C_0$ 时，称模型为均方根误差比合格模型；如对给定的 $P_0 > 0$，当 $P > P_0$ 时，称模型为小残差概率合格模型。

表 7.1　后验差检验判别参照表

P	C	模型精度
>0.95	<0.35	优
>0.80	<0.5	合格
>0.70	<0.65	勉强合格
<0.70	>0.65	不合格

若残差、关联度、后验差检验在允许的范围内，则可以用所建的模型进行预测，否则应进行修正。

7.2.3　GM(1,1)模型应用

例 7.1　某航材 2011—2020 年每年的消耗量如表 7.2 所列，试建立 GM(1,1)预测模型，并预测 2021 年的消耗量。

137

表 7.2 某航材历年消耗量

年份/年	2011	2012	2013	2014	2015	2016	2017	2018	2019	2020
消耗量/件	73	74	76	78	82	86	89	91	92	95

解：

原始序列为

$$X^{(0)} = \{73,74,76,78,82,86,89,91,92,95\}$$

1）构造累加生成序列、紧邻均值生成序列

$$X^{(1)} = \{73,147,223,301,383,469,558,649,741,836\}$$

$$Z^{(1)} = \left\{\frac{1}{2}[x^{(1)}(1) + x^{(1)}(2)], \frac{1}{2}[x^{(1)}(2) + x^{(1)}(3)], \cdots, \frac{1}{2}[x^{(1)}(9) + x^{(1)}(10)]\right\}$$

$$= \{110,185,262,342,426,513.5,603.5,695,788.5\}$$

2）构造数据矩阵 $\boldsymbol{B}$ 和数据向量 $\boldsymbol{Y}$，计算 $\hat{\boldsymbol{\theta}}$

$$\boldsymbol{B} = \begin{bmatrix} -110 & 1 \\ -185 & 1 \\ -262 & 1 \\ -342 & 1 \\ -426 & 1 \\ -513.5 & 1 \\ -603.5 & 1 \\ -695 & 1 \\ -788.5 & 1 \end{bmatrix}, \boldsymbol{Y} = \begin{bmatrix} 74 \\ 76 \\ 78 \\ 82 \\ 86 \\ 89 \\ 91 \\ 92 \\ 95 \end{bmatrix}$$

$$\boldsymbol{B}'\boldsymbol{B} = \begin{bmatrix} 2146061 & -3925.5 \\ -3925.5 & 9 \end{bmatrix}$$

$$(\boldsymbol{B}'\boldsymbol{B})^{-1} = \begin{bmatrix} 0.0000023 & 0.089214 \\ 0.0010053 & 0.549568 \end{bmatrix}$$

$$\boldsymbol{B}'\boldsymbol{Y} = \begin{bmatrix} -346784 \\ 763 \end{bmatrix}$$

$$\hat{\boldsymbol{\theta}} = (\boldsymbol{B}'\boldsymbol{B})^{-1}\boldsymbol{B}'\boldsymbol{Y} = \begin{bmatrix} -0.0322 \\ 70.716 \end{bmatrix}$$

3）确定预测模型 $\hat{x}^{(1)}(k)$

以下计算均保留四位小数：

$$x^{(0)}(1) = 73$$

$$\frac{b}{a} = -2193.4606$$

$$x^{(0)}(1) - \frac{b}{a} = 2266.4606$$

$$\hat{x}^{(1)}(k) = 2266.4606e^{0.0322(k-1)} - 2193.4606$$

4）残差检验

（1）计算 $\hat{X}^{(1)}$:

$$\hat{X}^{(1)} = \left\{ \begin{matrix} 73,147.2601,223.9533,303.1594,384.9606,469.4420, \\ 556.6915,646.7996,739.8601,835.9697 \end{matrix} \right\}$$

（2）累减生成 $\hat{X}^{(0)}$ 序列：

$$\hat{X}^{(0)} = \left\{ \begin{matrix} 73,74.2601,76.6932,79.2061,81.8012,84.4814, \\ 87.2494,90.1081,93.0605,96.1096 \end{matrix} \right\}$$

（3）计算绝对残差和相对残差序列：

绝对残差序列

$$\Delta^{(0)} = \left\{ \begin{matrix} 0,0.2601,0.6932,1.2061,0.1988,1.5186, \\ 1.7506,0.8919,1.0605,1.1096 \end{matrix} \right\}$$

相对残差序列

$$\phi = \left\{ \begin{matrix} 0,0.3515\%,0.9121\%,1.5462\%,0.2424\%,1.7658\%, \\ 1.9669\%,0.9801\%,1.1527\%,1.1680\% \end{matrix} \right\}$$

相对残差远低于20%，模型精确度较高，可以接受。

5）关联度检验

（1）计算序列 $x^{(0)}$ 与 $\hat{x}^{(0)}$ 的绝对残差序列 $\Delta^{(0)}$:

$$\Delta^{(0)} = \left\{ \begin{matrix} 0,0.2601,0.6932,1.2061,0.1988,1.5186, \\ 1.7506,0.8919,1.0605,1.1096 \end{matrix} \right\}$$

$$\min\{\Delta^{(0)}\} = 0$$

$$\max\{\Delta^{(0)}\} = 1.7506$$

（2）计算关联系数。

由于只有一个目标序列和一个比较序列两个序列，故不再寻求第二级最小残差和最大残差。此时，$i = j = 1$，取 $\rho = 0.5$，关联系数为

$$\eta_1(k) = \frac{\min_1 \min_l \Delta_1^{(0)}(l) + \rho \max_1 \max_l \Delta_1^{(0)}(l)}{\Delta_1^{(0)}(k) + \rho \max_1 \max_l \Delta_1^{(0)}(l)}$$

$$= \frac{\min\{\Delta^{(0)}\} + \rho \max\{\Delta^{(0)}\}}{\Delta^{(0)} + \rho \max\{\Delta^{(0)}\}}$$

$$= \frac{0 + 0.5 \times 1.7506}{\Delta^{(0)} + 0.5 \times 1.7506}$$

$$= \frac{0.8753}{\Delta^{(0)} + 0.8753}$$

$$= \{1, 0.996, 0.9897, 0.9826, 0.9972,$$
$$0.9802, 0.978, 0.9889, 0.987, 0.9868\}$$

（3）计算关联度：

$$r_1 = \frac{1}{n} \sum_{k=1}^{n} \eta_1(k) = 0.9887$$

$r_1 = 0.9887$ 满足关联度检验 $r > 0.6$ 的要求。

6）后验差检验

（1）计算原始序列的平均值：

$$\overline{x}^{(0)} = \frac{1}{10} \times [73 + 74 + 76 + 78 + 82 + 86 + 89 + 91 + 92 + 95] = 83.6$$

（2）计算 $X^{(0)}$ 序列的均方根误差：

$$S_1 = \sqrt{\frac{\sum_{i=1}^{10} [x^{(0)}(i) - \overline{x}^{(0)}]^2}{10 - 1}} = 8.0719$$

（3）计算绝对残差的均值：

$$\overline{\Delta} = \frac{1}{10} \sum_{i=1}^{10} \Delta^{(0)}(i) = 0.8689$$

（4）计算残差的均方根误差：

$$S_2 = \sqrt{\frac{\sum_{i=0}^{10} [\Delta^{(0)}(k) - \overline{\Delta}]^2}{10 - 1}} = 0.5787$$

（5）计算均方根误差比：

$$C = \frac{S_2}{S_1} = \frac{0.5787}{8.0719} = 0.0717$$

（6）计算小残差概率：

$$S_0 = 0.6745 S_1 = 0.6745 \times 8.0719 = 5.4445$$

$$\varepsilon = \left\{ \begin{array}{l} 0.8689, 0.6088, 0.1757, 0.3372, 0.6701, 0.6497, \\ 0.8817, 0.0230, 0.1916, 0.2407 \end{array} \right\}$$

所有 ε_i 都小于 S_0，故小残差概率 $P\{\varepsilon_i < S_0\} = 1$；同时 $C = 0.0717 < 0.5$，故模型 $\hat{x}^{(1)}(k) = 2266.4606 e^{0.0322(k-1)} - 2193.4606$ 合格。

7）预测

运用累减还原式预测

$$x^{(0)}(11) = x^{(1)}(11) - x^{(1)}(10) = 935.0228 - 835.9697 = 99.0531 \text{（件）}$$

即 2021 年该航材的消耗量约为 99 件。

7.2.4　GM(1,1)残差模型

当原始数据序列 $X^{(0)}$ 建立的 GM(1,1) 模型不够精确或者检验不合格时,可以用 GM(1,1) 残差模型来修正,以提高预测精度和模型适用性。

已知可以用原始序列 $X^{(0)}$ 建立的 GM(1,1) 模型拟合值公式

$$\hat{x}^{(1)}(k+1) = \left[x^{(0)}(1) - \frac{b}{a} \right] \mathrm{e}^{-ak} + \frac{b}{a} \qquad (7.25)$$

获得累加生成序列 $X^{(1)}$ 的预测值。

$X^{(1)}$ 的残差为

$$\varepsilon^{(0)}(k) = x^{(1)}(k) - \hat{x}^{(1)}(k)$$

设 $X^{(1)}$ 残差序列为

$$\{\varepsilon^{(0)}(1), \varepsilon^{(0)}(2), \cdots, \varepsilon^{(0)}(n)\}$$

若存在 $n - k_0 \geqslant 4, k \geqslant k_0$ 且 $\varepsilon^{(0)}(k)$ 的符号一致,则可以考虑建立残差 GM(1,1)模型进行修正。$n-k_0$ 不是必须大于或等于 4,接近于 4 也可用残差 GM(1,1)模型来修正。称

$$\boldsymbol{\varepsilon}^{(0)} = \{\varepsilon^{(0)}(k_0), \varepsilon^{(0)}(k_0+1), \cdots, \varepsilon^{(0)}(n)\}$$

为残差 GM(1,1)模型的可建模残差尾段,其累加生成序列为

$$\boldsymbol{\varepsilon}^{(1)} = \{\varepsilon^{(1)}(k_0), \varepsilon^{(1)}(k_0+1), \cdots, \varepsilon^{(1)}(n)\}$$

则残差 GM(1,1)模型的拟合值或时间响应式为

$$\hat{\varepsilon}^{(1)}(k+1) = \left[\hat{\varepsilon}^{(0)}(k_0) - \frac{b_\varepsilon}{a_\varepsilon} \right] \mathrm{e}^{-a_\varepsilon(k-k_0)} + \frac{b_\varepsilon}{a_\varepsilon}, k \geqslant k_0 \qquad (7.26)$$

式中:

$$\boldsymbol{B} = \begin{bmatrix} -\dfrac{1}{2}(\varepsilon^{(1)}(k_0) + \varepsilon^{(1)}(k_0+1)) & 1 \\ -\dfrac{1}{2}(\varepsilon^{(1)}(k_0+1) + \varepsilon^{(1)}(k_0+2)) & 1 \\ \vdots & \vdots \\ -\dfrac{1}{2}(\varepsilon^{(1)}(n-1) + \varepsilon^{(1)}(n)) & 1 \end{bmatrix}, \boldsymbol{Y} = \begin{bmatrix} \varepsilon^{(0)}(2) \\ \varepsilon^{(0)}(3) \\ \vdots \\ \varepsilon^{(0)}(n) \end{bmatrix}, \hat{\boldsymbol{\theta}} = \begin{pmatrix} a \\ b \end{pmatrix}$$

因此,参数 $\hat{\boldsymbol{\theta}}$ 可表示为:

$$\hat{\boldsymbol{\theta}} = (\boldsymbol{B}'\boldsymbol{B})^{-1}\boldsymbol{B}'\boldsymbol{Y} \qquad (7.27)$$

在利用残差修正 GM(1,1)模型时,采用时间响应式 $\hat{\varepsilon}^{(1)}(k+1)$ 的导数还原式比累减还原式更精确。所以一般采用导数还原式修正,其导数还原式为

$$\mathrm{d}\hat{\varepsilon}^{(1)}(k+1) = \mathrm{d}\left(\left[\hat{\varepsilon}^{(0)}(k_0) - \frac{b_\varepsilon}{a_\varepsilon}\right]\mathrm{e}^{-a_\varepsilon(k-k_0)} + \frac{b_\varepsilon}{a_\varepsilon}\right)$$

$$= > \mathrm{d}\hat{\varepsilon}^{(1)}(k+1) = -a_\varepsilon\left[\hat{\varepsilon}^{(0)}(k_0) - \frac{b_\varepsilon}{a_\varepsilon}\right]\mathrm{e}^{-a_\varepsilon(k-k_0)}$$

GM(1,1)残差模型最终的拟合值或时间响应式为

$$x^{(1)}(k+1) = \begin{cases} \left[x^{(0)}(1) - \dfrac{b}{a}\right]\mathrm{e}^{-ak} + \dfrac{b}{a}, & k < k_0 \\[4mm] \left[x^{(0)}(1) - \dfrac{b}{a}\right]\mathrm{e}^{-ak} + \dfrac{b}{a} \pm a_\varepsilon\left[\hat{\varepsilon}^{(0)}(k_0) - \dfrac{b_\varepsilon}{a_\varepsilon}\right]\mathrm{e}^{-a_\varepsilon(k-k_0)}, & k \geqslant k_0 \end{cases}$$

$$(7.28)$$

其中,残差修正值 $a_\varepsilon\left[\hat{\varepsilon}^{(0)}(k_0) - \dfrac{b_\varepsilon}{a_\varepsilon}\right]\mathrm{e}^{-a_\varepsilon(k-k_0)}$ 的符号与残差尾段 $\varepsilon^{(0)}$ 的符号保持一致。

例 7.2 某航材历年消耗量如表 7.3 所列,据此所构建的 GM(1,1)模型拟合值为

$$\hat{x}^{(1)}(k+1) = -1812.359\mathrm{e}^{-0.0554k} + 1844.359$$

作累减还原并计算相对误差(表 7.3)。

表 7.3 GM(1,1)模型模拟误差检验表

k	$x^{(0)}(k)$	$\hat{x}^{(0)}(k)$	$\varepsilon^{(0)}(k) = x^{(0)}(k) - \hat{x}^{(0)}(k)$	$\Delta(k) = \dfrac{\mid \varepsilon^{(0)}(k) \mid}{x^{(0)}(k)}$
1	32	32.0000		
2	61	97.5933	−36.5933	59.9890%
3	110	92.3380	17.6620	16.0563%
4	85	87.3657	−2.3657	2.7832%
5	105	82.6612	22.3388	21.2750%
6	113	78.2100	34.7900	30.7876%
7	72	73.9985	−1.9985	2.7757%
8	66	70.0138	−4.0138	6.0815%
9	55	66.2436	−11.2436	20.4429%
10	42	62.6765	−20.6765	49.2297%

平均相对误差为

$$\overline{\Delta} = \sum_{k=2}^{10} \Delta(k) = 23.269\%$$

显然,用 GM(1,1)模型预测的相对精度不足 80%。下面用 GM(1,1)残差模

142

型进行修正。后 4 个时期的残差符号一致,残差样本数基本达到构建残差模型的条件。下面取 $k_0 = 7$,用后 4 个时期的残差绝对值构建 $\varepsilon^{(0)}$,其 $\varepsilon^{(1)}$ 的 GM(1,1) 残差模型的导数还原式为

$$\mathrm{d}\hat{\varepsilon}^{(1)}(k+1) = 3.4288\mathrm{e}^{0.6887(k-7)}$$

GM(1,1)残差模型最终的拟合值为

$$x^{(1)}(k+1) = \begin{cases} -1812.359\mathrm{e}^{-0.0554k} + 1844.359, & k < 7 \\ -1812.359\mathrm{e}^{-0.0554k} + 1844.359 - 3.4288\mathrm{e}^{0.6887(k-7)}, & k \geqslant 7 \end{cases}$$

作累减还原并计算相对误差(表 7.4)。

表 7.4　GM(1,1)残差模型模拟误差检验表

k	$x^{(0)}(k)$	$\hat{x}^{(0)}(k)$	$\varepsilon^{(0)}(k) = x^{(0)}(k) - \hat{x}^{(0)}(k)$	$\Delta(k) = \dfrac{\mid \varepsilon^{(0)}(k) \mid}{x^{(0)}(k)}$
1	32	32.0000		
2	61	97.5933	−36.5933	59.9890%
3	110	92.3380	17.6620	16.0563%
4	85	87.3657	−2.3657	2.7832%
5	105	82.6612	22.3388	21.2750%
6	113	78.2100	34.7900	30.7876%
7	72	73.9985	−1.4303	1.9865%
8	66	70.0138	−2.8134	4.2627%
9	55	66.2436	−2.3501	4.2730%
10	42	62.6765	−6.3904	15.2152%

修正后的平均相对误差为

$$\overline{\Delta} = \sum_{k=2}^{10} \Delta(k) = 17.4\%$$

可见,利用 GM(1,1)残差模型可以有效提高预测精度。

7.2.5　GM(1,1)模型群

原始数据序列中的数据不一定全部用来建模。如果数据选取方法不同,那么其参数估计值也不一样,所建立的 GM(1,1)模型也会有所区别。因为数据序列选取方法不同而建立的不同 GM(1,1)模型统称为 GM(1,1)模型群。

GM(1,1)模型群包括全数据 GM(1,1)模型、部分数据 GM(1,1)模型、新信息 GM(1,1)模型、新陈代谢 GM(1,1)模型四类,具体说明如下:

设原始数据序列为

$$X^{(0)} = \{x^{(0)}(1), x^{(0)}(2), \cdots, x^{(0)}(n)\}$$

(1) 全数据 GM(1,1)模型:采用 $X^{(0)} = \{x^{(0)}(1), x^{(0)}(2), \cdots, x^{(0)}(n)\}$ 建模。

(2) 部分数据 GM(1,1)模型:采用 $X^{(0)} = \{x^{(0)}(k_0), x^{(0)}(k_0 + 1), \cdots, x^{(0)}(n)\}$ 建模。其中,$k_0 > 1$。

(3) 新信息 GM(1,1)模型:采用 $X^{(0)} = \{x^{(0)}(1), x^{(0)}(2), \cdots, x^{(0)}(n), x^{(0)}(n+1)\}$ 建模。其中,$x^{(0)}(n+1)$ 为最新信息。

(4) 新陈代谢 GM(1,1)模型:采用 $X^{(0)} = \{x^{(0)}(2), \cdots, x^{(0)}(n), x^{(0)}(n+1)\}$ 建模。其中,去掉了老信息 $x^{(0)}(1)$,加入新信息 $x^{(0)}(n+1)$。

从预测的角度来看,老信息刻画系统演化的作用逐步降低,及时去掉老信息,不断补充新信息,建模序列更能反映系统当前运行的行为特征。但是,也不能忽视老信息的作用,如当数据序列出现周期性波动特征时,老信息刻画系统演化的作用可能会高于新信息。因此,对新、老信息重要性的评价应视实际情况,具体问题具体分析,不能一概而论。

7.3 GM(1,N)预测模型

7.3.1 GM(1,N)模型

GM(1,N)模型是 GM(1,1)模型的一种拓展,可考虑受多种因素影响的预测场景。

如果考虑的系统由若干个相互影响的因素组成,设

$$X_1^{(0)} = \{x_1^{(0)}(1), x_1^{(0)}(2), \cdots, x_1^{(0)}(n)\}$$

为系统特征数据序列(预测目标),而

$$X_2^{(0)} = \{x_2^{(0)}(1), x_2^{(0)}(2), \cdots, x_2^{(0)}(n)\}$$

$$\cdots$$

$$X_N^{(0)} = \{x_N^{(0)}(1), x_N^{(0)}(2), \cdots, x_N^{(0)}(n)\}$$

为相关因素数据序列。$X_i^{(1)}$ 为 $X_i^{(0)}$ 的累加生成序列($i = 1, 2, \cdots, N$),$Z_1^{(1)}$ 为 $X_1^{(1)}$ 的紧邻生成序列,则称

$$x_1^{(0)}(k) + az_1^{(1)}(k) = \sum_{i=2}^{N} b_i x_i^{(1)}(k) \tag{7.29}$$

为 GM(1,N)灰色微分方程。

令

$$Y = [x_1^{(0)}(2) \quad x_1^{(0)}(3) \quad \cdots \quad x_1^{(0)}(n)]'$$

$$B = \begin{bmatrix} -z_1^{(1)}(2) & x_2^{(1)}(2) & \cdots & x_N^{(1)}(2) \\ -z_1^{(1)}(3) & x_2^{(1)}(3) & \cdots & x_N^{(1)}(3) \\ \vdots & \vdots & & \vdots \\ -z_1^{(1)}(n) & x_2^{(1)}(n) & \cdots & x_N^{(1)}(n) \end{bmatrix}$$

$$\hat{\boldsymbol{\theta}} = [a \quad b_2 \quad \cdots \quad b_N]'$$

则根据最小二乘法可以得出参数向量

$$\hat{\boldsymbol{\theta}} = (\boldsymbol{B}'\boldsymbol{B})^{-1}\boldsymbol{B}'\boldsymbol{Y} \tag{7.30}$$

那么 GM(1,N) 模型就确定了。

7.3.2 GM(1,N)模型应用

例 7.3 设某单位 2011—2020 年的航材总消耗量(单位:万件)数据序列为

$X_1^{(0)} = \{7.02, 7.56, 8.34, 9.5, 9.94, 10.13, 9.98, 11.23, 12.02, 11.86\}$

$\qquad = \{x_1^{(0)}(k)\}_1^{10}$

这 10 年的航材保障经费(单位:亿元)数据序列为

$X_2^{(0)} = \{3.12, 3.45, 3.57, 3.66, 3.89, 3.95, 4.06, 4.13, 4.25, 4.34\}$

$\qquad = \{x_2^{(0)}(k)\}_1^{10}$

航材保障经费与航材总消耗量有一定的关系,其数据序列可作为航材总消耗量数据序列的相关因素数据序列,试建立 GM(1,2) 模型。

解:

求 $x_1^{(0)}, x_2^{(0)}$ 的累加生成序列,得

$X_1^{(1)} = \{7.02, 14.58, 22.92, 32.42, 42.36, 52.49, 62.47, 73.7, 85.72, 97.58\}$

$X_2^{(1)} = \{3.12, 6.57, 10.14, 13.8, 17.69, 21.64, 25.7, 29.83, 34.08, 38.42\}$

$X_1^{(1)}$ 的紧邻均值生成序列为

$Z_1^{(1)} = \{z_1^{(1)}(2), z_1^{(1)}(3), \cdots, z_1^{(1)}(10)\}$

$\qquad = \{10.8, 18.75, 27.67, 37.39, 47.425, 57.48, 68.085, 79.71, 91.65\}$

于是有

$$B = \begin{bmatrix} -z_1^{(1)}(2) & x_2^{(1)}(2) \\ -z_1^{(1)}(3) & x_2^{(1)}(3) \\ -z_1^{(1)}(4) & x_2^{(1)}(4) \\ \vdots & \vdots \\ -z_1^{(1)}(10) & x_2^{(1)}(10) \end{bmatrix} = \begin{bmatrix} -10.8 & 6.57 \\ -18.75 & 10.14 \\ -27.67 & 13.8 \\ -37.39 & 17.69 \\ -47.43 & 21.64 \\ -57.48 & 25.7 \\ -68.09 & 29.83 \\ -79.71 & 34.08 \\ -91.65 & 38.04 \end{bmatrix}, Y = \begin{bmatrix} 7.56 \\ 8.34 \\ 9.5 \\ 9.94 \\ 10.13 \\ 9.98 \\ 11.23 \\ 12.02 \\ 11.86 \end{bmatrix}$$

所以得到

$$\hat{\boldsymbol{\theta}} = (B'B)^{-1}B'Y = \begin{bmatrix} 0.976 \\ 2.6206 \end{bmatrix}$$

则预测模型为

$$x_1^{(0)}(k) = -0.976z_1^{(1)}(k) + 2.6206x_2^{(1)}(k)$$

GM(1,2)模型模拟相对误差如表 7.5 所列。

表 7.5　GM(1,2)模型模拟误差检验表

k	$x_1^{(0)}(k)$	$\hat{x}_1^{(0)}(k)$	$\Delta(k) = \dfrac{\lvert x^{(0)}(k) - \hat{x}^{(0)}(k) \rvert}{x^{(0)}(k)}$
2	7.56	6.6769	0.1168
3	8.34	8.2734	0.0080
4	9.5	9.1590	0.0359
5	9.94	9.8666	0.0074
6	10.13	10.4240	0.0290
7	9.98	11.2502	0.1273
8	11.23	11.7230	0.0439
9	12.02	11.5148	0.0420
10	11.86	11.2350	0.0527

该模型的平均相对误差为

$$\overline{\Delta} = \frac{1}{9}\sum_{k=2}^{10} \frac{\lvert x_1^{(0)}(k) - \hat{x}_1^{(0)}(k) \rvert}{x_1^{(0)}(k)} = 0.57\%$$

由此可见,该模型的平均相对误差很小,说明该模型在预测航材消耗量时考虑了保障经费的影响,获得了较高的预测精度。

7.4 小结

灰色系统预测法是一种对含有不确定因素的系统进行预测的方法,具有计算简单、所需数据少、适用范围广泛的优点。它能用于描述对象连续、动态的反应,揭示系统内部事物连续发展变化的过程。

灰色系统预测模型包括 GM(1,1)模型、GM(1,1)残差模型、GM(1,1)模型群以及 GM(1,N)模型(N>1)等。

GM(1,1)模型是最常用的灰色预测模型,其预测步骤包括:①计算累加生成序列 $X^{(1)}$、均值生成序列 $Z^{(1)}$;②构造数据矩阵 B 和向量 Y,计算参数估计值 $\hat{\theta}$;③确定预测模型 $\hat{x}^{(1)}(k)$;④从残差、关联度、后验差三个方面进行模型精度检验;⑤利用累减还原式 $\hat{x}^{(0)}(k) = \hat{x}^{(1)}(k) - \hat{x}^{(1)}(k-1)$ 预测。

当原始数据序列 $X^{(0)}$ 建立的 GM(1,1)模型不够精确或者检验不合格时,可以用 GM(1,1)残差模型来修正,以提高预测精度和模型适用性。

原始数据序列中的数据不一定全部用来建模。因为数据序列选取方法不同而建立的不同 GM(1,1)模型统称为 GM(1,1)模型群,包括全数据 GM(1,1)模型、部分数据 GM(1,1)模型、新信息 GM(1,1)模型、新陈代谢 GM(1,1)模型四类。

如果考虑的系统由若干个相互影响的因素组成,而不是一个影响因素,则可以将预测目标因素作为系统特征数据序列,其他影响因素作为相关因素数据序列,构建 GM(1,N)模型。

值得注意的是,灰色系统预测模型主要用于少量数据的预测,若数据过多就会产生较大误差,这与迭代误差传播有关,因此一般适合预测较近的数据。

思考与练习

1. 简述灰色系统预测的基本步骤。

2. 什么是新陈代谢 GM(1,1)模型、新信息 GM(1,1)模型? 试比较两者的区别。

3. 有一组原始序列为
$$X^{(0)} = (x^{(0)}(1), x^{(0)}(2), x^{(0)}(3), x^{(0)}(4), x^{(0)}(5))$$
$$= (3.145, 3.549, 3.608, 3.661, 3.95)$$
试建立四种基本形式的 GM(1,1)模型并比较误差。

4. 对于原始数据序列:
$$X^{(0)} = (3.145, 3.549, 3.608, 3.661, 3.95)$$
补充新信息 $x^{(0)}(6) = 4.121$。试建立新信息模型和新陈代谢模型,并比较误差。

5. 某城市居民人均消费支出如表 7.6 所列,试建立该城市的居民消费支出的灰色预测模型 GM(1,1)并检验,然后预测 2020 年的人均消费支出。

表 7.6 某城市居民人均消费支出

年份/年	2014	2015	2016	2017	2018	2019
城市居民消费支出/元	4541.4	5138.8	5533.7	5716.8	5765.8	5991.1

6. 某单位 2014—2020 年飞机轮胎消耗量(单位:条)如表 7.7 所列,试建立 GM(1,1)模型群,并比较预测结果。

表 7.7 2014—2020 年飞机轮胎消耗量

年份/年	2014	2015	2016	2017	2018	2019	2020
轮胎消耗量/条	102	120	138	146	169	191	223

7. 某备件 2001—2009 年消耗量(单位:件)如表 7.8 所列,试运用 GM(1,1)模型预测 2010 年的消耗量。

表 7.8 某备件 2001—2009 年消耗量

年份/年	2001	2002	2003	2004	2005	2006	2007	2008	2009
消耗量/件	34	20	25	35	42	38	33	24	36

8. 某省份的国内生产总值 X_1 和固定资产投资额 X_2(单位:亿元)如表 7.9 所列,试建立 GM(1,2)模型并预测固定资产投资额达到 17660 亿元时的国内生产总值。

表 7.9 某省国内生产总值和固定资产投资额

序列	1	2	3	4	5
X_1	7500	8770	9760	9140	9800
X_2	12150	11610	16030	17240	16300

第 8 章
组合预测法

本章主要介绍了组合预测概述、组合预测分类以及比较重要的一种单项预测方法——BP 神经网络,另外还介绍了组合预测模型并进行了模型应用效果分析。其中,组合预测概述主要阐述了组合预测的概念和三个层次以及精确度的度量方法;组合预测分类主要阐述了从组合预测与各个单项方法的函数关系、组合预测加权系数计算方法、组合预测加权系数是否随时间变化等角度将组合预测分为哪些类别;BP 神经网络主要阐述了 BP 神经网络模型算法的描述、网络结构设计、初始权值和阈值设计、传递函数设计;组合预测模型主要阐述了消耗件和可修件消耗的组合预测模型,以及组合预测模型加权系数的计算方法——包括确定型和不确定型两种权重的计算方法;最后结合航材保障实际,对组合预测模型的应用效果进行了分析。

8.1　组合预测概述

8.1.1　组合预测的概念

不同的预测方法都有自己的局限性,也有各自的优势,它们之间不是相互排斥的,而是相互联系、相互补充的。由于每种预测方法利用的数据不尽相同,因此不同的数据会从不同的角度提供各方面有用的信息。在预测过程中,如果想当然地认为某个方法的预测误差较大,就弃置不用,这可能会造成部分有用的信息丢失。因此,综合考虑各种单项预测方法的特点,将不同的方法组合起来进行预测,是一个比较好的解决方案,这就是组合预测。组合预测在国外称为 Combination Forecasting 或 Combined Forecasting,在国内也称为综合预测等。

组合预测就是运用各种单项预测方法构建相应的直接预测模型,并设法把不同的直接预测模型组合起来,通过适当加权建立组合预测模型。组合预测最关键的问题就是如何求出组合模型的加权系数,以尽可能地提高预测精度。组合预可以综合利用各种预测方法所提供的信息,有效降低误差较大的方法的影响,进一步提高预测的精度和可靠度。

8.1.2 组合预测的三个层次

组合预测的第一个层次是数据组合。不同的预测模型利用的数据不同。在对目标进行预测之前,首要任务是收集完备的数据。预测的范式为"选择模型—模型估计—预测—评估",而这一预测范式实际上就是不断利用新信息修正模型的过程。因此,有效地整合各种数据是提高预测效果、实现精确预测的基础。

组合预测的第二个层次是方法组合。本书介绍的时间序列预测、回归分析预测等均为单项预测方法,利用这些方法构建的直接预测模型可以划分为两大类,即结构预测模型和非结构预测模型。在综合运用各种单项预测方法的基础上,更好地融合结构预测和非结构预测的优点,是组合预测技术发展的重要方向。

组合预测的第三个层次是结果组合。任何模型都只是从不同角度对现实事物的高度抽象,没有哪一种模型能够完全包容其他模型。因此,可将各种直接预测模型的预测结果看作是不同信息片段的代表,通过信息的集成可以分散单个预测方法的不确定性,同时减少总体的不确定性,从而提高预测的精度。

8.1.3 组合预测精确度的度量

预测的理论目标是达到最优预测。最优预测,是指采取某种预测方法,使得按照事先设定的准则,期望损失达到最小。在实践中,很难得到一种完全最优的预测方法,通常的做法是对几种不同方法(所有这些预测方法都是次优的)的预测结果进行比较,进而获得最优的预测方法。度量不同方法的预测精确度的关键是构造损失函数。

令 $\hat{y}$ 表示序列 y 的预测值。预测误差 e 即实际值与预测值之差: $e = y - \hat{y}$。考虑形如 $L(e)$ 的损失函数,即预测的损失仅与预测误差的大小有关。这类形式的损失至少满足以下三个条件:① $L(0) = 0$,即当预测误差为 0 时,没有损失;② $L(e)$ 是连续的,即相同的预测误差产生相同的损失;③ $L(e)$ 随 e 的绝对值的增加而增加,即预测误差的绝对值越大,损失越大。

根据结构的不同,损失函数可以分为对称损失和非对称损失两种。如果满足 $L(e) = L(-e)$ 的条件,那么损失函数就是对称的,否则就是非对称的。

在对模型进行评价时,需要根据预测的目的构造损失函数,在可供选择的预测模型中,使损失函数取得最小值的就是最优的预测模型。根据预测的目的和要求,常见的损失函数有以下四种。

（1）SSE 函数：

$$L(e) = \text{SSE} = \sum_{t=1}^{n} e_t^2 \tag{8.1}$$

这种损失函数是误差平方和，是对模型评价的常用方法之一。

（2）MSE 函数：

$$L(e) = \text{MSE} = \frac{1}{n} \sum_{t=1}^{n} e_t^2 \tag{8.2}$$

这种损失函数是均方误差或总体方差，也是比较常用的模型评价方法。

（3）$\sqrt{\text{MSE}}$ 函数：

$$L(e) = \sqrt{\text{MSE}} = \sqrt{\frac{1}{n} \sum_{t=1}^{n} e_t^2} \tag{8.3}$$

这种损失函数反映了预测模型的标准差。

（4）MAE 函数：

$$L(e) = \text{MAE} = \frac{1}{n} \sum_{t=1}^{n} |e_t| \tag{8.4}$$

这种损失函数是误差绝对值之和，反映了预测模型的平均绝对偏差。

在建立预测模型时，可根据预测问题的实际意义，构造适当的损失函数，以取得更好的预测效果。

8.2 组合预测的分类

1. 按组合预测与单项预测方法的函数关系分类

按组合预测与单项预测方法的函数关系分类，组合预测可以分为线性组合预测和非线性组合预测。

设 m 为组合预测采用的单项预测方法的数量，$f_i(i=1,2,\cdots,m)$ 为第 i 个单项预测方法的预测值，l_i 为第 i 个单项预测方法的加权系数，$\sum_{i=1}^{m} l_i = 1$，$l_i \geq 0$。

若组合预测值 f 满足 $f = l_1 f_1 + l_2 f_2 + \cdots + l_m f_m$，则该组合预测方法为线性组合预测。

若组合预测值 f 满足 $f = \Phi(f_1, f_2, \cdots, f_m)$，其中 Φ 为非线性函数，则该组合预测方法为非线性组合预测，常见形式有以下两种。

（1）加权几何平均组合预测模型 $f = \prod_{i=1}^{m} f_i^{l_i}$。

（2）加权调和平均组合预测模型 $f = \dfrac{1}{\sum_{i=1}^{m} \dfrac{l_i}{f_i}}$。

2. 按组合预测加权系数的计算方法分类

按组合预测加权系数计算方法的不同分类,组合预测可以分为最优组合预测和非最优正权组合预测。

最优组合预测的基本思想就是根据某种准则构造目标函数,在一定的约束条件下,求得目标函数的最大值或最小值,从而求得各单项预测方法的加权系数。该方法一般可以表示成如下数学规划问题:

$$\begin{cases} \max(\min)Z = Z(l_1, l_1, \cdots, l_m) \\ \text{s. t.} \begin{cases} \sum\limits_{i=1}^{m} l_i = 1 \\ l_i \geqslant 0, i = 1, 2, \cdots, m \end{cases} \end{cases} \tag{8.5}$$

式中:$Z(l_1, l_1, \cdots, l_m)$ 为目标函数。

在求解一些最优组合预测模型时,可能会出现加权系数为负的现象,而负的组合预测的加权系数没有实际意义。非最优正权组合预测方法可以克服这个不足。非最优正权组合预测是根据预测学的基本原理,力求用简便的原则来确定组合预测的加权系数。例如,根据各直接预测模型误差的方差和其加权系数成反比的基本原理计算加权系数,或者直接用简单的算术平均给出加权系数,等等。但是,该方法对权重分配缺乏严格的优化过程,预测精度一般低于最优组合预测方法。

3. 按组合预测加权系数是否随时间变化分类

按组合预测加权系数是否随时间变化分类,组合预测可以分为不变权组合预测方法和可变权组合预测。

不变权组合预测是通过最优规划模型或其他方法计算出各单项预测方法在组合预测中的加权系数,假设它们不变,并用这个加权系数进行预测。然而在预测实践中,该方法经常出现对同一预测对象的不同时间上预测精度的不一致性。

可变权组合预测可以解决不变权组合预测的上述不足,其加权系数能够随时间变化而变化。但是,可变权组合预测方法比较复杂,这方面的研究成果较少,还有待进一步深入研究。

4. 按预测结果的优劣程度分类

按预测结果的优劣程度分类,组合预测可以分为非劣性组合预测和优性组合预测。

把组合预测的结果和各单项预测方法的结果进行对比,若组合预测介于“最差”和“最好”的单项预测方法之间,则称该组合预测为非劣性组合预测。若组合预测比“最好”的单项预测方法还要好,则称该组合预测为优性组合预测。

8.3　BP 神经网络

8.3.1　BP 神经网络模型算法描述

航材的消耗影响因素很多,是典型的非线性预测问题,这类问题非常适合用 BP 神经网络预测。

误差反向传播(back propagation,BP)神经网络,是一种非线性神经网络,其信号前向传播,误差反向传播。BP 神经网络主要由输入层、隐含层、输出层组成,各层由一定数量的神经元构成,各层神经元通过权重相连接,其算法的基本思路是:输入信号经各层传递函数作用后到达输出层,得到输出信号,如果输出信号与实际值不符,神经网络就进行反向传播,反复修正各层间的权值和阈值,直到网络全局误差最小。

Robert Hecht Nielson 已证明只有一个隐含层的 BP 神经网络,只要隐含层节点足够多,就能以任意精度逼近一个非线性函数。只有一个隐含层的 BP 神经网络称为三层 BP 神经网络,它是由输入层、一个隐含层和输出层构成的前馈网络,如图 8.1 所示。

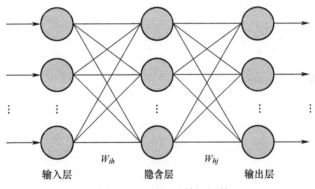

图 8.1　三层 BP 神经网络

1. BP 神经网络算法步骤

步骤 1:初始化权值和阈值;

步骤 2:将样本数据归一化到 $[0,l]$ 区间;

步骤 3:计算输入层至输出层各层神经元的输入、输出;

步骤 4:计算输出层至输入层各层神经元的校正误差;

步骤 5:调整各层之间的连接权值和阈值;

步骤 6:判断预测精度,如果精度不足,则回到步骤 3 开始循环执行,直到预测精度满足要求。

2. 三层 BP 神经网络的算法描述

输入:第 i 层神经元数为 n_i,训练样本集为 T。

输出:经过训练的神经网络。

(1) 初始化各层的权值 W 和阈值 θ。

(2) 输入训练样本:输入 T 中的一个样本 $X = (X_1, X_2, \cdots, X_{n_1})$ 和期望输出 $Y = (Y_1, Y_2, \cdots, Y_{n_3})$。样本 $\{X_p, Y_p\}$ 的容量均为 P。

(3) 正向传播:从第 2 层开始到第 3 层,计算每层神经元的输出。设第 k 层第 j 个神经元的输出为 O_j^k,即

$$O_j^k = f\left(\sum_{i=1}^{n_{k-1}} W_{ij}(t) X_i^{k-1} + \theta_j(t)\right) \tag{8.6}$$

式中:$f(x)$ 为传递函数;$W_{ij}(t)$ 为 t 时刻神经元 i 与下层神经元 j 间的权值;$\theta_j(t)$ 为 t 时刻神经元 j 的阈值;X_i^{k-1} 为 t 时刻第 $k-1$ 层神经元 i 的输出。

对于输入神经元来说,输出就等于输入,即 $O_j^1 = X_j$。

(4) 反向传播:从第 3 层开始到第 2 层,计算每层神经元的误差。设第 k 层第 j 个神经元的误差为 e_j^k,则输出层神经元的误差为

$$e_j^3 = O_j^3(1 - O_j^3)(Y_j - O_j^3) \quad 1 \leqslant j \leqslant n_3 \tag{8.7}$$

隐含层神经元的误差为

$$e_j^k = O_j^k(1 - O_j^k) \sum_{j=1}^{n_{k+1}} W_{ji}(t) e_j^{k+1} \quad k = 2, 1 \leqslant j \leqslant n_k \tag{8.8}$$

(5) 修改各神经元的权值和阈值

$$\begin{cases} W_{ij}(t+1) = W_{ij}(t) + \eta \cdot e_j^k \cdot O_i^{k-1} \\ \theta_i(t+1) = \theta_i(t) + \eta \cdot e_i^k \end{cases} \tag{8.9}$$

式中:η 为学习速率。设误差平方和指标 E_{SSE} 为目标函数,$\overline{E} = \dfrac{1}{P} E_{\text{SSE}}$,则可令学习速率为 $\eta(t+1) = \eta(t) \cdot \dfrac{\overline{E}(t)}{\overline{E}(t-1)}$。

(6) 根据给定的收敛条件判断是否满足。设 ξ 为目标函数的误差精度,则收敛条件为 $E_{SSE} < \xi$。

如果收敛条件满足,则算法结束,否则返回第(3)步继续执行。

8.3.2 BP 神经网络模型网络结构设计

三层 BP 神经网络的结构设计如下。

1. 输入层神经元数的确定

BP 神经网络的输入神经元就是航材消耗影响因素,所以确定输入神经元数就是确定航材消耗影响因素的数量。

对于航材消耗影响因素的确定,本书提出两个原则:一是应该尽量选择客观的、影响最显著的、实际工作中便于统计的因素;二是尽量不使用需要人为估计的主观性因素,这是因为主观性因素的估计因人而异,对模型反而带来不确定的影响。

2. 隐含层和输出层神经元数的确定

在三层 BP 神经网络的网络结构中,隐含层中的神经元数对 BP 网络的计算速度和准确度影响较大。在 BP 网络拓扑结构中,若要逼近有大量拐点的函数,隐含层中就要有大量的神经元;神经元数多了,网络对训练集的拟合精度很高,但是网络又过于灵活,可调节的参数过多,使得网络的推广性降低。

一般设置隐含层神经元数为 $l = 2n + 1$,其中 n 为输入神经元数。实际实施时,不是必须按 $l = 2n + 1$ 设置隐含层神经元数,也可根据现有工程经验或者多次试验来确定。

输出层神经元可以有一个,也可以有多个,比较常见的是一个输出神经元。例如,航材的历年消耗数或者故障数是要预测的对象,可作为输出神经元,此时的输出神经元就只有一个。

8.3.3 BP 神经网络模型初始权值和阈值设计

BP 算法可以获得使目标函数误差最小的网络参数,使网络达到设定精度的最佳拟合。但是,由于多层网络性能曲面具有多个局部极小点,所以不一定能产生精确逼近解的网络参数。另外,多层网络性能曲面的对称性使初始权值和阈值为 0 成为性能曲面的一个鞍点,同时 S 形函数对大的输入是非常平坦的。综合以上原因,初始权值和阈值要尽量取较小的随机值,这样就可以在不离开性能曲面平坦区域的同时避开可能的鞍点,确保算法收敛到全局极小点。常用的处理方法是将初始权值和阈值设定在 $[0.1, 0.5]$ 之内,并进行多次训练,取预测结果的平均值。

8.3.4 BP 神经网络模型传递函数设计

BP 网络常用的传递函数是 S 形函数的对数和线性函数,其输出范围分别是 $[0,1]$ 和任意值。为了满足非线性预测的要求,又满足网络输出的需要,隐含层一般采用 S 形函数的对数作为传递函数,而输出层则采用线性函数作为传递函数。

S 形函数为

$$f(x) = \frac{1}{1 + e^{-x}} \tag{8.10}$$

8.4 组合预测模型

8.4.1 模型建立

1. 消耗件消耗组合预测模型

设：

(1) y_{xh} 为消耗件消耗组合预测模型的预测值。

(2) y_i 为第 i 个单项预测方法的预测值。

(3) l_i 为第 i 个单项预测方法的权重。

则消耗件消耗的组合预测模型为

$$y_{xh} = \sum_{i=1}^{N} l_i y_i$$

$$\begin{cases} \sum_{i=1}^{N} l_i = 1 \\ l_i \geqslant 0, \quad i = 1, 2, \cdots, N \end{cases} \tag{8.11}$$

2. 可修件消耗组合预测模型

可修件一般可以修复使用,是指消耗掉的数量。可修件消耗数的预测值乘以适当的报废系数即为可修件消耗数的预测值。

设：

(1) y_{kx} 为可修件消耗组合预测模型的预测值;

(2) σ 为可修件的报废系数;

(3) y_i, l_i 同上。

则可修件消耗的组合预测模型为

$$y_{kx} = \sigma \sum_{i=1}^{N} l_i y_i$$

$$\begin{cases} \sum_{i=1}^{N} l_i = 1 \\ l_i \geqslant 0, \quad i = 1, 2, \cdots, N \end{cases} \tag{8.12}$$

可修件的报废系数 σ 的计算公式为

$$\sigma = \frac{y}{m} \tag{8.13}$$

式中：y 为可修件历年因无法修复或无修理价值等原因导致不可使用的数量,即历

156

年的总(待)报废数；m 为历年的总故障数。

8.4.2 组合预测模型加权系数的计算方法

组合预测模型加权系数的确定是求解组合预测模型的关键,主要方法包括两类:一是确定型权重计算方法;二是不确定型权重计算方法。

1. 确定型权重计算方法

(1) 算数平均法

算数平均法也称为等权平均法。其特点是给予 N 种单项预测方法完全相等的加权系数,也就是把所有直接预测模型同等对待。一般适用于各个直接预测模型的预测精度相差不大或者对各个直接预测模型的预测精度缺乏了解时。其权重系数计算公式为

$$l_i = \frac{1}{N}, \quad i = 1,2,\cdots,N \qquad (8.14)$$

2) 简单加权平均法

简单加权平均法是一种非等权平均法。该方法是先将所有直接预测模型的预测误差平方和按从大到小的顺序进行排序,排序后各直接预测模型的序号为 $i = 1,2,\cdots,N$。根据模型预测误差平方和与其权重系数成反比的基本原理可知,排序越靠前,权重系数就越小。因此可利用排序后的各模型序号 i 计算其权重系数,即

$$l_i = \frac{i}{\sum\limits_{i=1}^{N} i} = \frac{2i}{N(N+1)}, \quad i = 1,2,\cdots,N \qquad (8.15)$$

2. 不确定型权重计算方法

1) 不确定型权重的优化模型

以均方误差最小为目标函数,建立不确定型权重的优化模型,即

$$\min Z = \frac{1}{n} \sum_{t=1}^{n} \left(\sum_{i=1}^{N} l_i y_{it} - y_t \right)^2$$

$$\text{s. t.} \begin{cases} \sum\limits_{i=1}^{N} l_i = 1, \quad l_i \geq 0, i = 1,2,\cdots,N \\ t = 1,2,\cdots,n \end{cases} \qquad (8.16)$$

式中:n 为样本容量;N 为直接预测模型数量。

2) 不确定型权重的优化模型求解方法

(1) 二次规划法。二次规划是非线性规划中的一类特殊数学规划问题,在很多方面都有应用,如投资组合、约束最小二乘问题的求解、序列二次规划在非线性优化问题中的应用等。二次规划法可表述成如下标准形式:

$$\begin{cases} \min f(x) = \dfrac{1}{2}x'\boldsymbol{H}x + c'x \\ \mathrm{s.\,t.}\ Ax \geqslant \boldsymbol{b} \end{cases} \tag{8.17}$$

式中：$\boldsymbol{H} \in R^{n \times n}$ 为 n 阶实对称矩阵；$\boldsymbol{A}$ 为 $m \times n$ 维矩阵；c 为 n 维列向量；$\boldsymbol{b}$ 为 m 维列向量。

（2）遗传算法。遗传算法（genetic algorithm，GA）是一种通过模拟自然进化过程搜索最优解的方法。该算法通过数学的方式，利用计算机仿真运算，将问题的求解过程转换成类似生物进化中的染色体基因的交叉、变异等过程。在求解较为复杂的组合优化问题时，相对一些常规的优化算法，通常能够较快地获得较好的优化结果。本书不对遗传算法的原理进行详细阐述，只阐述运用遗传算法求解问题的步骤，具体步骤如下。

步骤 1：参数设定。目前，如何确定遗传算法的最优参数仍然是遗传算法研究中的一个重要课题。除了使用大量的实验或经验结果来确定合适的参数外，许多学者设计自适应参数来动态调整遗传算法的搜索能力，但可信的理论结论还比较少。本书取种群数目为 300、交叉概率为 0.7、变异概率为 0.005、进化代数为 800、代沟为 0.8。

步骤 2：采用实数编码并生成初始种群，个体编码串长度为单项预测方法的数量 N。

步骤 3：根据选择的适应度函数计算种群适应度。由于组合预测模型的目标函数 Z 是极小值问题，而在确定遗传算法的适应度函数时，需要将极小值问题转化为极大值问题。

步骤 4：根据适应度在遗传空间依次进行选择、交叉和变异操作，产生新一代群体。

步骤 5：返回步骤 3，直到达到所设定的进化代数，最后获得组合预测模型中直接预测模型的权重。

8.5　组合预测的应用

8.5.1　航材保障应用实例一

例 8.1　某型滤芯历年的故障数、相应的飞行小时数如表 8.1 所列，预计未来一年的单机年飞行小时为 130h，试预测该航材下一年故障数（单位：件）。

下面将详细的预测过程和效果分析说明如下。

表 8.1　某型滤芯历年的故障数及相应的飞行小时数

年度序号	1	2	3	4	5	6	7	8	9	10	11	12	13
故障数/件	16	26	20	12	16	22	32	35	40	41	48	45	44
单机年均飞行小时/h	69	73	72	68	72	72	94	100	119	122	124	122	124

1. 比较不同直接预测模型的预测精度

计算每个直接预测模型的预测结果与预测精度,并比较不同的直接预测模型间的预测精度。直接预测模型的预测值和误差如表 8.2 和图 8.2 所示。

表 8.2　不同直接预测模型的预测误差

直接预测模型	下一年预测值/件	误差平方和	均方误差	希尔不等系数
三项移动平均法	46	720.222	72.0222	0.1282
四项移动平均法	45	841.875	93.5417	0.1437
一次指数平滑法	45	482.316	40.1930	0.0980
二次指数平滑法	44	434.197	36.1831	0.0877
三次指数平滑法	41	652.672	54.3893	0.1064
灰色系统预测法	56	376.896	31.4080	0.0832
一元线性回归法	48	122.056	9.3889	0.0468
BP 神经网络预测法	48	71.675	5.5135	0.0356

结合表 8.2 和图 8.2 可以看出,BP 神经网络的预测精度最高,预测效果最好,四项移动平均法的预测精度最低,预测效果最差;一元线性回归法的预测精度仅次于 BP 神经网络,二者的预测精度远优于其他直接预测模型。这说明 BP 神经网络和一元线性回归法考虑的因素更多,因此预测结果也更准确。

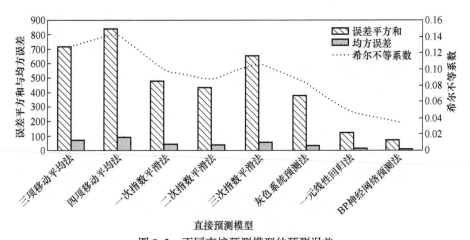

图 8.2　不同直接预测模型的预测误差

下面详细介绍每一种单项预测方法的计算过程。

1）BP 神经网络

网络的输入层、隐含层、输出层神经元数分别为 1、5、1，即 BP 神经网络的最终结构为 BP(1,5,1)。改变神经网络的最大训练次数，比较不同的最大训练次数之间的预测精度，计算结果如表 8.3 和图 8.3 所示。

表 8.3　神经网络不同最大训练次数对应的预测值和误差

最大训练次数/次	下一年预测值/件	误差平方和	均方误差	希尔不等系数
10000	48	153.804	11.8311	0.0526
8000	48	71.675	5.5135	0.0356
5000	49	461.885	35.5296	0.0906
3000	51	245.845	18.9111	0.0660
1000	46	313.155	24.0889	0.0733

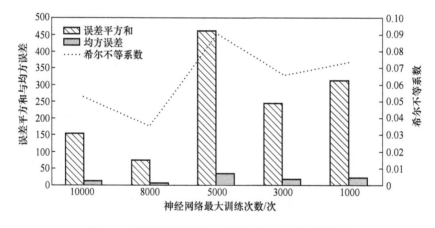

图 8.3　神经网络不同最大训练次数对应的预测误差

结合表 8.3 和图 8.3 可知，神经网络的最大训练次数在 8000 次左右时的预测精度较高。因此，本例将神经网络的最大训练次数设置为 8000 次，用此得出的结果参与组合预测。

2）移动平均法

三项、四项移动平均法计算过程如表 8.4 所列。

计算预测误差。

（1）误差平方和

$$SSE_{三项} = \sum_{t=5}^{13} (y_t - \hat{y}_t)^2 = 644.9023$$
$$SSE_{四项} = 841.875$$

160

表 8.4　移动平均法计算表

年度序号	观察值/件	三项移动平均法预测值/件	四项移动平均法预测值/件
1	16		
2	26		
3	20		
4	12	20.67	
5	16	19.33	18.50
6	22	16.00	18.50
7	32	16.67	17.50
8	35	23.33	20.50
9	40	29.67	26.25
10	41	35.67	32.25
11	48	38.67	37.00
12	45	43.00	41.00
13	44	44.67	43.50
预测结果		46	45

（2）均方误差

$$\mathrm{MSE}_{三项} = \frac{1}{9} \sum_{t=5}^{13} (y_t - \hat{y}_t)^2 = 71.6558$$

$$\mathrm{MSE}_{四项} = 93.5417$$

（3）希尔不等系数

$$\mathrm{Theil\ IC}_{三项} = \frac{\sqrt{\dfrac{1}{9} \sum\limits_{t=5}^{13} (y_t - \hat{y}_t)^2}}{\sqrt{\dfrac{1}{9} \sum\limits_{t=5}^{13} y_t^2} + \sqrt{\dfrac{1}{9} \sum\limits_{t=5}^{13} \hat{y}_t^2}} = 0.123$$

$$\mathrm{Theil\ IC}_{四项} = 0.1437$$

3) 指数平滑法

在对本例数据进行分析后可知，$\alpha = 0.7$ 比较合理。一次、二次、三次指数平滑值如表 8.5 所列，三种指数平滑法的预测值如表 8.6 所列。

表 8.5　指数平滑值计算数据表

年度序号	观察值/件	一次指数平滑值/件	二次指数平滑值/件	三次指数平滑值/件
1	16	20.667	20.667	20.667
2	26	24.400	23.280	22.496
3	20	21.320	21.908	22.084
4	12	14.796	16.930	18.476
5	16	15.639	16.026	16.761
6	22	20.092	18.872	18.239
7	32	28.427	25.561	23.364
8	35	33.028	30.788	28.561
9	40	37.908	35.772	33.609
10	41	40.073	38.782	37.230
11	48	45.622	43.570	41.668
12	45	45.187	44.702	43.792
13	44	44.356	44.460	44.259

表 8.6　指数平滑法计算表

年度序号	观察值/件	一次指数平滑法预测值/件	二次指数平滑法预测值/件	三次指数平滑法预测值/件
1	16			
2	26	20.67	20.67	20.67
3	20	24.40	28.13	31.87
4	12	21.32	19.36	14.79
5	16	14.80	7.68	1.16
6	22	15.64	14.35	18.21
7	32	20.09	24.16	30.67
8	35	28.43	37.98	45.43
9	40	33.03	40.50	40.64

年度序号	观察值/件	一次指数平滑法预测值/件	二次指数平滑法预测值/件	三次指数平滑法预测值/件
10	41	37.91	45.03	44.73
11	48	40.07	44.37	41.46
12	45	45.62	52.46	54.13
13	44	45.19	46.80	42.08
预测结果		45	44	41

计算预测误差。

（1）误差平方和

$$\text{SSE}_{一次} = \sum_{t=2}^{13} (y_t - \hat{y}_t)^2 = 482.316$$

$$\text{SSE}_{二次} = 434.197$$

$$\text{SSE}_{三次} = 652.672$$

（2）均方误差

$$\text{MSE}_{一次} = \frac{1}{12}\sum_{t=2}^{13} (y_t - \hat{y}_t)^2 = 40.1930$$

$$\text{MSE}_{二次} = 36.1831$$

$$\text{MSE}_{三次} = 54.3893$$

（3）希尔不等系数

$$\text{Theil IC}_{一次} = \frac{\sqrt{\frac{1}{12}\sum_{t=2}^{13} (y_t - \hat{y}_t)^2}}{\sqrt{\frac{1}{12}\sum_{t=2}^{13} y_t^2} + \sqrt{\frac{1}{12}\sum_{t=2}^{13} \hat{y}_t^2}} = 0.0980$$

$$\text{Theil IC}_{二次} = 0.0877$$

$$\text{Theil IC}_{三次} = 0.1064$$

4）灰色系统预测法

（1）构造原始数据向量 Y 和数据矩阵 B，计算参数向量 $\hat{\theta}$。

$$Y = \begin{bmatrix} 26 \\ 20 \\ 12 \\ 16 \\ 22 \\ 32 \\ 35 \\ 40 \\ 41 \\ 48 \\ 45 \\ 44 \end{bmatrix}, B = \begin{bmatrix} -29 & 1 \\ -52 & 1 \\ -68 & 1 \\ -82 & 1 \\ -101 & 1 \\ -128 & 1 \\ -161.5 & 1 \\ -199 & 1 \\ -239.5 & 1 \\ -284 & 1 \\ -330.5 & 1 \\ -375 & 1 \end{bmatrix}$$

$$\hat{\theta} = (B'B)^{-1}B'Y = [a,b]' = [-0.09, 15.72]'$$

（2）计算预测值。

$$y_{14} = 56 \, （件）$$

（3）计算预测误差。

① 误差平方和

$$SSE_{灰色} = \sum_{t=2}^{13} (y_t - \hat{y}_t)^2 = 376.896$$

② 均方误差

$$MSE_{灰色} = \frac{1}{12} \sum_{t=2}^{13} (y_t - \hat{y}_t)^2 = 31.4080$$

③ 希尔不等系数

$$Theil \, IC_{灰色} = \frac{\sqrt{\dfrac{1}{12} \sum\limits_{t=2}^{13} (y_t - \hat{y}_t)^2}}{\sqrt{\dfrac{1}{12} \sum\limits_{t=2}^{13} y_t^2} + \sqrt{\dfrac{1}{12} \sum\limits_{t=2}^{13} \hat{y}_t^2}} = 0.0832$$

5）一元线性回归预测法

一元线性回归预测法的计算过程数据如表 8.7 所列。

表 8.7　一元线性回归预测法模型计算表

年度序号	x	y	x^2	y^2	xy
1	69	16	4761	256	1104
2	73	26	5329	676	1898
3	72	20	5184	400	1440

年度序号	x	y	x^2	y^2	xy
4	68	12	4624	144	816
5	72	16	5184	256	1152
6	72	22	5184	484	1584
7	94	32	8836	1024	3008
8	100	35	10000	1225	3500
9	119	40	14161	1600	4760
10	122	41	14884	1681	5002
11	124	48	15376	2304	5952
12	122	45	14884	2025	5490
13	124	44	15376	1936	5456
求和	1231	397	123783	14011	41162
平均值	94.69	30.54	9521.77	1077.77	3166.31

（1）绘制散点图（图8.4），由散点图可以看出两者成线性关系，可以采用一元线性回归预测法。设单机飞行小时数为 x，航材故障数为 y。

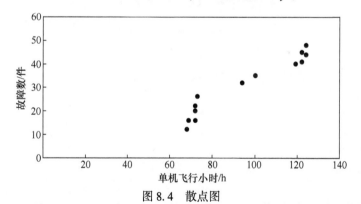

图 8.4 散点图

（2）设一元线性回归方程为

$$\hat{y} = \hat{a} + \hat{b}x$$

（3）计算回归系数。

$$\hat{b} = \frac{13\sum_{i=1}^{13} x_i y_i - \sum_{i=1}^{13} x_i \sum_{i=1}^{13} y_i}{13\sum_{i=1}^{13} x_i^2 - \left(\sum_{i=1}^{13} x_i\right)^2} = 0.4946$$

$$\hat{a} = \bar{y} - \hat{b}\bar{x} = -16.293$$

所求回归预测方程为

$$\hat{y} = 16.293 + 0.4946x$$

（4）计算预测值。

$$y_{14} = 48（件）$$

（5）计算预测误差

① 误差平方和

$$SSE_{一元} = \sum_{t=1}^{13} (y_t - \hat{y}_t)^2 = 122.056$$

② 均方误差

$$MSE_{一元} = \frac{1}{13}\sum_{t=1}^{13} (y_t - \hat{y}_t)^2 = 9.3889$$

③ 希尔不等系数

$$\text{Theil IC}_{一元} = \frac{\sqrt{\dfrac{1}{13}\sum_{t=1}^{13} (y_t - \hat{y}_t)^2}}{\sqrt{\dfrac{1}{13}\sum_{t=1}^{13} y_t^2} + \sqrt{\dfrac{1}{13}\sum_{t=1}^{13} \hat{y}_t^2}} = 0.0468$$

2. 比较组合模型不同权重计算方法的预测精度

利用上述的 8 种直接预测模型进行组合预测,比较不同权重计算方法之间的预测精度,计算结果如表 8.8 和图 8.5 所示。

表 8.8　不同权重计算方法对应的预测值和误差

权重计算方法	下一年预测值/件	误差平方和	均方误差	希尔不等系数
算数平均法	47	127.652	14.1835	0.0520
简单加权平均法	48	64.704	7.1894	0.0364
二次规划法	48	48.544	5.3938	0.0310
遗传算法	47	33.616	3.7351	0.0259

根据表 8.8 和图 8.5 可知,采用遗传算法求解的组合预测模型的预测精度最高,预测效果最好;采用算数平均法求解的组合预测模型的精度最低,预测效果最差。这说明采用算数平均法对预测精度不同的直接预测模型赋予相同权重的方法是不太合理的,这种做法并没有将不同直接预测模型之间的差异性体现出来,因此其预测结果不够准确。另外,后两种求解方法求得的结果也明显优于前两种求解方法,也就是基于不确定权重的最优组合预测模型的预测精度要比基于确定权重的组合预测模型的预测精度高。

比较表8.2和表8.8可知,组合预测模型的预测精度整体优于直接预测模型,但由于用算数平均法来求解权重的方法不太合理,导致预测误差较大,因此会出现其预测精度略低于某个直接预测模型的预测精度的情况。

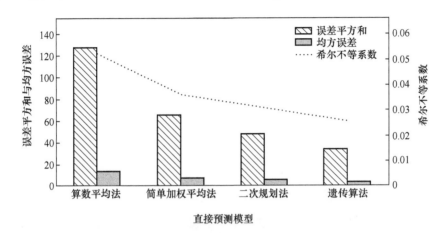

图8.5 不同权重计算方法对应的误差

3. 比较不同数量直接预测模型的组合模型预测精度

改变参与组合的直接预测模型数量,使用遗传算法进行求解,比较不同组合之间的预测精度,计算结果如表8.9和图8.6所示。

表8.9 不同数量直接预测模型的组合模型对应的预测值和误差

组合模型	一	二	三
组合数量	3	5	7
参与组合的直接预测模型	BP神经网络,一元线性回归法,灰色系统预测法	BP神经网络,一元线性回归法,灰色系统预测法,一次、二次指数平滑法	BP神经网络,一元线性回归法,灰色系统预测法,一次、二次、三次指数平滑法,三项移动平均法
下一年预测值/件	48	48	47
误差平方和	71.266	68.572	38.074
均方误差	5.9389	5.7143	3.8074
希尔不等系数	0.0359	0.0353	0.0273

对表8.9和图8.6的结果分析可知,当采用7个直接预测模型进行优化组合时,预测精度最高;比较表8.8和表8.9可知,表8.8中的结果优于表8.9中的结果。因此,将8种直接预测模型全部参与优化组合得到的结果更好。

167

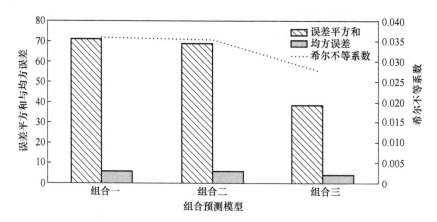

图 8.6　不同数量直接预测模型的组合模型对应的预测误差

8 种直接预测模型的权重系数如表 8.10 所列。

表 8.10　8 种直接预测模型对应的权重系数表

直接预测模型	权重系数	直接预测模型	权重系数
三项移动平均法	0.010760745	三次指数平滑法	0.131954137
四项移动平均法	0.045891725	灰色系统预测法	0.025294838
一次指数平滑法	0.021821269	一元线性回归法	0.112813239
二次指数平滑法	0.034010081	BP 神经网络	0.618453967

通过表 8.10 可知,直接预测模型预测精度越高,在组合预测模型中所占权重越大,反之亦然。由此可见,组合预测能够赋予预测精度高的直接预测模型更高的权重,可以最大限度地从各种直接预测模型中获得更多、更有用的信息来进行预测。

综上所述,该型滤芯下一年故障数的组合预测值应为 47 个。

8.5.2　航材保障应用实例二

例 8.2　某机型近 13 年的起落次数及其刹车盘消耗量如表 8.11 所列,预计未来 1 年起落次数为 236 次,试预测该航材下一年的消耗量(单位:件)。

表 8.11　某机型近 13 年的起落次数及其刹车盘消耗量表

年度序号	1	2	3	4	5	6	7	8	9	10	11	12	13
消耗量/件	370	566	445	484	495	690	320	330	478	532	635	420	250
起落次数/次	237	237	127	181	186	185	191	193	217	231	223	238	243

下面将详细的预测过程和效果分析说明如下。

1. 计算并比较不同直接预测模型间的预测精度

直接预测模型预测误差的计算结果如表 8.12 和图 8.7 所示。

表 8.12　不同直接预测模型的预测误差

直接预测模型	下一年预测值/件	误差平方和	均方误差	希尔不等系数
三项移动平均法	435	287360.222	28736.0222	0.1751
四项移动平均法	460	240432.563	26714.7292	0.1696
一次指数平滑法	419	231716.454	19309.7045	0.1431
二次指数平滑法	351	290356.761	24196.3968	0.1588
三次指数平滑法	275	364161.415	30346.7846	0.1765
灰色系统预测法	406	167062.143	13921.8453	0.1231
一元线性回归法	452	190811.169	14677.7822	0.1287
BP 神经网络预测法	280	67983.961	5229.5354	0.0754

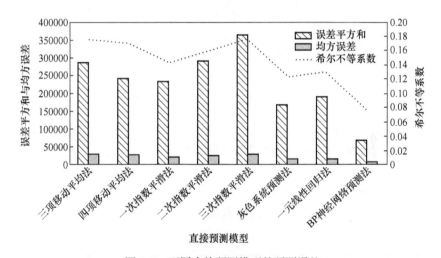

图 8.7　不同直接预测模型的预测误差

从表 8.12 和图 8.7 的计算结果可以看出,BP 神经网络的预测精度最高,预测效果最好,三次指数平滑法的预测精度最低,预测效果最差。

下面详细介绍每一种单项预测方法的计算过程。

1) BP 神经网络

网络的输入层、隐含层、输出层神经元数分别为 1、5、1,BP 神经网络的最终结构为 BP(1,5,1)。改变神经网络的最大训练次数,比较不同的最大训练次数之间的预测精度,计算结果如表 8.13 和图 8.8 所示。

表 8.13 神经网络不同最大训练次数对应的预测值和误差

最大训练次数/次	下一年预测值/件	误差平方和	均方误差	希尔不等系数
10000	328	127186.368	9783.5668	0.1028
8000	280	67983.961	5229.5354	0.0754
5000	444	110851.207	8527.0159	0.0984
3000	230	149611.855	11508.6042	0.1142
1000	352	150083.475	11544.8827	0.1156

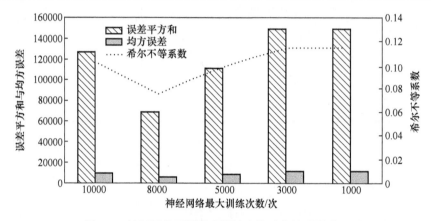

图 8.8 神经网络不同最大训练次数对应的预测误差

根据表 8.13 可知,神经网络的最大训练次数在 8000 次左右时的预测精度较高。因此,本例将神经网络的最大训练次数设置为 8000 次,用此得出的结果参与组合预测。

2) 移动平均法

三项、四项移动平均法计算过程如表 8.14 所列。

表 8.14 移动平均法计算表

年度序号	观察值/件	三项移动平均法预测值/件	四项移动平均法预测值/件
1	370		
2	566		
3	445		
4	484	460.33	
5	495	498.33	466.25
6	690	474.67	497.50

170

年度序号	观察值/件	三项移动平均法预测值/件	四项移动平均法预测值/件
7	320	556.33	528.50
8	330	501.67	497.25
9	478	446.67	458.75
10	532	376.00	454.50
11	635	446.67	415.00
12	420	548.33	493.75
13	250	529.00	516.25
预测结果		435	460

计算预测误差。

（1）误差平方和

$$\text{SSE}_{三项} = \sum_{t=5}^{13} (y_t - \hat{y}_t)^2 = 286795.9023$$

$$\text{SSE}_{四项} = 240432.563$$

（2）均方误差

$$\text{MSE}_{三项} = \frac{1}{9} \sum_{t=5}^{13} (y_t - \hat{y}_t)^2 = 31866.2114$$

$$\text{MSE}_{四项} = 26714.7292$$

（3）希尔不等系数

$$\text{Theil IC}_{三项} = \frac{\sqrt{\frac{1}{9} \sum_{t=5}^{13} (y_t - \hat{y}_t)^2}}{\sqrt{\frac{1}{9} \sum_{t=5}^{13} y_t^2} + \sqrt{\frac{1}{9} \sum_{t=5}^{13} \hat{y}_t^2}} = 0.1839$$

$$\text{Theil IC}_{四项} = 0.1696$$

3）指数平滑法

在对本例数据进行分析后可知，$\alpha = 0.7$ 比较合理。一次、二次、三次指数平滑值如表 8.15 所列，三种指数平滑法的预测值如表 8.16 所列。

表 8.15　指数平滑值计算数据表

年度序号	观察值/件	一次指数平滑值/件	二次指数平滑值/件	三次指数平滑值/件
1	370	460.333	460.333	460.333
2	566	534.300	512.110	496.577
3	445	471.790	483.886	487.693
4	484	480.337	481.402	483.289
5	495	490.601	487.841	486.476
6	690	630.180	587.479	557.178
7	320	413.054	465.381	492.920
8	330	354.916	388.056	419.515
9	478	441.075	425.169	423.473
10	532	504.722	480.856	463.641
11	635	595.917	561.399	532.071
12	420	472.775	499.362	509.175
13	250	316.833	371.591	412.866

表 8.16　指数平滑法计算表

年度序号	观察值/件	一次指数平滑法预测值/件	二次指数平滑法预测值/件	三次指数平滑法预测值/件
1	370			
2	566	460.33	460.33	460.33
3	445	534.30	608.27	682.23
4	484	471.79	431.47	339.37
5	495	480.34	476.79	485.93
6	690	490.60	499.80	515.29
7	320	630.18	772.52	910.31
8	330	413.05	238.63	−36.80
9	478	354.92	244.45	225.78
10	532	441.07	494.09	651.98
11	635	504.72	584.28	658.18
12	420	595.92	710.98	768.65
13	250	472.78	384.15	197.77
预测结果		419	351	275

计算预测误差。

（1）误差平方和

$$\text{SSE}_{-次} = \sum_{t=2}^{13} (y_t - \hat{y}_t)^2 = 231716.454$$

$$\text{SSE}_{二次} = 290356.761$$

$$\text{SSE}_{三次} = 364161.415$$

（2）均方误差

$$\text{MSE}_{-次} = \frac{1}{12} \sum_{t=2}^{13} (y_t - \hat{y}_t)^2 = 19309.7045$$

$$\text{MSE}_{二次} = 24196.3968$$

$$\text{MSE}_{三次} = 30346.7846$$

（3）希尔不等系数

$$\text{Theil IC}_{-次} = \frac{\sqrt{\dfrac{1}{12} \sum_{t=2}^{13} (y_t - \hat{y}_t)^2}}{\sqrt{\dfrac{1}{12} \sum_{t=2}^{13} y_t^2} + \sqrt{\dfrac{1}{12} \sum_{t=2}^{13} \hat{y}_t^2}} = 0.1431$$

$$\text{Theil IC}_{二次} = 0.1588$$

$$\text{Theil IC}_{三次} = 0.1765$$

4）灰色系统预测法

（1）构造原始数据向量 Y 和数据矩阵 B，计算参数向量 $\hat{\theta}$。

$$Y = \begin{bmatrix} 566 \\ 445 \\ 484 \\ 495 \\ 690 \\ 320 \\ 330 \\ 478 \\ 532 \\ 635 \\ 420 \\ 250 \end{bmatrix}, B = \begin{bmatrix} -653 & 1 \\ -1158.5 & 1 \\ -1623 & 1 \\ -2112.5 & 1 \\ -2705 & 1 \\ -3210 & 1 \\ -3535 & 1 \\ -3939 & 1 \\ -4444 & 1 \\ -5027.5 & 1 \\ -5555 & 1 \\ -5890 & 1 \end{bmatrix}$$

$$\hat{\theta} = (B'B)^{-1}B'Y = [a,b]' = [0.02, 544.06]'$$

（2）计算预测值。

$$y_{14} = 406（件）$$

（3）计算预测误差。

① 误差平方和

$$SSE_{灰色} = \sum_{t=2}^{13} (y_t - \hat{y}_t)^2 = 167062.143$$

② 均方误差

$$MSE_{灰色} = \frac{1}{12} \sum_{t=2}^{13} (y_t - \hat{y}_t)^2 = 13921.8453$$

③ 希尔不等系数

$$Theil\ IC_{灰色} = \frac{\sqrt{\dfrac{1}{12} \sum\limits_{t=2}^{13} (y_t - \hat{y}_t)^2}}{\sqrt{\dfrac{1}{12} \sum\limits_{t=2}^{13} y_t^2} + \sqrt{\dfrac{1}{12} \sum\limits_{t=2}^{13} \hat{y}_t^2}} = 0.1231$$

5）一元线性回归预测法

一元线性回归预测法的计算过程数据如表 8.17 所列。

表 8.17　一元线性回归预测法模型计算表

年度序号	x	y	x^2	y^2	xy
1	237	370	56169	136900	87690
2	237	566	56169	320356	134142
3	127	445	16129	198025	56515
4	181	484	32761	234256	87604
5	186	495	34596	245025	92070
6	185	690	34225	476100	127650
7	191	320	36481	102400	61120
8	193	330	37249	108900	63690
9	217	478	47089	228484	103726
10	231	532	53361	283024	122892
11	223	635	49729	403225	141605
12	238	420	56644	176400	99960
13	243	250	59049	62500	60750
求和	2689	6015	569651	2975595	1239414
平均值	206.85	462.69	43819.31	228891.92	95339.54

174

（1）设单机飞行小时数为 x ，航材故障数为 y 。

（2）设一元线性回归方程为

$$\hat{y} = \hat{a} + \hat{b}x$$

（3）计算回归系数。

$$\hat{b} = \frac{13\sum\limits_{i=1}^{13} x_i y_i - \sum\limits_{i=1}^{13} x_i \sum\limits_{i=1}^{13} y_i}{13\sum\limits_{i=1}^{13} x_i^2 - \left(\sum\limits_{i=1}^{13} x_i\right)^2} = -0.3545$$

$$\hat{a} = \bar{y} - \hat{b}\bar{x} = 536.03$$

所求回归预测方程为

$$\hat{y} = 536.03 - 0.3545x$$

（4）计算预测值。

$$y_{14} = 452 \text{（件）}$$

（5）计算预测误差。

① 误差平方和

$$\mathrm{SSE}_{一元} = \sum\limits_{t=1}^{13} (y_t - \hat{y}_t)^2 = 190811.169$$

② 均方误差

$$\mathrm{MSE}_{一元} = \frac{1}{13}\sum\limits_{t=1}^{13} (y_t - \hat{y}_t)^2 = 14677.7822$$

③ 希尔不等系数

$$\mathrm{Theil\ IC}_{一元} = \frac{\sqrt{\dfrac{1}{13}\sum\limits_{t=1}^{13} (y_t - \hat{y}_t)^2}}{\sqrt{\dfrac{1}{13}\sum\limits_{t=1}^{13} y_t^2} + \sqrt{\dfrac{1}{13}\sum\limits_{t=1}^{13} \hat{y}_t^2}} = 0.1287$$

2. 比较组合模型不同权重计算方法的预测精度

利用上述 8 种直接预测模型进行组合预测,比较不同权重计算方法之间的预测精度,计算结果如表 8.18 和图 8.9 所示。

表 8.18　不同权重计算方法对应的预测值和误差

权重计算方法	下一年预测值	误差平方和	均方误差	希尔不等系数
算数平均法	385	184989.533	20554.3926	0.1495
简单加权平均法	384	141325.921	15702.8802	0.1314
二次规划法	280	43713.818	4857.0909	0.0727
遗传算法	294	39612.745	4401.4161	0.0690

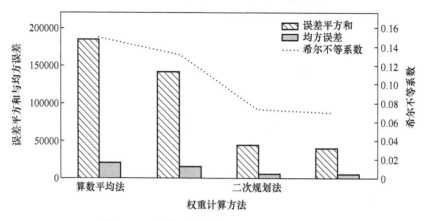

图 8.9　不同权重计算方法对应的预测误差

根据表 8.18 和图 8.9 可知,采用遗传算法求解的组合预测模型的预测精度最高,预测效果最好,采用算数平均法求解的组合预测模型的精度最低,预测效果最差。

比较表 8.12 和表 8.18 可知,组合预测模型的预测精度整体优于直接预测模型,但 BP 神经网络的预测精度也较高,说明 BP 神经网络单独进行预测的效果也比较好。

3. 比较不同数量直接预测模型的组合模型预测精度

改变参与组合的直接预测模型数量,使用遗传算法进行求解,比较不同组合之间的预测精度,计算结果如表 8.19 和图 8.10 所示。

表 8.19　不同数量直接预测模型的组合模型对应的预测值和误差

组合模型	一	二	三
组合数量	3	5	8
参与组合的直接预测模型	BP 神经网络,灰色系统预测法,一元线性回归预测法	BP 神经网络,灰色系统预测法,一元线性回归预测法,一次、二次指数平滑法	BP 神经网络,灰色系统预测法,一元线性回归预测法,一次、二次指数平滑法,三项、四项移动平均法
下一年预测值	291	290	290
误差平方和	61121.040	64203.256	42034.110
均方误差	5093.4200	5350.2713	4670.4567
希尔不等系数	0.0738	0.0756	0.0712

对表 8.19 和图 8.10 的结果分析可知,当采用 8 个直接预测模型进行优化组合时,预测精度最高;比较表 8.18 和表 8.19 可知,表 8.18 中的结果优于表 8.19

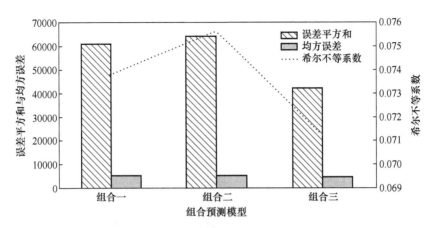

图 8.10 不同数量直接预测模型的组合模型对应的预测误差

中的结果。因此,将 8 种直接预测模型全部参与优化组合得到的结果最好。8 种直接预测模型的权重系数如表 8.20 所列。

表 8.20 8 种直接预测模型对应的权重系数表

直接预测模型	权重系数	直接预测模型	权重系数
三项移动平均法	0.014095392	三次指数平滑法	0.012653574
四项移动平均法	0.014689045	灰色系统预测法	0.057222821
一次指数平滑法	0.001812637	一元线性回归法	0.008901872
二次指数平滑法	0.007403494	BP 神经网络	0.882221166

在表 8.20 中可以看出,一元线性回归预测误差较大,所以它的权重系数很小,如果绘制散点图(图 8.11),可以看出消耗量和起落次数之间并没有明显的线性关系。

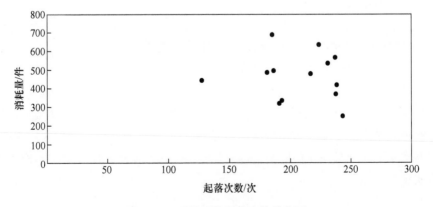

图 8.11 消耗量与起落次数散点图

表 8.20 表明,直接预测模型预测精度越高,在组合预测模型中所占权重越大,反之亦然。BP 神经网络的预测精度远高于其他单项预测方法,因此其权重也远高于其他单项预测方法。

综上所述,该型飞机的刹车盘下一年消耗量的组合预测值为 294 件。

8.6　小结

组合预测方法是对同一个问题,采用多种单项预测方法进行的组合预测。它既可是几种定量方法的组合,也可是几种定性方法的组合,但实践中更多的是定量方法的组合。组合的主要目的是综合利用各种方法所提供的信息,尽可能地提高预测精度。

组合预测按不同分类方法可分为线性组合预测、非线性组合预测,最优组合预测、非最优正权组合预测,不变权组合预测、可变权组合预测,等等。

组合预测就是设法把不同的直接预测模型组合起来,以适当的加权形式得出组合预测模型。组合预测最关键的问题就是如何求出加权系数,以尽可能提高预测精度。加权系数的计算方法包括确定型权重计算方法和不确定型权重计算方法两种。其中,确定型权重可以直接计算,不确定型权重则需要建立最优模型并采用遗传算法、二次规划等算法求解。

组合预测理论和实践研究都表明,在直接预测模型以及所用数据不同的情况下,组合预测模型有利于产生一个比任何一个单独的直接预测模型更准确的预测结果,从而减少预测的系统误差,有效改进预测效果。

思考与练习

1. 试阐述组合预测方法的基本思路,并举例说明。
2. 简述 BP 神经网络的基本原理。
3. 在组合预测中应当如何确定权重?
4. 对太阳活动规律的模拟与预测是全球多学科研究的热点,尤其是太阳黑子相对数极大极小的年度和数值更为世界所关注。已用太阳黑子数 1980—1987 年的数据建立了 5 种时间序列模型,太阳黑子数的观察值和 5 种时间序列模型的预测值如表 8.21 所列。

表 8.21　1980—1987 年太阳黑子数的观察值和 5 种时间序列模型的预测值

年份/年	观察值	TAR 模型	含趋势叠合模型	不含趋势叠合模型	ARMA 模型	AR 模型
1980	154.6	158.63	167.5	163.5	167.7	158.97
1981	140.4	137.24	147.5	139.5	140.8	128.99
1982	115.9	98.21	110.7	100.4	94.47	84.74
1983	66.6	61.31	72.21	65.38	48.42	48.64
1984	45.9	32.64	48.88	35.02	16.47	21.66
1985	17.9	17.42	20.77	15.2	4.05	9.38
1986	13.4	16.4	12.11	7.812	9.09	10.7
1987	29.2	26.47	26.3	21.75	24.88	32.23

在具体数值上 5 种时间序列模型有较大的差异,因此请使用本章所述的几种加权系数的计算方法给出其组合预测模型并作对比分析。

5. 某机型备件 1 至 6 近六年消耗数据如表 8.22 所列,试选择 4 种直接预测方法进行组合预测,并比较各直接预测方法和组合预测方法的预测精度。

表 8.22　近六年消耗数据

备件序号	消耗量/件					
	2006	2007	2008	2009	2010	2011
1	1	1	2	3	3	4
2	3	7	4	2	2	1
3	16	21	7	2	4	5
4	28	21	4	4	3	3
5	3	16	10	4	2	3
6	1	1	1	1	2	1

第9章
综合运用案例

现有飞机可修备件需求预测方法在组合优化、自动寻优等方面存在不足,而且如果单项方法采用了神经网络等人工智能方法,结果会因为其输出不稳定而导致组合预测精度同样存在不稳定的问题;另外,预测所采用的数据为消耗数(即备件的发付数)与可修备件的实际需求(周转数)不一致,预测结果自然与实际相差很大。本章提出了一种基于周转数据的可修备件两级组合预测方法,主要内容包括:首先,对可修备件需求预测现有文献存在问题进行了深入研究和综合阐述;然后,详细分析了影响可修备件需求的因素;其次,将5种直接预测模型组合起来,建立了一个基于周转数据的两级组合预测模型;最后,利用某机群可修备件的消耗数据和周转数据,对基于不同方法组合、不同基础数据的模型预测效果进行了比较分析。案例有力地证明了,与直接预测模型和单一的组合预测模型相比,本章所提出的基于周转数据的两级组合预测模型更准确,更符合实际需求。

9.1 引言

由于飞机备件的消耗与储备等具有非线性、灰色和趋势等特征,所以其需求预测是非常复杂的。备件保障人员通常根据经验确定备件需求,存在一定的随意、盲目等问题,可能会导致大量备件积压呆滞或者关键备件短缺。解决这一问题的关键是准确预测备件需求。

评估未来需求在备件订货决策中起着重要作用,这需要准确的预测。需求预测是备件订货决策的基础,这项工作有助于准确确定各种备件的需求量,从而进一步提高备件订货的准确性。因此,备件保障人员应根据备件的保障数据,使用科学方法预测需求。

现有很多文献尽管考虑了影响可修备件消耗的许多因素,但一个通常被忽略的方面是,可修备件的实际需求往往受到机群规模、维修周期、供货周期等因素的影响。此外,不同预测理论和方法的准确性往往直接受其应用方式的影响,导致在预测方法的组合优化、自动寻优等方面存在一定的不足,还需要进一步深入研究。

目前对备件需求预测的研究和应用经常遇到两大挑战：一是所采用的基础数据与实际需求不一致；二是预测方法还需要继续改进以进一步提升其智能性。

现有文献通常采用机群历年的消耗数据来预测飞机备件的需求，这往往导致可修备件的采购量远远超过实际所需的周转数。为此，作者提出使用备件的年周转数据而不是年消耗数据来预测可修备件的需求。

为了解决上述第二个问题，目前有两种备件需求预测策略。一种是通过单项预测方法进行直接预测，称为直接预测（direct forecast，DF）；另一种是通过组合单项预测方法进行间接预测，称为组合预测（combination forecast，CF）。但是现有研究中这些方法不能较好地解决备件保障中的需求预测问题。为此，作者提出了一种两级组合预测（double-level combination forecast，DCF）方法来预测可修备件的需求。两级组合预测模型包括低级组合预测（low-level combination forecast，LCF）模型和高级组合预测（top-level combination forecast，TCF）模型。低级组合预测模型由多个直接预测模型组成，高级组合预测模型则根据低级组合预测模型的结果对备件需求进一步优化。两级组合预测模型可以通过模型组合与两级寻优自动获得最优的预测结果，不需要决策者对预测方法的优劣做出主观判断。对于需求预测模型来说，能够自动寻优对大量备件需求的准确预测是非常重要的。许多国家的航空兵通常拥有数十种以上的飞机，并且拥有数万甚至十几万项经常故障的可修备件，需求预测的计算量非常大，同时要求一定的准确性，而作者提出的这种能够自动寻优的两级组合预测方法可以较好地解决这些问题。

综上所述，为满足可修备件需求预测需要，作者开创性地提出了一种两级组合预测模型，能够基于周转数据通过自动寻优获得较高的预测精度，对各种可修备件需求预测具有较高的适用性。

本章的其余部分组织如下。9.2节回顾了相关文献，从基础数据的合理性和预测方法的准确性两方面对可修备件需求预测方法进行了分析。9.3节分析并确定了影响可修备件需求的因素。9.4节提出了一种基于5个直接预测模型的两级组合预测模型。9.5节通过实际案例对各种模型和数据的预测效果进行了比较分析。最后，9.6节根据上述研究提出了若干结论。

9.2 可修备件需求预测研究综述

在可修备件需求预测领域，现有文献提出了一种基于泊松分布的统计预测方法。该方法通常假设随机需求平均值为常数，故障间隔时间服从指数分布，因此备件需求在指定时间段内服从泊松分布。在实践中，随着观察周期的增长，某些备件的方差与均值比逐渐增加，备件需求将遵循随时间变化的非稳定增量泊松过程，而轮胎和电池等存在磨损故障的备件需求方差则小于其平均值。因此，确定不同备件的合适需求分布非常复杂,这意味着使用传统分析方法预测各种备件需求时可能产生较大误差。

现有文献经常使用一些时间序列方法预测消耗数具有长期趋势性的备件需求,所采用的经典方法有指数平滑法、灰色系统预测法等。指数平滑主要包括三种:一次指数平滑(linear exponential smoothing, LES)、二次指数平滑(secondary exponential smoothing, SES)和三次指数平滑法(cubic exponential smoothing, CES),它们对不同趋势的时间序列具有不同的预测精度。灰色系统预测法在小样本备件需求预测中表现良好,它可以削弱原始序列的随机性和波动性,并提供更多有用的信息。最常用的灰色系统预测模型是 GM(1,1)模型,对服役时间较短的飞机备件需求预测非常有效。

备件消耗通常是由多个因素引起的,其需求可以通过线性回归、非线性回归和神经网络等回归分析方法进行预测。在这些方法中,神经网络具有较好的自适应性和自学习能力以及较强的抗干扰性能,适用于解决非线性问题。神经网络可用于预测关键备件的消耗数、周转数、故障数等。但神经网络也存在收敛速度慢和容易陷入局部极小值等缺陷。为了克服这些缺陷,通常使用遗传算法优化神经网络,这种方法称为遗传神经网络(genetic neural network, GNN)。遗传算法具有全局搜索和种群优化的特点,不仅用于优化神经网络,还用于求解模型。例如,遗传算法被用于库存优化,寻求最优的库存水平,实现总供应链成本最小。

上述研究主要采用单项预测方法直接预测需求,没有充分分析或确定影响可修备件需求的因素。因此,这些方法的准确性和适用范围有限。要解决这个问题,可将不同的直接预测方法组合起来进行预测,这可以获得不同方法的有用信息。组合预测方法可以综合利用各种直接预测方法提供的有用信息,从而大大提高预测精度,所以一般优于直接预测。有些文献对间歇需求组合预测的有效性进行了实证研究,但主要是基于时间序列预测法对间歇需求进行预测,而本章则同时采用了灰色系统等时间序列方法以及神经网络等回归分析方法进行预测,这样考虑的影响因素是比较全面的,能够更好地满足预测需要。

为了进一步提高组合预测模型的预测精度,作者提出了一种备件需求的两级组合预测方法。对于可修备件的需求预测,一直存在两个普遍问题。第一个问题是,研究没有考虑可修备件和消耗性备件之间不同的需求规律。事实上,现有文献所提出的相关组合预测模型仅适用于预测消耗性备件的需求,因为它们采用的数据是消耗数而不是周转数。如果用消耗数预测可修备件的需求,将导致较大的误差。这是因为可修备件可以修复重复使用,一些备件甚至可以在一年内维修几次,而这意味着可修备件的实际需求即周转数,往往远远低于所统计的消耗数。消耗数是发送给外场以更换故障备件的数量,而周转数则主要包括库存数、送修数、借出数、欠交数,应保证备件能够不间断供应外场。由此可见,周转数才是备件储备、决策的主要依据,也是备件保障人员最关心的。为此,作者提出采用年周转数而不是年消耗数来预测可修备件的需求,这可以确保预测结果与实际需求一致。另外,目前的研究没有考虑到每年的机群规模会因飞行事故或战斗损失而变化,而机群规模与备件需求之间密切相关。如果不考虑这种关系,可能会导致一些备件的需求预测结果出现较大偏差。为此,作者提出根据一架飞机的年均周转数,而不是机群的年均周转数,对可修备件进行需求预测。这些解决措施可以使本章所提出的组合预测模型更适用于可修备件需求预测。

9.3 可修备件需求的影响因素

备件需求的准确预测需要深入研究影响其需求的因素。在确定影响因素时应坚持两个原则:一是影响因素应客观且易于在实践中识别;二是影响因素应与备件需求规律相符。

作者根据上述原则确定了备件需求的影响因素,主要包括:

(1) 历年机群规模(单位:架)

(2) 机群年总飞行时间(单位:小时)

(3) 单机年均飞行时间(单位:小时)

(4) 机群年总起落次数(单位:次)

(5) 单机年均起落次数(单位:次)

(6) 机群年航材保障良好率

(7) 单机年均航材保障良好率

(8) 机群某备件年总故障数(单位:件)

(9) 单机某备件年均故障数(单位:件)

(10) 机群某备件年总消耗数(单位:件)

(11) 单机某备件年均消耗数(单位:件)

(12) 机群某备件年总周转数(单位:件)

(13) 单机某备件年均周转数(单位:件)

其中,机群某备件的年总消耗数和总周转数除以机群规模,即等于单机年均消耗数和周转数。

9.4 模型建立

首先,利用5种单项预测方法建立5种直接预测模型,包括遗传神经网络模型、一次指数平滑模型、二次指数平滑模型、三次指数平滑模型和灰色系统预测模型,然后利用这5种直接预测模型建立两级组合预测模型。

两级组合预测程序如图 9.1 所示,主要步骤如下。

(1) 统计可修备件保障数据,计算各种直接预测模型的需求预测值和预测误差。

(2) 根据直接预测模型的需求预测值和预测误差,计算两级组合预测模型的需求预测值和预测误差。

(3) 对所有模型应用效果进行比较分析。如果两级组合预测模型最优,则可取其预测结果为最终的需求预测值;否则,进一步改进两级组合预测模型,直到预测精度和稳定性等满足实际需要。

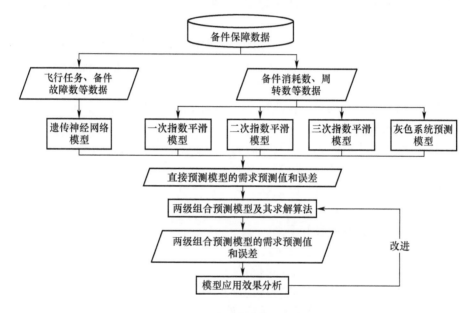

图 9.1　两级组合模型预测程序

9.4.1　直接预测模型

1. 遗传神经网络模型

现有研究认为只有一个隐藏层和足够神经元的反向传播神经网络就可以高精度估计非线性函数。因此,本章采用基于三层 BP 神经网络模型进行可修备件需求的回归预测,并采用遗传算法优化神经网络的初始参数,该模型即为遗传神经网络模型。

遗传神经网络模型建立的主要步骤如下。

(1) 确定三层 BP 神经网络的基本算法。

(2) 根据影响可修备件消耗的因素确定网络结构。

① 根据机群的保障数据预测备件需求时的输入和输出神经元。

输入神经元为：

a. 历年机群规模

b. 机群年总飞行时间

c. 机群年总起落次数

d. 机群年航材保障良好率

e. 机群某备件年总故障数

输出神经元为：机群某备件年总消耗数或机群某备件年总周转数。

② 根据单机的保障数据预测备件需求时的输入和输出神经元。

输入神经元为：

a. 单机年均飞行时间

b. 单机年均起落次数

c. 单机年均航材保障良好率

d. 单机某备件年均故障数

输出神经元为：单机某备件年均消耗数或单机某备件年均周转数。

③ 隐藏神经元。

隐藏神经元的数量可取 $2n + 1$，其中 n 是输入神经元的数量。

（3）通过遗传算法确定初始权值。

采用遗传算法优化神经网络初始权值的算法如下：

步骤1：设置参数。通过连续调试找到合适的算法参数是一种比较常用的方法。据研究和调试，本章取种群数目为80、交叉概率为 0.6、变异概率为 0.001、进化代数为200、代沟为 0.9。

步骤2：采用实数编码并生成初始种群，个体编码字符串长度为输入神经元的数量。

步骤3：根据选择的适应度函数计算种群适应度，并选择具有最大适应度值的个体作为父母样本。由于组合模型的目标函数是极小值问题，而在确定遗传算法的适应度函数时，需要将极小值问题转化为极大值问题，即获得适应度函数。

步骤4：根据适应度在遗传空间依次进行选择、交叉和变异操作，产生新一代群体。

步骤5：返回步骤3，直到达到所设定的进化代数，即可获得神经网络的最终权值。

2. 指数平滑模型

一次、二次、三次指数平滑模型详见第3章，本章不再详细介绍。

对于平滑系数的确定，本章拟采用遗传算法来解决，这样可以获得最优的平滑系数。基本思路是：首先，以指数平滑模型的误差平方和最小为目标函数；然后，采用遗传算法求解。该目标函数的求解算法与遗传神经网络模型基本一致,不同之处是,它的编码字符串长度为1,其适应度函数分别是一次指数平滑模型、二次指数平滑模型和三次指数平滑模型预测误差平方和的倒数。

3. 灰色系统预测模型

灰色系统预测模型详见第7章,本章不再详细介绍。

9.4.2 两级组合预测模型

1. 建模思路

两级组合预测模型建立的关键是确定各直接预测模型的权重系数,基本思路是:首先,利用5种直接预测模型的预测误差建立低级组合预测模型,用二次规划求解,得到低级组合模型预测结果,包括5种直接预测模型的需求预测误差以及权重系数。然后,利用5种直接预测模型的需求预测误差以及权重系数建立高级组合预测模型,将低级组合模型计算出的5种直接预测模型的需求预测误差以及权重系数作为高级组合预测模型的初始输入值。用遗传算法求解该模型,其本质是对5种直接预测模型的权重系数进一步优化,从而获得更高的预测精度和更稳定的输出结果。

高级组合预测模型的预测结果就是两级组合预测模型最终的预测结果。

2. 低级组合预测模型

设:T 为样本容量;N 为直接预测模型的数量。y_t 为第 t 期的需求观察值,$t = 1,2,\cdots,T$;$\hat{y}_{znt}$ 为第 t 期的第 n 个直接预测模型的需求预测值,$n = 1,2,\cdots,N$,z 表示直接预测模型。本章算例中 $n = 1,2,3,4,5$,分别表示一次指数平滑模型、二次指数平滑模型、三次指数平滑模型、遗传神经网络模型和灰色系统预测模型;

e_{nt} 为第 t 期的第 n 个直接预测模型的预测误差的绝对值,$e_{nt} = |\hat{y}_{znt} - y_t|$,$e_n = [e_{n1}, e_{n2}, \cdots, e_{nT}]'$;

E 为误差矩阵,即

$$
E = \begin{bmatrix} E_{11} & E_{12} & \cdots & E_{1N} \\ E_{21} & E_{22} & \cdots & E_{2N} \\ \vdots & \vdots & & \vdots \\ E_{N1} & E_{N2} & \cdots & E_{NN} \end{bmatrix}
$$

式中:$E_{ij} = E_{ji} = e_i' e_j$,$E_{ii} = e_i' e_i = \sum_{t=1}^{T} e_{it}^2$,$i,j = 1,2,\cdots,N$;

$\hat{y}_{zn(T+1)}$ 为第 $T+1$ 期的第 n 个直接预测模型的需求预测值,$Y_{z(T+1)} = [\hat{y}_{z1(T+1)}, \hat{y}_{z2(T+1)}, \cdots, \hat{y}_{zN(T+1)}]'$。

$\hat{y}_{d(T+1)}$ 为低级组合预测模型第 $T + 1$ 期的需求预测值。其中，d 表示低级组合预测。

k_{dn} 为低级组合预测模型中第 n 个直接预测模型的权重系数，权重系数向量 $\boldsymbol{K}_d = [k_{d1}, k_{d2}, \cdots, k_{dN}]'$，$\sum_{n=1}^{N} k_{dn} = 1, 0 \leqslant k_{dn} \leqslant 1$。

低级组合预测模型的目标函数为

$$\min J(k_{d1}, k_{d2}, \cdots, k_{dN}) = \boldsymbol{K}_d' \boldsymbol{E} \boldsymbol{K}_d \qquad (9.1)$$

低级组合预测模型的目标函数用于寻求一个权重系数向量 $\boldsymbol{K}_d$，该向量能够使误差平方和 $J(k_{d1}, k_{d2}, \cdots, k_{dN})$ 最小。

低级组合预测模型第 $T + 1$ 期的需求预测值 $\hat{y}_{d(T+1)}$ 为

$$\hat{y}_{d(T+1)} = m\boldsymbol{K}_d' \boldsymbol{Y}_{z(T+1)} \qquad (9.2)$$

如果采用单机的保障数据进行预测，m 为第 T 期的机群规模；否则，如果采用机群的保障数据进行预测，则 $m = 1$。

3. 高级组合预测模型

设：

k_{gn} 为高级组合预测模型中第 n 个直接预测模型的权重系数，权重系数向量 $\boldsymbol{K}_g = [k_{g1}, k_{g1}, \cdots, k_{gN}]'$，$\sum_{n=1}^{N} k_{gn} = 1, 0 \leqslant k_{gn} \leqslant 1$，$g$ 表示高级组合预测；

$\hat{y}_{g(T+1)}$ 为高级组合预测模型第 $T + 1$ 期的需求预测值，亦即两级组合预测模型的预测结果。

则高级组合预测模型的目标函数为

$$\min J(k_{g1}, k_{g1}, \cdots, k_{gN}) = \sum_{t=1}^{T} \left(\sum_{n=1}^{N} k_{dn} e_{nt} \right)^2 \qquad (9.3)$$

高级组合预测模型的目标函数用于寻求一个权重系数向量 $\boldsymbol{K}_g$，该向量能够使误差平方和 $J(k_{g1}, k_{g1}, \cdots, k_{gN})$ 最小。可见，高级组合预测模型与低级组合预测模型目标函数的作用基本相同。需要注意的是，低级组合预测模型计算的 k_{dn}, e_{nt} 是高级组合预测模型的初始输入值。

高级组合预测模型第 $T + 1$ 期的需求预测值 $\hat{y}_{g(T+1)}$ 为

$$\hat{y}_{g(T+1)} = m\boldsymbol{K}_g' \boldsymbol{Y}_{z(T+1)} \qquad (9.4)$$

式中：m 取值方法同低级组合预测模型。

4. 求解算法

1）低级组合预测模型的求解算法

式（9.1）是权重系数向量 $\boldsymbol{K}_d$ 的二次规划方程，其约束条件 $\sum_{n=1}^{N} k_{dn} = 1, 0 \leqslant k_{dn}$

≤1是线性的。因此,低级组合预测模型可以采用二次规划求解。二次规划的一般模型为

$$\min f(x) = \frac{1}{2}x'Hx + f'x$$

$$\text{s. t.} A \cdot x \leqslant b, Aeq \cdot x = beq, lb \leqslant x \leqslant ub \tag{9.5}$$

式中:H 是实对称矩阵,f,A,Aeq 是列向量。当使用二次规划求解低级组合预测模型时,x 相当于低级组合预测模型中的权重系数向量 K_d,H 相当于误差矩阵 E。式(9.5)的约束条件为 $A \cdot x \leqslant b, Aeq \cdot x = beq$,$lb \leqslant x \leqslant ub$。式(9.1)的约束条件为 $\sum_{n=1}^{N} k_{dn} = 1, 0 \leqslant k_{dn} \leqslant 1$。当使用式(9.5)求解式(9.1)时,$\sum_{n=1}^{N} k_{dn} = 1$ 相当于 $Aeq \cdot x = beq$,$0 \leqslant k_{dn} \leqslant 1$ 相当于 $lb \leqslant x \leqslant ub$;另外,不存在不等式约束 $A \cdot x \leqslant b$。因此,可设 $Aeq = [1,1,1,1,1]$,$beq = 1$,$lb = [0,0,0,0,0]$,$ub = [1,1,1,1,1]$,$A = [\ ]$,$b = [\ ]$。此外,在式(9.1)中不存在与式(9.5)中 $f'x$ 对应的表达式,所以可设 $f = [\ ]$。

2) 高级组合预测模型的求解算法

高级组合预测模型用于进一步优化由低级组合预测模型计算的权重系数向量 K_d,可通过遗传算法求解,其求解算法与采用遗传算法优化神经网络初始权值的算法基本相同,此处不再详细介绍。下面主要说明一下求解高级组合预测模型的遗传算法的特殊设置,一是其编码字符串长度为直接预测方法的数量 n,二是其适应度函数是预测误差平方和的倒数。

9.4.3 误差指标

不同模型的预测精度一般通过误差指标来比较,以确定哪些预测方法更准确。在评估组合预测模型时,通常使用至少三种误差指标进行综合评估。本章主要利用平均绝对误差(MAE)、均方误差(MSE)、希尔不等系数(Theil IC)来评估各种直接预测模型、低级组合预测模型和高级组合预测模型的预测效果,其公式详见第 1 章。

9.5 模型应用效果分析

下面通过某机群的 50 项可修备件的保障数据,对上述模型预测可修备件需求的有效性进行比较分析。该机群过去 50 年的备件保障数据、飞行任务数据分别如表 9.1、表 9.2 所列。因数据量较大,本章仅提供部分备件的故障和消耗数据。

表 9.1 备件保障数据

（1）某机群备件历年年总故障数

备件序号	1	2	3	4	5	6	7	8	9	10	11	12	13	14	15	16	17	18	19	20	21	22	23	24	25	26	27	28	29	30	31	32	33	34	35	36	37	38	39	40	41	42	43	44	45	46	47	48	49	50
1	10	8	12	9	14	17	13	12	9	10	11	7	8	9	13	15	14	12	11	9	7	11	13	8	13	13	4	17	11	15	13	13	8	7	12	8	13	10	6	14	20	7	17	12	14	12	3	16	10	14
2	12	11	14	15	11	9	8	11	13	21	22	15	9	8	16	23	21	19	25	20	11	10	13	14	10	14	10	17	11	20	19	14	13	15	22	17	12	12	9	21	24	20	19	18	20	13	9	16	10	19
3	13	7	16	14	11	10	13	8	9	9	9	8	10	7	11	18	7	16	14	11	12	15	15	13	10	12	8	15	15	10	7	9	8	11	18	21	16	8	6	14	25	18	20	25	18	11	7	14	14	9
4	9	6	11	7	14	16	11	11	7	11	9	6	7	7	13	14	12	11	9	10	12	6	10	6	13	12	4	15	11	13	11	13	7	6	9	7	12	8	5	11	19	6	15	12	10	11	3	14	10	12
5	10	10	13	11	11	8	14	10	13	22	16	14	6	6	17	22	18	18	21	21	9	12	10	10	7	10	10	14	13	14	16	14	12	12	13	20	10	9	10	15	22	21	17	20	12	6	9	13	12	13
6	9	11	13	9	8	6	8	4	4	7	3	11	6	3	8	2	2	12	9	9	1	11	11	8	7	8	10	11	8	14	16	13	10	8	8	10	7	7	9	10	15	13	11	9	8	6	6	6	7	13
7	6	3	8	4	11	13	8	8	4	8	6	3	4	4	8	11	9	6	7	5	5	2	7	3	9	6	6	13	14	11	8	8	9	12	21	15	9	8	8	13	23	20	18	23	19	8	6	9	12	10
8	8	8	10	10	6	5	5	7	8	5	5	5	5	4	10	19	18	15	22	14	7	7	11	11	10	5	6	15	15	13	9	13	6	8	7	6	15	9	8	18	6	6	15	12	10	9	5	14	12	10
9	9	3	12	8	9	6	6	9	6	4	4	6	6	6	4	3	3	12	10	7	8	2	9	9	6	7	9	10	6	14	15	11	9	6	8	8	7	7	10	14	22	17	10	7	9	5	4	9	5	13
10	6	5	8	6	9	13	10	8	13	7	8	3	4	6	8	11	11	8	8	3	5	4	7	5	6	5	5	10	12	11	7	7	8	12	15	14	6	8	6	10	14	11	7	19	20	5	8	11	9	10
11	13	14	13	11	14	18	13	14	10	12	12	7	9	9	16	15	15	13	13	10	12	8	12	9	13	6	1	11	8	8	7	7	8	12	20	15	14	8	6	22	14	17	17	19	20	6	8	11	9	7
12	16	14	16	18	17	24	18	15	16	26	26	18	13	11	21	28	25	23	29	24	15	12	17	17	15	3	2	7	3	11	12	8	6	3	3	18	11	5	5	14	22	17	7	19	8	2	1	6	2	10
13	13	7	16	14	11	10	13	8	9	8	8	15	10	8	11	7	7	16	14	13	13	6	15	13	10	17	5	5	9	7	4	5	5	9	13	3	11	4	8	19	19	17	14	20	13	4	6	8	8	4
14	14	7	14	11	18	24	19	15	11	18	16	9	11	12	20	21	20	16	14	15	13	6	13	10	17	6	2	11	9	5	5	9	2	4	3	3	11	5	4	4	14	2	11	8	6	5	10	8	6	
15	15	14	18	17	18	16	13	18	18	27	20	20	16	11	25	22	22	27	27	30	14	13	17	16	17	3	4	7	5	9	12	10	6	5	2	7	3	6	6	5	11	10	7	6	2	3	3	4	8	
......																																																		

189

（2）某机群备件历年车总消耗数

备件序号	1	2	3	4	5	6	7	8	9	10	11	12	13	14	15	16	17	18	19	20	21	22	23	24	25	26	27	28	29	30	31	32	33	34	35	36	37	38	39	40	41	42	43	44	45	46	47	48	49	50
1	12	7	11	10	9	18	15	10	9	10	10	7	8	11	15	16	13	13	10	9	11	6	10	8	17	17	14	9	9	9	6	7	10	14	14	12	15	9	8	7	6	6	4	6	5	5	7	6	8	5
2	16	13	15	14	15	17	18	15	10	11	10	19	15	11	17	21	22	19	27	21	15	12	14	13	14	16	17	14	9	10	9	18	14	14	16	20	21	18	26	20	16	13	10	6	10	9	18	13	13	11
3	13	8	17	14	11	10	14	8	9	9	14	14	10	9	11	17	8	16	13	9	9	16	15	13	9	9	13	7	8	9	8	13	9	8	10	16	7	15	12	9	12	8	8	8	7	7	7	6	7	11
4	11	6	12	7	17	10	13	11	8	13	12	7	10	8	14	15	12	12	9	12	11	6	13	10	16	15	12	10	7	12	11	6	9	7	13	14	11	11	6	7	9	4	5	8	8	6	7	5	6	8
5	12	10	12	7	17	16	13	11	8	14	24	12	7	4	9	23	18	19	23	12	5	11	13	8	10	13	12	10	7	13	18	14	6	6	17	22	17	20	22	13	13	9	9	11	12	12	19	14	12	10
6	11	3	2	9	11	8	9	4	5	9	6	4	7	5	11	15	3	13	11	7	2	12	9	13	7	9	9	3	4	8	5	11	8	3	8	14	1	12	10	5	9	3	4	8	5	3	11	8	3	8
7	8	5	9	4	9	5	10	7	5	10	9	4	7	5	11	12	9	6	6	9	7	10	11	9	8	4	9	7	9	9	8	3	7	4	10	11	8	8	5	3	3	0	2	7	7	3	7	7	2	5
8	10	8	11	12	17	5	7	7	11	6	22	12	8	6	12	20	18	16	22	16	7	10	11	8	8	6	6	6	10	16	21	11	7	5	11	19	17	15	15	12	8	8	8	7	7	2	18	7	10	8
9	11	3	13	9	11	6	11	4	6	7	7	12	9	5	15	3	3	13	10	10	2	12	9	9	5	9	12	11	6	5	6	11	8	6	6	7	2	12	9	5	8	4	4	4	3	3	11	6	2	8
10	8	5	9	6	8	13	12	8	7	6	9	4	7	7	8	9	11	9	8	5	4	9	9	6	11	5	10	7	6	10	10	3	5	6	8	8	10	8	10	5	5	3	6	4	5	1	3	3	6	8
11	11	5	14	9	12	15	14	13	9	11	6	13	6	10	13	15	11	11	8	8	10	8	8	6	8	12	12	8	8	8	9	10	6	6	12	14	10	8	8	6	6	3	3	4	5	5	3	8	3	8
12	15	11	14	12	14	15	17	13	9	8	18	13	13	14	20	16	10	20	25	14	5	13	12	12	12	12	15	13	14	13	12	17	12	13	14	19	19	17	25	18	15	11	9	10	9	8	16	12	11	10
13	12	6	16	12	12	10	13	6	8	8	8	6	8	5	9	16	6	15	11	11	5	15	12	8	8	14	15	11	6	6	6	12	7	7	8	15	5	14	11	8	8	9	7	9	6	8	8	6	4	6
14	10	4	11	5	16	6	12	9	7	11	11	14	8	7	12	12	17	7	22	10	3	12	10	11	6	14	6	9	5	11	9	5	7	6	11	13	9	10	9	5	5	5	3	3	5	5	5	9	3	7
15	11	8	13	9	13	6	8	9	9	8	22	18	14	6	16	22	16	18	19	7	12	9	12	9	9	6	6	8	11	22	16	13	9	5	15	21	15	17	19	20	12	8	8	9	11	11	17	13	10	9
……																																																		

（3）某机群备件历年总周转数

备件序号	1	2	3	4	5	6	7	8	9	10	11	12	13	14	15	16	17	18	19	20	21	22	23	24	25	26	27	28	29	30	31	32	33	34	35	36	37	38	39	40	41	42	43	44	45	46	47	48	49	50
1	7	6	8	6	6	5	7	6	5	5	6	4	4	4	8	9	5	8	7	4	6	5	7	5	4	9	6	5	4	5	5	3	3	5	7	8	4	7	6	3	4	4	3	4	4	3	5	3	4	4
2	11	9	10	6	8	10	9	7	5	6	6	13	8	10	9	16	18	10	18	12	10	8	9	7	7	8	11	6	4	5	5	12	7	9	8	15	17	9	17	11	8	7	6	5	7	5	13	8	9	7
3	7	4	8	7	6	6	7	4	5	5	5	9	10	4	5	12	7	11	9	7	6	3	7	6	7	8	8	6	4	4	4	8	5	3	4	11	6	10	8	6	4	6	7	5	3	2	13	8	9	3
4	7	4	8	5	6	5	8	7	5	8	7	5	6	5	8	9	7	7	6	7	6	6	6	4	9	8	6	6	6	7	6	6	5	4	7	8	6	6	5	6	6	6	3	3	5	4	4	6	4	5
5	4	3	7	4	10	8	3	3	5	10	8	6	6	2	6	10	10	8	9	10	3	4	4	3	4	4	2	6	4	4	9	4	5	5	4	8	9	6	8	9	4	4	4	5	5	4	7	3	4	3
6	7	5	5	4	5	6	6	3	4	6	8	7	6	3	7	7	7	6	4	7	6	2	4	5	6	3	5	2	3	5	3	5	3	1	6	9	6	7	5	5	4	4	4	3	4	4	6	5	4	5
7	4	2	5	6	7	6	6	5	4	6	4	3	2	6	3	9	2	8	10	6	6	1	7	7	7	1	5	5	3	5	5	6	6	6	5	9	1	5	5	5	6	5	2	5	5	5	3	5	4	5
8	5	2	5	3	8	6	6	3	4	6	8	3	5	3	7	7	6	6	4	6	3	3	4	3	3	3	7	2	3	3	3	2	4	2	6	6	7	5	3	5	5	5	5	5	5	3	6	5	2	5
9	4	2	6	5	5	6	6	5	5	8	10	5	5	5	3	9	8	8	7	7	3	2	5	7	7	3	2	4	3	5	5	4	4	3	5	8	5	5	3	3	3	3	0	3	3	3	4	4	2	3
10	4	3	4	4	4	4	2	2	2	3	3	4	4	4	6	2	2	6	10	4	4	1	5	2	3	1	1	1	1	2	2	4	3	2	4	8	1	5	3	3	2	3	3	2	2	1	4	2	3	3
11	5	4	9	6	7	2	5	5	5	5	7	5	5	4	6	7	5	9	7	5	5	5	5	6	6	3	4	6	4	5	6	6	3	1	7	9	4	5	7	3	2	3	3	2	1	1	3	2	1	3
12	12	9	11	8	9	10	13	7	6	6	7	14	8	8	9	17	18	11	18	13	11	8	10	8	7	10	9	7	4	5	5	13	7	10	8	16	17	10	18	11	9	7	7	5	8	6	13	9	9	8
13	8	9	11	7	7	6	8	4	6	8	6	10	8	5	5	13	7	12	9	8	7	3	7	7	5	9	6	4	4	8	4	9	5	4	4	12	6	11	9	6	5	6	8	5	3	3	4	5	3	4
14	8	4	8	5	11	9	9	3	6	8	8	6	6	7	7	11	7	6	6	8	7	4	5	4	4	2	2	3	4	8	6	6	6	2	6	10	6	7	6	6	5	4	4	3	6	5	7	7	3	6
15	5	3	6	4	6	2	4	6	6	10	9	7	4	3	7	11	7	9	9	11	4	5	5	4	4	2	3	4	4	10	7	6	3	2	6	10	8	8	9	9	5	4	3	3	5	5	7	6	3	4
……																																																		

表 9.2　某机群飞行任务数据

历年飞行任务数据

影响因素	1	2	3	4	5	6	7	8	9	10	11	12	13	14	15	16	17	18	19	20	21	22	23	24	25
历年机群规模/架	12	12	12	12	12	12	18	18	22	22	22	24	24	24	22	22	22	24	24	24	24	23	23	24	21
机群年总飞行时间/h	1361	1445	1436	1350	1434	1425	1879	1986	2373	2437	2474	2432	2477	2524	2373	2437	2474	2774	2734	2766	2846	2361	2345	2476	2018
机群年总起落次数/次	1367	1471	1532	1356	1460	1521	2212	2231	2357	2397	2412	2779	2823	2729	2357	2397	2412	2632	2656	2723	2661	2696	2943	2867	2235
机群年航材保障良好率/%	0.80	0.83	0.87	0.83	0.90	0.83	0.83	0.90	0.87	0.88	0.90	0.87	0.87	0.89	0.88	0.89	0.86	0.89	0.89	0.93	0.90	0.90	0.91	0.90	0.93

历年飞行任务数据

影响因素	26	27	28	29	30	31	32	33	34	35	36	37	38	39	40	41	42	43	44	45	46	47	48	49	50
历年机群规模/架	22	24	24	22	22	22	24	24	24	24	23	23	24	21	22	24	24	24	22	22	22	24	24	24	24
机群年总飞行时间/h	2023	2466	2513	2362	2426	2463	2763	2723	2755	2835	2350	2334	2465	2007	2012	2451	2396	2486	2732	2721	2740	2745	2737	2776	2889
机群年总起落次数/次	2366	2812	2718	2346	2386	2401	2621	2645	2712	2650	2685	2932	2856	2224	2355	3058	2812	2785	3003	3015	3008	3012	3005	3095	3210
机群年航材保障良好率/%	0.93	0.90	0.93	0.92	0.92	0.90	0.92	0.92	0.96	0.93	0.93	0.94	0.94	0.96	0.97	0.96	0.95	0.95	0.95	0.95	0.97	0.96	0.96	0.97	0.96

预测有效性分析方案:基于备件保障数据和飞行任务数据,一方面对各种模型(包括 LES、SES、CES、GNN、GM、LCF 和 TCF 模型)的预测精度进行比较分析;另一方面对不同模型采用四类数据进行预测的有效性进行比较分析。

9.5.1 模型预测精度分析

下面以单机的备件消耗数据为例,先给出两级组合预测模型的计算过程,再通过 MAE、MSE 和 Theil-IC 三种误差指标比较和分析不同模型的预测精度。

1. 两级组合预测模型的计算过程

下面以表 9.1 中的单机备件消耗数据的第 1 项器材为例,说明两级组合预测模型的计算过程。

1) 设置模型初始参数

通过多次测试,模型的初始参数设置如下。

(1) 神经网络参数:预测精度为 0.00001,训练次数为 1000,学习速率为 0.04;因为采用单机备件消耗数据,输入神经元数为 4,所以隐藏神经元数为 2×4+1=9。

(2) 遗传算法参数:遗传神经网络模型、指数平滑模型和高级组合预测模型中遗传算法的 4 个参数取值均相同,包括种群规模为 60,交叉概率为 0.6,变异概率为 0.001,进化代数为 200。

(3) 指数平滑模型的初始平滑值:3 种指数平滑模型的初始平滑值均为最初两年消耗数的平均值。

2) 运用直接预测模型计算需求

基于单机备件消耗数据,运用 7 个模型(包括 5 个直接预测模型、低级组合预测模型和高级组合预测模型)对 50 项备件的需求进行预测,其结果与第 51 年的实际消耗数如表 9.3 所列。

其中,第 1 项备件 5 个直接预测模型的历年的绝对误差如表 9.4 所列,其需求预测向量为

$$\boldsymbol{Y}_{z(T+1)} = \begin{bmatrix} 0.2496, 0.2267, 0.2176, 0.4811, 0.1603 \end{bmatrix}'$$

3) 运用低级组合预测模型计算需求

(1) 计算误差矩阵 $\boldsymbol{E}$:

$$\boldsymbol{E} = \begin{bmatrix} E_{11} & E_{12} & E_{13} & E_{14} & E_{15} \\ E_{21} & E_{22} & E_{23} & E_{24} & E_{25} \\ E_{31} & E_{32} & E_{33} & E_{34} & E_{35} \\ E_{41} & E_{42} & E_{43} & E_{44} & E_{45} \\ E_{51} & E_{52} & E_{53} & E_{54} & E_{55} \end{bmatrix} = \begin{bmatrix} 1.7790 & 1.7316 & 1.6911 & 1.7768 & 1.5329 \\ 1.7316 & 1.9416 & 1.9514 & 1.7620 & 1.6745 \\ 1.6911 & 1.9514 & 2.0052 & 1.7139 & 1.7317 \\ 1.7768 & 1.7620 & 1.7139 & 2.9315 & 1.8183 \\ 1.5329 & 1.6745 & 1.7317 & 1.8183 & 1.9602 \end{bmatrix}$$

表 9.3　50 项备件所有模型基于单机备件消耗数据的需求预测结果和第 51 年的实际消耗数

| 备件序号 | 所有模型的需求预测值/件 | | | | | | | | 第 51 年的实际消耗数/件 |
| | DF | | | | | LCF | TCF | |
	LES	SES	CES	GNN	GM			
1	5.9904	5.4408	5.2224	11.5464	3.8472	5.2071	5.1758	6
2	11.4272	11.3207	11.6045	17.7653	7.6210	11.8746	10.0991	10
3	7.1379	6.5704	6.5015	12.3623	4.3114	6.3981	5.8276	6
4	7.3408	6.4833	5.9901	11.8351	4.0185	5.8094	5.7606	6
5	10.8660	13.0175	12.7927	16.1994	7.9787	13.2590	9.9773	11
6	6.9846	6.3420	6.2700	9.0618	3.5238	5.4596	5.3083	6
7	4.3623	3.6400	3.2849	8.3111	2.5268	3.1500	3.4197	4
8	8.2949	9.4936	9.2905	12.9532	6.1053	9.9355	7.5669	8
9	6.4271	5.8314	5.9293	9.0812	3.3258	5.1315	4.8743	5
10	3.9976	2.1860	1.9757	8.3479	2.2539	3.2865	3.1903	4
11	4.7301	4.1298	3.8189	9.8552	3.1694	4.0878	3.9322	4
12	10.3293	10.2036	10.2387	16.0733	6.9127	10.7066	9.0223	9
13	5.9329	5.4412	5.5839	10.6703	3.6167	5.0277	4.6528	5
14	6.0019	5.1316	4.6975	10.1432	3.3344	4.5554	4.6282	4
15	11.6074	11.6781	11.2864	14.5075	7.2677	12.4106	9.6689	9
16	5.6313	4.7894	4.5906	7.4325	2.8879	4.2222	3.9536	4
17	3.2620	2.6076	2.1678	6.6592	1.9171	2.4289	2.5348	3

194

备件序号	所有模型的需求预测值/件							第51年的实际消耗数/件
	DF					LCF	TCF	
	LES	SES	CES	GNN	GM			
18	7.1683	8.3718	8.0709	11.2612	5.3923	8.6660	6.8839	7
19	5.0867	4.2955	3.9456	7.3892	2.6266	3.8301	3.8513	4
20	2.3312	1.1365	0.8583	6.6997	1.6740	1.9629	1.7898	2
21	6.3969	5.6938	5.1893	14.1383	4.4356	5.4293	5.6536	6
22	14.6213	14.4647	14.7264	23.4660	10.0128	15.3241	13.4295	13
23	8.2158	7.4245	7.7147	15.3614	5.0912	6.9490	6.8202	7
24	8.3556	7.1353	6.5635	14.5708	4.6778	6.2501	6.6098	6
25	16.8827	17.0093	16.4468	21.1172	10.5305	18.3200	13.9586	15
26	7.8439	6.6568	5.8594	10.5360	4.0086	5.9623	5.3228	5
27	4.2153	3.4238	2.8014	9.3548	2.5868	3.1569	3.6079	4
28	9.8907	12.0604	11.6690	16.2478	7.7240	12.2322	9.6364	10
29	7.0150	5.8811	5.3793	10.4398	3.6011	5.2741	5.1155	5
30	3.1917	1.4949	1.1135	9.4819	2.3034	2.7209	2.7544	3
31	5.9601	5.2706	5.3426	11.1163	3.3581	4.8141	4.6887	5
32	12.6475	12.4870	12.2825	18.5525	7.9723	13.6662	10.8324	12
33	5.8939	5.2506	5.5256	11.8180	4.1506	5.5011	5.1368	6
34	7.1486	6.2313	5.8480	11.8078	3.7970	5.5262	5.4819	6

续表

备件序号	所有模型的需求预测值/件							第51年的实际消耗数/件
	LES	SES	DF CES	GNN	GM	LCF	TCF	
35	7.6726	10.1269	9.7622	12.6443	6.2260	9.8873	7.5041	8
36	6.7440	6.0104	5.9104	9.0819	3.3825	5.0211	4.9783	5
37	3.8866	3.1311	2.7742	8.2061	2.3227	2.7870	3.1921	4
38	6.2835	7.6223	7.3324	10.5812	4.8243	7.5201	6.0102	7
39	4.4314	3.8113	3.8960	6.9677	2.1860	3.2503	2.9577	3
40	2.1447	1.0885	0.9037	8.2447	1.9919	2.0773	1.9388	2
41	12.9862	12.0510	12.1169	24.3207	7.7116	11.6301	10.6485	11
42	24.6949	24.4639	24.2723	37.1577	16.2133	26.4831	21.7264	21
43	14.9378	13.8730	13.9941	25.7953	9.2317	13.9042	12.4574	12
44	14.8711	13.4928	12.7581	24.5626	8.0728	12.1531	11.7490	13
45	17.3638	23.7978	23.0438	29.7634	14.4364	22.7522	17.5893	17
46	14.3247	13.3118	13.5779	19.0634	7.0560	11.4946	10.7575	11
47	8.5955	7.6077	6.9138	17.4488	5.1164	6.5121	6.8690	7
48	14.5205	18.1264	17.4707	24.4540	11.1712	17.8068	13.8026	13
49	11.4397	10.5557	10.8718	16.9685	5.7589	9.2988	8.3739	9
50	6.2580	3.9439	3.7176	17.5451	4.5214	5.6165	5.3815	5

表 9.4 第 1 项备件 5 个直接预测模型基于单台机备件消耗数据的历年的绝对误差

5 个直接预测模型历年的绝对误差 e_{ni}(i = 1 ~ 25)

DF 模型	1	2	3	4	5	6	7	8	9	10	11	12	13	14	15	16	17	18	19	20	21	22	23	24	25
e_{1t}	0.1667	0.3400	0.1769	0.0019	0.0842	0.7113	0.3395	0.4339	0.3461	0.1137	0.0523	0.1869	0.0443	0.1046	0.2716	0.1704	0.0580	0.0759	0.1599	0.1152	0.0303	0.1835	0.0895	0.0186	0.0026
e_{2t}	0.1667	0.2900	0.1105	0.0024	0.0813	0.6884	0.1422	0.3944	0.4528	0.2995	0.2220	0.3216	0.1896	0.0013	0.2430	0.2507	0.0712	0.0183	0.0987	0.1045	0.0175	0.1691	0.0602	0.0032	0.0248
e_{3t}	0.1667	0.2800	0.1019	0.0014	0.0820	0.6828	0.1058	0.3709	0.4559	0.3299	0.2670	0.3748	0.2555	0.0702	0.1833	0.2143	0.0562	0.0118	0.1008	0.1097	0.0094	0.1723	0.0503	0.0013	0.0266
e_{4t}	0.5189	0.1022	0.4355	0.3522	0.2689	1.0189	0.3522	0.0744	0.0720	0.0266	0.0266	0.1895	0.1478	0.0228	0.2007	0.2461	0.1098	0.0605	0.0645	0.1061	0.0228	0.2203	0.0463	0.1061	0.1002
e_{5t}	0.0000	0.1796	0.1782	0.1185	0.0580	0.8301	0.1849	0.0722	0.1986	0.1337	0.1149	0.2595	0.2002	0.0582	0.1818	0.2433	0.1224	0.0881	0.0224	0.0500	0.0469	0.1374	0.0493	0.0018	0.0197

5 个直接预测模型历年的绝对误差 e_{ni}(i = 25 ~ 50)

DF 模型	26	27	28	29	30	31	32	33	34	35	36	37	38	39	40	41	42	43	44	45	46	47	48	49	50
e_{1t}	0.3906	0.0097	0.2128	0.1093	0.0048	0.0022	0.1601	0.0320	0.1103	0.2174	0.1688	0.0528	0.0460	0.0926	0.1075	0.1214	0.0975	0.1282	0.0471	0.0238	0.0109	0.0594	0.0144	0.0767	0.0897
e_{2t}	0.4270	0.1511	0.0837	0.0673	0.0032	0.0122	0.1400	0.0551	0.0947	0.2511	0.2707	0.0828	0.0447	0.0351	0.0899	0.1381	0.1431	0.1866	0.0282	0.0566	0.0324	0.0512	0.0092	0.1015	0.0368
e_{3t}	0.4335	0.1861	0.0402	0.0305	0.0349	0.0435	0.1086	0.0329	0.1139	0.2764	0.3109	0.1371	0.1000	0.0185	0.0428	0.1004	0.1168	0.1709	0.0245	0.0541	0.0325	0.0503	0.0126	0.1062	0.0254
e_{4t}	0.2916	0.1022	0.1061	0.1175	0.0720	0.0720	0.2311	0.1895	0.0645	0.1022	0.1710	0.0406	0.0189	0.0526	0.1175	0.1895	0.2311	0.3145	0.2084	0.2539	0.2539	0.1895	0.2311	0.1478	0.2728
e_{5t}	0.4230	0.2448	0.0473	0.0464	0.1020	0.1118	0.0377	0.0131	0.1470	0.3223	0.3995	0.2772	0.2632	0.1994	0.1418	0.0769	0.0421	0.0346	0.0779	0.0387	0.0447	0.1149	0.0789	0.1677	0.0480

（2）计算直接预测模型权重系数向量。

根据式（9.1）、式（9.5），用 Matlab 计算低级组合预测模型中 5 个直接预测模型的权重系数，所用函数为 quadprog，即

$$[\boldsymbol{K}_d] = \text{quadprog}(\boldsymbol{E}, \boldsymbol{f}, \boldsymbol{A}, b, \boldsymbol{Aeq}, beq, lb, ub)$$

权重系数向量计算结果为 $\boldsymbol{K}_d = [0.6345, 0, 0, 0, 0.3655]'$，如表 9.5 所列，该权重系数向量使得误差平方和 $J(k_{d1}, k_{d2}, \cdots, k_{dN})$ 最小。

表 9.5 第 1 项备件基于单机备件消耗数据的组合预测模型中 DF 模型权重

组合预测模型	各直接预测模型的权重				
	LES	SES	CES	GNN	GM
LCF	0.6345	0	0	0	0.3655
TCF	0.5033	0.0164	0.0052	0.0281	0.4469

（3）计算低级组合预测模型的需求预测值。根据式（9.2），计算第 1 项备件的低级组合预测模型的需求预测值 $\hat{y}_{d(T+1)}$。根据表 9.2，可知第 50 年的机群规模为 24 架。

因此，基于单机备件消耗数据预测时，第 1 项备件的低级组合预测模型的需求预测值为

$$\hat{y}_{d(T+1)} = m\boldsymbol{K}_d'\boldsymbol{Y}_{z(T+1)} = 24 \cdot [0.6345, 0, 0, 0, 0.3655] \cdot \begin{bmatrix} 0.2496 \\ 0.2267 \\ 0.2176 \\ 0.4811 \\ 0.1603 \end{bmatrix} = 5.0271$$

4）运用高级组合预测模型计算需求

（1）确定高级组合预测模型的输入参数。上一步已经计算出低级组合预测模型的权重系数向量，即 $\boldsymbol{K}_d = [0.6345, 0, 0, 0, 0.3655]'$。这是高级组合预测模型权重系数向量参数的初始值。

同时，也计算出了第 1 项备件 5 种直接预测模型历年的误差 e_{nt}，如表 9.4 所列。这是高级组合预测模型误差参数的初始值。

（2）计算高级组合预测模型中直接预测模型权重系数向量。基于上述参数输入，运用遗传算法求解式（9.3），可得高级组合预测模型的权重系数向量（表 9.5），即

$$\boldsymbol{K}_g = [0.5033, 0.0164, 0.0052, 0.0281, 0.4469]'$$

（3）计算高级组合预测模型的需求预测值。根据式（9.4），计算第 1 项备件高级组合预测模型的需求预测值 $\hat{y}_{g(T+1)}$。已知第 50 年的机群规模为 24 架。基于单机备件消耗数据预测时，第 1 项备件的高级组合预测模型的需求预测值为

$$\hat{y}_{g(T+1)} = mK_g'Y_{z(T+1)} = 24 \cdot [0.5033, 0.0164, 0.0052, 0.0281, 0.4469] \cdot \begin{bmatrix} 0.2496 \\ 0.2267 \\ 0.2176 \\ 0.4811 \\ 0.1603 \end{bmatrix}$$

$$= 5.1758$$

2. 模型预测精度比较分析

50 项备件所有模型的 MAE、MSE 和 TheilIC 三个误差指标计算结果如表 9.6 所列。

（1）根据表 9.6 可以看出，在所有 50 个备件中，高级组合预测模型的所有误差指标（包括 MAE、MSE 和 TheilIC）是 7 个模型中最低的。此外，低级组合预测模型有 86.8% 的误差指标（包括 MAE、MSE 和 TheilIC）低于直接预测模型，其余误差平均仅比直接预测模型的误差高 3.248%。这意味着低级组合预测模型的预测精度比直接预测模型高得多，但仍然不够准确，因为其预测精度有时低于直接预测模型；而高级组合预测模型预测精度完全高于直接预测模型和低级组合预测模型，所以高级组合预测模型的准确性是有保障的，基本不会发生输出结果低于其他模型的情况。

最重要的是，两级组合预测模型不仅能够独立地为备件保障人员获得最优结果，而且可以方便地编程和计算。后者在备件需求预测实际工作中更有价值。

（2）本章所提出的模型实际进行了两次组合预测：第一次是低级组合预测，第二次是高级组合预测，其预测结果如表 9.3 所列。表 9.3 显示，高级组合预测模型的预测结果与第 51 年的实际消耗数据基本一致，说明高级组合预测模型的预测精度较高。但是，低级组合预测模型的预测结果则与第 51 年的实际消耗数据存在较大误差，例如，第 45 项备件的低级组合预测模型的需求预测值 22.7522 件比其实际消耗数 17 件高出大约 6 件。因此，低级组合预测模型的精度不能很好地满足需求预测实际需要。

（3）作者为一些重要参数制定了多种测试方案。计划测试的参数包括遗传神经网络模型中神经网络的预测精度、训练时间、学习速率以及遗传神经网络、指数平滑和高级组合预测模型中遗传算法的种群大小、交叉概率、变异概率、进化代数。作者参考了大量相关研究，通过随机选择不同的参数值，设置了 6 种不同的参数方案，如表 9.7 所列。其中，方案 1 用于模型应用效果分析全过程。作者基于单机备件消耗数据，根据参数方案进行了相应的实验。以第 1 项备件为例，基于方案 1 至方案 6 的高级组合预测模型的需求预测值分别为 5.1758、5.3263、5.0692、5.10616、5.1224、5.3152。可见，尽管输入参数值不同，但预测结果没有显著变化。这意味着输入参数值可以容易地在一定范围内选择，而几乎不影响两级组合预测模型的稳定性。

表 9.6 基于单机备件消耗数据的所有模型的误差指标计算结果

备件序号	MAE							MSE							Theil IC						
	DF					LCF	TCF	DF					LCF	TCF	DF					LCF	TCF
	LES	SES	CES	GNN	GM			LES	SES	CES	GNN	GM			LES	SES	CES	GNN	GM		
1	0.1333	0.1403	0.1417	0.1787	0.1410	0.1361	0.0866	0.0267	0.0279	0.0283	0.0342	0.0280	0.0260	0.0158	0.1741	0.1836	0.1871	0.2374	0.2015	0.1479	0.0965
2	0.1528	0.1691	0.1837	0.2216	0.2037	0.1576	0.1117	0.0269	0.0297	0.0322	0.0383	0.0374	0.0268	0.0201	0.1196	0.1323	0.1427	0.1774	0.1852	0.1089	0.0844
3	0.1380	0.1363	0.1416	0.1747	0.1546	0.1420	0.0978	0.0252	0.0258	0.0266	0.0336	0.0278	0.0249	0.0168	0.1538	0.1603	0.1656	0.2195	0.1898	0.1364	0.0968
4	0.1637	0.1660	0.1672	0.1752	0.1587	0.1614	0.0991	0.0300	0.0305	0.0308	0.0356	0.0305	0.0288	0.0178	0.1911	0.1955	0.1980	0.2406	0.2144	0.1576	0.1055
5	0.1958	0.2044	0.2049	0.2103	0.2182	0.2028	0.1234	0.0336	0.0343	0.0347	0.0344	0.0376	0.0318	0.0207	0.1654	0.1698	0.1731	0.1747	0.2071	0.1373	0.0947
6	0.1663	0.1713	0.1752	0.1627	0.1605	0.1623	0.1011	0.0300	0.0300	0.0304	0.0311	0.0285	0.0276	0.0200	0.2405	0.2472	0.2533	0.2700	0.2588	0.1869	0.1476
7	0.1557	0.1560	0.1563	0.1615	0.1417	0.1464	0.0920	0.0285	0.0285	0.0285	0.0319	0.0273	0.0269	0.0170	0.2462	0.2472	0.2473	0.2972	0.2611	0.1909	0.1340
8	0.1956	0.2106	0.2099	0.2173	0.1989	0.2049	0.1133	0.0339	0.0351	0.0353	0.0351	0.0363	0.0319	0.0195	0.2014	0.2105	0.2100	0.2188	0.2439	0.1616	0.1074
9	0.1495	0.1554	0.1601	0.1587	0.1475	0.1498	0.0904	0.0279	0.0279	0.0283	0.0301	0.0266	0.0256	0.0181	0.2236	0.2298	0.2362	0.2619	0.2411	0.1763	0.1358
10	0.1288	0.1365	0.1383	0.1659	0.1273	0.1282	0.0814	0.0230	0.0246	0.0248	0.0310	0.0240	0.0222	0.0148	0.1979	0.2133	0.2144	0.2891	0.2261	0.1622	0.1163
11	0.1342	0.1378	0.1378	0.1671	0.1302	0.1330	0.0828	0.0264	0.0270	0.0273	0.0323	0.0264	0.0253	0.0154	0.1980	0.2044	0.2061	0.2594	0.2182	0.1622	0.1071
12	0.1558	0.1680	0.1797	0.2127	0.1927	0.1595	0.1103	0.0270	0.0297	0.0320	0.0365	0.0355	0.0269	0.0196	0.1316	0.1452	0.1559	0.1862	0.1933	0.1186	0.0898
13	0.1421	0.1407	0.1435	0.1715	0.1451	0.1441	0.0865	0.0265	0.0268	0.0275	0.0324	0.0269	0.0255	0.0160	0.1831	0.1899	0.1957	0.2425	0.2094	0.1549	0.1041
14	0.1658	0.1643	0.1646	0.1680	0.1526	0.1583	0.0981	0.0300	0.0300	0.0302	0.0341	0.0293	0.0285	0.0179	0.2175	0.2200	0.2200	0.2650	0.2359	0.1742	0.1200
15	0.1991	0.2038	0.2033	0.2032	0.2083	0.2020	0.1184	0.0338	0.0341	0.0343	0.0336	0.0364	0.0325	0.0208	0.1837	0.1870	0.1891	0.1893	0.2224	0.1525	0.1055
16	0.1683	0.1708	0.1730	0.1596	0.1578	0.1592	0.1003	0.0305	0.0304	0.0307	0.0305	0.0282	0.0277	0.0201	0.2867	0.2925	0.3004	0.3140	0.3012	0.2121	0.1705
17	0.1541	0.1517	0.1511	0.1568	0.1371	0.1410	0.0925	0.0282	0.0280	0.0280	0.0304	0.0266	0.0264	0.0173	0.2906	0.2901	0.2916	0.3423	0.3034	0.2154	0.1592
18	0.1950	0.2084	0.2072	0.2113	0.1939	0.2018	0.1122	0.0340	0.0348	0.0348	0.0344	0.0354	0.0318	0.0198	0.2278	0.2355	0.2361	0.2436	0.2696	0.1780	0.1222
19	0.1559	0.1564	0.1601	0.1594	0.1486	0.1516	0.0977	0.0291	0.0290	0.0293	0.0299	0.0267	0.0263	0.0191	0.2734	0.2797	0.2858	0.3099	0.2857	0.2045	0.1635
20	0.1301	0.1329	0.1342	0.1538	0.1231	0.1262	0.0799	0.0234	0.0240	0.0240	0.0291	0.0229	0.0222	0.0148	0.2409	0.2483	0.2493	0.3284	0.2594	0.1876	0.1369
21	0.1970	0.2035	0.2035	0.2484	0.1884	0.1928	0.1203	0.0390	0.0401	0.0403	0.0477	0.0391	0.0375	0.0223	0.2030	0.2093	0.2113	0.2662	0.2247	0.1659	0.1074

备件序号	MAE							MSE							Theil IC						
	DF					LCF	TCF	DF					LCF	TCF	DF					LCF	TCF
	LES	SES	CES	GNN	GM			LES	SES	CES	GNN	GM			LES	SES	CES	GNN	GM		
22	0.2276	0.2490	0.2670	0.3157	0.2833	0.2346	0.1613	0.0397	0.0439	0.0474	0.0540	0.0527	0.0395	0.0288	0.1324	0.1464	0.1576	0.1883	0.1965	0.1191	0.0905
23	0.2068	0.2049	0.2088	0.2483	0.2086	0.2078	0.1345	0.0378	0.0384	0.0394	0.0469	0.0388	0.0366	0.0242	0.1811	0.1883	0.1941	0.2438	0.2096	0.1545	0.1095
24	0.2405	0.2408	0.2418	0.2481	0.2209	0.2293	0.1418	0.0438	0.0440	0.0441	0.0500	0.0429	0.0417	0.0259	0.2211	0.2236	0.2233	0.2698	0.2400	0.1762	0.1201
25	0.2981	0.3010	0.3010	0.3043	0.3102	0.3022	0.1768	0.0500	0.0504	0.0507	0.0496	0.0539	0.0482	0.0310	0.1866	0.1888	0.1917	0.1920	0.2266	0.1549	0.1076
26	0.2387	0.2438	0.2467	0.2305	0.2264	0.2289	0.1347	0.0435	0.0433	0.0437	0.0436	0.0403	0.0396	0.0284	0.2875	0.2932	0.2966	0.3159	0.3040	0.2131	0.1711
27	0.2226	0.2214	0.2212	0.2311	0.1998	0.2050	0.1349	0.0411	0.0409	0.0408	0.0444	0.0388	0.0386	0.0249	0.2998	0.2989	0.3002	0.3528	0.3125	0.2197	0.1605
28	0.2915	0.3121	0.3104	0.3145	0.2860	0.3006	0.1674	0.0506	0.0518	0.0518	0.0511	0.0527	0.0473	0.0291	0.2333	0.2421	0.2426	0.2501	0.2778	0.1814	0.1234
29	0.2234	0.2264	0.2320	0.2306	0.2141	0.2183	0.1455	0.0415	0.0414	0.0418	0.0428	0.0382	0.0377	0.0275	0.2752	0.2815	0.2874	0.3138	0.2892	0.2062	0.1651
30	0.1864	0.1918	0.1923	0.2248	0.1760	0.1809	0.1148	0.0337	0.0349	0.0349	0.0420	0.0333	0.0320	0.0212	0.2429	0.2537	0.2547	0.3341	0.2650	0.1888	0.1374
31	0.1438	0.1433	0.1474	0.1835	0.1370	0.1408	0.0858	0.0272	0.0280	0.0286	0.0355	0.0277	0.0262	0.0154	0.1799	0.1887	0.1941	0.2535	0.2036	0.1516	0.0964
32	0.2050	0.2163	0.2314	0.2687	0.2330	0.2160	0.1366	0.0359	0.0387	0.0411	0.0452	0.0439	0.0354	0.0242	0.1501	0.1628	0.1724	0.1986	0.2060	0.1317	0.0949
33	0.1466	0.1437	0.1473	0.1871	0.1536	0.1500	0.0983	0.0272	0.0279	0.0287	0.0340	0.0288	0.0266	0.0173	0.1723	0.1805	0.1864	0.2311	0.2041	0.1487	0.1033
34	0.1651	0.1667	0.1685	0.1829	0.1569	0.1611	0.0977	0.0303	0.0308	0.0312	0.0368	0.0305	0.0290	0.0179	0.1919	0.1970	0.2006	0.2483	0.2129	0.1577	0.1057
35	0.1896	0.2001	0.1990	0.2034	0.2023	0.1968	0.1144	0.0332	0.0334	0.0335	0.0329	0.0350	0.0309	0.0199	0.2038	0.2057	0.2066	0.2112	0.2422	0.1622	0.1130
36	0.1746	0.1796	0.1837	0.1728	0.1659	0.1690	0.1060	0.0314	0.0314	0.0318	0.0330	0.0295	0.0287	0.0211	0.2473	0.2542	0.2605	0.2837	0.2631	0.1908	0.1536
37	0.1614	0.1612	0.1612	0.1696	0.1459	0.1505	0.0967	0.0295	0.0294	0.0294	0.0333	0.0280	0.0277	0.0179	0.2536	0.2540	0.2540	0.3113	0.2660	0.1946	0.1402
38	0.1915	0.2058	0.2049	0.2093	0.1888	0.1978	0.1090	0.0333	0.0340	0.0340	0.0339	0.0344	0.0311	0.0190	0.2349	0.2427	0.2431	0.2544	0.2758	0.1824	0.1230
39	0.1356	0.1383	0.1424	0.1473	0.1313	0.1342	0.0856	0.0256	0.0257	0.0260	0.0278	0.0235	0.0231	0.0158	0.2547	0.2621	0.2698	0.3066	0.2648	0.1932	0.1437
40	0.1325	0.1381	0.1397	0.1751	0.1298	0.1313	0.0819	0.0235	0.0248	0.0251	0.0328	0.0241	0.0226	0.0149	0.2000	0.2132	0.2158	0.3057	0.2246	0.1635	0.1167
41	0.2553	0.2728	0.2810	0.3670	0.2923	0.2648	0.1642	0.0514	0.0550	0.0565	0.0709	0.0570	0.0506	0.0308	0.1594	0.1728	0.1783	0.2340	0.1953	0.1389	0.0902
42	0.3360	0.3659	0.3899	0.4719	0.4155	0.3555	0.2289	0.0596	0.0646	0.0689	0.0788	0.0795	0.0589	0.0413	0.1267	0.1380	0.1470	0.1745	0.1892	0.1138	0.0831

续表

备件序号	MAE							MSE							Theil IC						
	DF					LCF	TCF	DF					LCF	TCF	DF					LCF	TCF
	LES	SES	CES	GNN	GM			LES	SES	CES	GNN	GM			LES	SES	CES	GNN	GM		
43	0.2847	0.2867	0.2934	0.3618	0.3225	0.2916	0.1940	0.0513	0.0530	0.0547	0.0676	0.0581	0.0510	0.0341	0.1516	0.1592	0.1647	0.2123	0.1920	0.1349	0.0953
44	0.3063	0.3247	0.3282	0.3669	0.3181	0.3110	0.1923	0.0587	0.0609	0.0617	0.0728	0.0615	0.0564	0.0346	0.1810	0.1892	0.1927	0.2374	0.2092	0.1503	0.0991
45	0.3714	0.3991	0.3956	0.4147	0.4264	0.3908	0.2325	0.0653	0.0669	0.0673	0.0669	0.0729	0.0613	0.0398	0.1731	0.1792	0.1811	0.1843	0.2179	0.1425	0.0984
46	0.3254	0.3342	0.3426	0.3323	0.3211	0.3244	0.2024	0.0579	0.0581	0.0588	0.0621	0.0566	0.0544	0.0387	0.2231	0.2295	0.2354	0.2580	0.2471	0.1786	0.1380
47	0.3079	0.3090	0.3091	0.3318	0.2817	0.2922	0.1759	0.0569	0.0574	0.0575	0.0653	0.0553	0.0539	0.0326	0.2366	0.2383	0.2387	0.2908	0.2529	0.1840	0.1236
48	0.4004	0.4236	0.4214	0.4255	0.3895	0.4105	0.2256	0.0680	0.0694	0.0694	0.0695	0.0717	0.0640	0.0386	0.2128	0.2176	0.2182	0.2285	0.2538	0.1690	0.1115
49	0.2776	0.2823	0.2892	0.3005	0.2721	0.2777	0.1713	0.0502	0.0506	0.0514	0.0564	0.0491	0.0472	0.0318	0.2153	0.2227	0.2285	0.2624	0.2380	0.1735	0.1266
50	0.2520	0.2779	0.2785	0.3537	0.2540	0.2527	0.1580	0.0461	0.0505	0.0512	0.0650	0.0493	0.0444	0.0291	0.1881	0.2087	0.2117	0.2883	0.2215	0.1558	0.1097

表 9.7 高级组合预测模型参数测试方案

参数		方案 1	方案 2	方案 3	方案 4	方案 5	方案 6
神经网络参数	预测精度	0.00001	0.00001	0.000001	0.000001	0.000001	0.000001
	训练时间	1000	800	1200	1500	2000	2500
	学习速率	0.04	0.04	0.03	0.02	0.03	0.01
	种群大小	60	50	70	60	80	60
遗传算法参数	交叉概率	0.6	0.55	0.65	0.6	0.45	0.5
	变异概率	0.001	0.005	0.001	0.002	0.003	0.0008
	进化代数	200	180	220	240	200	200

（4）作者选择了 5 种常用的单项预测方法来建立两级组合预测模型,当然,也可以选择其他方法来创建新的组合或排除某些模型。无论采用何种单项预测方法,都有必要评估这些方法对两级组合预测精度的影响。如果在排除某些对专业预测人员来说实施难度较大的方法时,组合模型也能获得较好的预测精度,那么可以考虑不采用这些方法进行组合。为了确定两级组合预测模型中是否存在此类方法,作者使用所有 50 个备件的 MAE 和 MAPE 平均值来分析在排除某些直接预测模型时两级组合预测模型的预测性能。具体方法是:基于单机备件消耗数据,计算基于(LES、SES、CES、GNN、GM)、(LES、SES、CES、GNN)、(LES、SES、CES、GM)、(LES、SES、CES)四个直接预测模型组合的两级组合预测模型的 MAE 和 MAPE,其计算结果如表 9.8 所列。其中,后三个组合是第一个组合的子集。

表 9.8　基于不同直接预测模型组合的两级组合预测模型的 MAE 和 MAPE

不同直接预测模型组合	MAE	MAPE
LES、SES、CES、GNN、GM	0. 1273	0. 3872
LES、SES、CES、GNN	0. 1491	0. 4923
LES、SES、CES、GM	0. 1340	0. 3909
LES、SES、CES	0. 2433	0. 6462

在表 9.8 中,基于后三个组合的两级组合预测模型的 MAE 和 MAPE 均高于第一个组合。这表明,当剔除一些直接预测模型时两级组合预测模型的预测精度会降低,特别是排除 GM 时两级组合预测模型的预测精度降低地更明显。因此,两级组合预测模型不能剔除 GM。另外,如果排除 GNN,两级组合预测模型的预测精度下降幅度相当小。因此,对于实施复杂遗传神经网络模型或希望缩短计算机求解时间的备件保障人员,可以考虑排除遗传神经网络模型,同时也能对经过精简的两级组合预测模型的准确性保持信心。

9.5.2　基不同数据的预测有效性分析

下面对基于机群备件消耗数据、单机备件消耗数据(即机群备件消耗数/机群规模)、机群周转数据和单机周转数据(即机群备件周转数/机群规模)四类数据的两级组合预测模型的需求预测有效性进行分析,基于上述四类数据的需求预测值 Y_1,Y_2,Y_3,Y_4 以及第 51 年的周转数如表 9.9 所列。

1. 基于机群和单机备件消耗数据的预测有效性分析

基于机群和单机备件消耗数据的需求预测值之差如表 9.9 中的 $Y_1 - Y_2$ 栏所列。在 50 项备件中,第 42、43、45 项备件的 $Y_1 - Y_2$ 值(6. 5665、7. 4066、6. 6152)相对较大,这意味着机群规模对该备件消耗数的影响相对较大。单机备件消耗数据体现了机群规模对备件消耗的影响,而机群备件消耗数据则并未体现出该影响。因此,对于第 42、43、45 项备件来说,基于单机备件消耗数据的需求预测值(21.7264、12.4574、17.5893)比基于机群备件消耗数据的需求预测值(28.2929、19.864、24.2045)更准确。如果使用基于机群备件消耗数据的需求预测结果进行采购,这些备件的库存量将分别比表 9.3 中的实际消耗数高出 31.27%、61.72% 和 38.91%。因此,基于单机备件消耗数据的预测效果优于基于机群备件消耗数据的预测效果。

2. 基于机群和单机备件周转数据的预测有效性分析

表 9.9 中 $Y_3 - Y_4$ 列显示了基于机群和单机备件周转数据的需求预测值之间的差异。总体上来说,基于单机备件周转数据的需求预测结果与第 51 年的实际周转数基本一致。在 50 项备件中,第 43 项备件的 $Y_3 - Y_4$ 值(4.1786)最大,这意味着机群规模对该备件周转数的影响也是最大的。基于机群备件周转数据的第 43 项备件的需求预测值为 10.7639,其第 51 年的实际周转数为 6。这意味着,如果根据基于机群备件周转数据的需求预测结果进行采购,该备件可能会造成 5 件积压呆滞。因此,基于单机备件周转数据的需求预测结果比基于机群备件周转数据的需求预测结果更准确。

3. 基于机群备件消耗数据和周转数据的预测有效性分析

表 9.9 中的 $Y_1 - Y_3$ 列显示了基于机群备件消耗数据和周转数据的需求预测值之间的差异。显然,总体差异相当大。这主要是因为消耗数据没有考虑维修因素对实际需求的影响。事实上,可修备件的实际需求是周转数,而不是消耗数。因此,如果按照机群备件的消耗数据进行采购,将导致大量备件积压呆滞。以第 25 项备件为例,基于机群备件消耗数据的需求预测值为 17.8369,基于机群备件周转数据的需求预测值为 3.7444。这意味着,尽管该项备件每年约有 18 件发生故障。但是,仓库只需要储备大约 4 件就能够基本确保供应不间断。因此,对于第 25 项备件,保障人员只需为机群储备 4 件而不是 18 件,就可以基本满足外场需求;否则,如果按 18 件储备,那么该备件将不可避免地导致大量积压呆滞情况的发生,同时造成一定的经费浪费。因此,基于机群备件周转数据的需求预测结果比基于机群备件消耗数据的需求预测结果更准确。

4. 基于单机备件消耗和周转数据的预测有效性分析

表 9.9 中的 $Y_2 - Y_4$ 栏显示了基于单机备件消耗数据和周转数据的需求预测值之间的差异,总体上比较大。

事实上,许多可修备件的维修周期较短,周转速度较快,因此其消耗数往往大于甚至远大于周转数。无论是针对机群还是单机,与消耗数据相比,基于周转数据的需求预测结果更准确,所以更符合实际需求。此外,机群备件的消耗和周转数据无法准确反映机群规模变化对备件实际需求的影响。因此,在四类数据中,根据单机周转数据预测可修备件需求更为准确,采用其他三类数据则可能产生较大的误差。

综上所述,作者提出的通过基于单机周转数据的两级组合预测模型来预测可修备件的需求,是比较科学可行、实用可靠的。

表9.9 基于四类基础数据的 TCF 模型需求预测差异分析和第51年实际周转数

备件序号	Y_1	Y_2	Y_3	Y_4	$Y_1 - Y_2$	$Y_3 - Y_4$	$Y_1 - Y_3$	$Y_2 - Y_4$	第51年实际周转数/件
1	7.4656	5.1758	4.4649	2.9988	2.2898	1.4662	3.0006	2.1771	3
2	13.2284	10.0991	8.6495	6.5687	3.1293	2.0808	4.5789	3.5304	5
3	9.2892	5.8276	4.6569	2.9448	3.4616	1.7121	4.6323	2.8828	3
4	7.8740	5.7606	4.8775	3.2414	2.1134	1.6361	2.9965	2.5192	3
5	13.0921	9.9773	4.5696	3.1778	3.1148	1.3917	8.5226	6.7995	3
6	6.1161	5.3083	3.7802	3.0290	0.8078	0.7512	2.3358	2.2793	3
7	4.6661	3.4197	3.0270	1.9245	1.2463	1.1025	1.6390	1.4952	2
8	10.5272	7.5669	4.0546	2.7977	2.9603	1.2570	6.4725	4.7693	3
9	6.3900	4.8743	2.2839	1.5613	1.5156	0.7225	4.1061	3.3130	2
10	4.8056	3.1903	2.0781	1.2452	1.6153	0.8328	2.7275	1.9450	1
11	6.3193	3.9322	4.9097	3.4402	2.3870	1.4694	1.4096	0.4920	4
12	11.9169	9.0223	9.2771	6.9697	2.8946	2.3075	2.6397	2.0526	7
13	7.8101	4.6528	5.7523	3.3034	3.1573	2.4489	2.0578	1.3494	4
14	6.5407	4.6282	5.4921	3.9560	1.9124	1.5361	1.0485	0.6722	4
15	12.1503	9.6689	5.3091	4.0869	2.4814	1.2222	6.8411	5.5820	4
16	5.5307	3.9536	4.4165	3.6468	1.5771	0.7697	1.1142	0.3068	4
17	3.7670	2.5348	3.5298	2.7648	1.2322	0.7650	0.2372	-0.2300	3
18	8.9011	6.8839	4.7662	3.4171	2.0172	1.3490	4.1349	3.4667	4
19	4.6500	3.8513	2.7617	1.9132	0.7987	0.8485	1.8884	1.9382	2
20	3.4136	1.7898	2.8603	1.7277	1.6239	1.1326	0.5534	0.0621	2
21	8.4356	5.6536	3.6624	2.4266	2.7820	1.2359	4.7732	3.2270	3
22	17.0395	13.4295	8.0602	5.9513	3.6100	2.1089	8.9793	7.4782	6
23	11.2242	6.8202	3.9798	2.4490	4.4040	1.5308	7.2444	4.3712	3
24	9.4028	6.6098	4.3160	2.8675	2.7930	1.4485	5.0868	3.7423	3
25	17.8369	13.9586	3.7444	3.3261	3.8783	0.4183	14.0926	10.6325	4
26	6.8149	5.3228	3.0246	2.4655	1.4921	0.5591	3.7904	2.8573	3
27	5.0709	3.6079	1.9677	1.5994	1.4631	0.3683	3.1033	2.0085	1
28	12.7363	9.6364	3.6194	2.6241	3.0999	0.9953	9.1169	7.0122	3

备件序号	Y_1	Y_2	Y_3	Y_4	Y_1-Y_2	Y_3-Y_4	Y_1-Y_3	Y_2-Y_4	第51年实际周转数/件
29	6.9210	5.1155	1.5202	1.0485	1.8054	0.4717	5.4008	4.0671	1
30	4.8581	2.7544	1.2489	0.8655	2.1037	0.3834	3.6092	1.8889	1
31	7.1798	4.6887	5.0473	3.4937	2.4911	1.5536	2.1325	1.1950	4
32	14.4978	10.8324	9.9282	7.0712	3.6655	2.8570	4.5697	3.7611	6
33	8.6508	5.1368	5.2760	3.4313	3.5140	1.8448	3.3748	1.7055	4
34	7.9675	5.4819	5.9096	3.9772	2.4857	1.9324	2.0580	1.5047	4
35	10.3318	7.5041	5.7267	4.3343	2.8277	1.3924	4.6051	3.1698	3
36	5.7486	4.9783	4.5653	3.6359	0.7703	0.9295	1.1832	1.3424	3
37	4.0488	3.1921	3.6542	2.5962	0.8567	1.0580	0.3946	0.5959	3
38	8.4341	6.0102	4.8570	3.5668	2.4238	1.2902	3.5770	2.4434	4
39	4.1650	2.9577	2.7897	2.1285	1.2073	0.6613	1.3753	0.8292	2
40	3.4184	1.9388	2.2325	1.7145	1.4796	0.5180	1.1860	0.2243	2
41	16.0714	10.6485	8.6564	5.8013	5.4229	2.8551	7.4150	4.8472	5
42	28.2929	21.7264	15.4229	11.6802	6.5665	3.7427	12.8701	10.0462	10
43	19.8640	12.4574	10.7639	6.5852	7.4066	4.1786	9.1001	5.8722	6
44	17.2767	11.7490	9.1484	5.7668	5.5277	3.3816	8.1283	5.9822	6
45	24.2045	17.5893	10.3171	7.8336	6.6152	2.4836	13.8874	9.7557	8
46	13.4469	10.7575	7.1686	5.3953	2.6894	1.7733	6.2783	5.3622	5
47	10.1051	6.8690	5.3075	3.3635	3.2361	1.9440	4.7976	3.5056	4
48	19.0039	13.8026	9.2527	6.8637	5.2012	2.3890	9.7511	6.9389	7
49	11.6493	8.3739	5.4387	3.6574	3.2754	1.7813	6.2106	4.7166	4
50	8.7199	5.3815	3.8722	2.2541	3.3384	1.6181	4.8477	3.1274	3

9.6　小结

掌握可修备件需求的复杂特征比较困难。准确预测可修备件的需求对于备件保障工作至关重要。目前对可修备件需求的预测方法没有考虑到机群规模的变化和反复送修周转对可修备件需求的影响,导致预测精度较低,难以满足备件保障实际需要。为了解决这些问题,本章确定了影响可修备件需求的主要因素,并提出了一种基于周转数据的两级组合预测模型来预测可修备件的需求。

两级组合预测模型实际上由两个组合预测模型组成：一个是低级组合预测模型，用二次规划求解，获得直接预测模型的权重系数和需求预测值；另一个是高级组合预测模型，其参数初始值为低级组合预测模型计算的权重系数和绝对误差，用遗传算法求解，以进一步优化权重系数，进而得到最优解。其中，直接预测模型包括一次指数平滑模型、二次指数平滑模型、三次指数平滑模型、遗传神经网络模型和灰色系统预测模型。

本章通过一个案例比较和分析了各种预测模型基于四类数据的预测效果。结果表明，直接预测模型和低级组合预测模型的预测误差可能较大，神经网络方法稳定性不足，其预测精度和稳定性对实际应用常造成很大困境；而两级组合预测模型能够很好地解决现有方法预测精度的问题，同时还能够获得比较稳定的输出结果。此外，案例也表明，对于可修备件，与基于机群备件的消耗和周转数据以及基于单机备件消耗数据三类基础数据的预测结果相比，基于单机备件周转数据的预测结果与实际需求最相符。这些发现证明，采用适当的基础数据对可修备件需求预测的准确性具有重要影响，然而这一点经常被忽视。

本章采用了 5 种直接预测模型来创建两级组合预测模型，运用一台计算机预测一个备件的需求大约需要 40s。在我们的实际工作中，大约有几万甚至十几万种备件，预测其需求需要花费大约几百甚至上千小时。如果需要再增加一些直接预测模型，将会导致模型程序运行时间更长。虽然持续时间看起来仍然有点长，但如果采用多台电脑或者随着电脑性能不断提升，上述所需的时间成本是可以接受的。另外，如果希望获得更少复杂性和更快解决时间的话，可以考虑删除遗传神经网络模型，此时两级组合预测模型仍然可以获得优异的预测结果。

思考与练习

1. 尝试采用更多的预测方法建立更多的直接预测模型，比较不同单项预测方法组合、不同直接预测模型数量组合对两级组合预测模型的影响。

2. 尝试将低级组合预测模型和高级组合预测模型的顺序进行调换，分析其预测效果并与本章所提出的两级组合预测模型进行比较。

附　录

附表 1　标准正态分布表

x	$\Phi(x)$	x	$\Phi(x)$	x	$\Phi(x)$	x	$\Phi(x)$	x	$\Phi(x)$
0.00	0.5000	0.31	0.6217	0.62	0.7324	0.93	0.8238	1.24	0.8925
0.01	0.5040	0.32	0.6255	0.63	0.7357	0.94	0.8264	1.25	0.8944
0.02	0.5080	0.33	0.6293	0.64	0.7389	0.95	0.8289	1.26	0.8962
0.03	0.5120	0.34	0.6331	0.65	0.7422	0.96	0.8315	1.27	0.8980
0.04	0.5160	0.35	0.6368	0.66	0.7454	0.97	0.8340	1.28	0.8997
0.05	0.5199	0.36	0.6406	0.67	0.7486	0.98	0.8365	1.29	0.9015
0.06	0.5239	0.37	0.6443	0.68	0.7517	0.99	0.8389	1.30	0.9032
0.07	0.5279	0.38	0.6480	0.69	0.7549	1.00	0.8413	1.31	0.9049
0.08	0.5319	0.39	0.6517	0.70	0.7580	1.01	0.8438	1.32	0.9066
0.09	0.5359	0.40	0.6554	0.71	0.7611	1.02	0.8461	1.33	0.9082
0.10	0.5398	0.41	0.6591	0.72	0.7642	1.03	0.8485	1.34	0.9099
0.11	0.5438	0.42	0.6628	0.73	0.7673	1.04	0.8508	1.35	0.9115
0.12	0.5478	0.43	0.6664	0.74	0.7704	1.05	0.8531	1.36	0.9131
0.13	0.5517	0.44	0.6700	0.75	0.7734	1.06	0.8554	1.37	0.9147
0.14	0.5557	0.45	0.6736	0.76	0.7764	1.07	0.8577	1.38	0.9162
0.15	0.5596	0.46	0.6772	0.77	0.7794	1.08	0.8599	1.39	0.9177
0.16	0.5636	0.47	0.6808	0.78	0.7823	1.09	0.8621	1.40	0.9192
0.17	0.5675	0.48	0.6844	0.79	0.7852	1.10	0.8643	1.41	0.9207
0.18	0.5714	0.49	0.6879	0.80	0.7881	1.11	0.8665	1.42	0.9222
0.19	0.5753	0.50	0.6915	0.81	0.7910	1.12	0.8686	1.43	0.9236
0.20	0.5793	0.51	0.6950	0.82	0.7939	1.13	0.8708	1.44	0.9251
0.21	0.5832	0.52	0.6985	0.83	0.7967	1.14	0.8729	1.45	0.9265

x	$\Phi(x)$	x	$\Phi(x)$	x	$\Phi(x)$	x	$\Phi(x)$	x	$\Phi(x)$
0.22	0.5871	0.53	0.7019	0.84	0.7995	1.15	0.8749	1.46	0.9279
0.23	0.5910	0.54	0.7054	0.85	0.8023	1.16	0.8770	1.47	0.9292
0.24	0.5948	0.55	0.7088	0.86	0.8051	1.17	0.8790	1.48	0.9306
0.25	0.5987	0.56	0.7123	0.87	0.8078	1.18	0.8810	1.49	0.9319
0.26	0.6026	0.57	0.7157	0.88	0.8106	1.19	0.8830	1.50	0.9332
0.27	0.6064	0.58	0.7190	0.89	0.8133	1.20	0.8849	1.51	0.9345
0.28	0.6103	0.59	0.7224	0.90	0.8159	1.21	0.8869	1.52	0.9357
0.29	0.6141	0.60	0.7257	0.91	0.8186	1.22	0.8888	1.53	0.9370
0.30	0.6179	0.61	0.7291	0.92	0.8212	1.23	0.8907	1.54	0.9382
1.55	0.9394	1.89	0.9706	2.23	0.9871	2.64	0.9959	3.32	0.9995
1.56	0.9406	1.90	0.9713	2.24	0.9875	2.66	0.9961	3.34	0.9996
1.57	0.9418	1.91	0.9719	2.25	0.9878	2.68	0.9963	3.36	0.9996
1.58	0.9429	1.92	0.9726	2.26	0.9881	2.70	0.9965	3.38	0.9996
1.59	0.9441	1.93	0.9732	2.27	0.9884	2.72	0.9967	3.40	0.9997
1.60	0.9452	1.94	0.9738	2.28	0.9887	2.74	0.9969	3.42	0.9997
1.61	0.9463	1.95	0.9744	2.29	0.9890	2.76	0.9971	3.44	0.9997
1.62	0.9474	1.96	0.9750	2.30	0.9893	2.78	0.9973	3.46	0.9997
1.63	0.9484	1.97	0.9756	2.31	0.9896	2.80	0.9974	3.48	0.9997
1.64	0.9495	1.98	0.9761	2.32	0.9898	2.82	0.9976	3.50	0.9998
1.65	0.9505	1.99	0.9767	2.33	0.9901	2.84	0.9977	3.52	0.9998
1.66	0.9515	2.00	0.9772	2.34	0.9904	2.86	0.9979	3.54	0.9998
1.67	0.9525	2.01	0.9778	2.35	0.9906	2.88	0.9980	3.56	0.9998
1.68	0.9535	2.02	0.9783	2.36	0.9909	2.90	0.9981	3.58	0.9998
1.69	0.9545	2.03	0.9788	2.37	0.9911	2.92	0.9982	3.60	0.9998
1.70	0.9554	2.04	0.9793	2.38	0.9913	2.94	0.9984	3.62	0.9999
1.71	0.9564	2.05	0.9798	2.39	0.9916	2.96	0.9985	3.64	0.9999
1.72	0.9573	2.06	0.9803	2.40	0.9918	2.98	0.9986	3.66	0.9999
1.73	0.9582	2.07	0.9808	2.41	0.9920	3.00	0.9987	3.68	0.9999
1.74	0.9591	2.08	0.9812	2.42	0.9922	3.02	0.9987	3.70	0.9999
1.75	0.9599	2.09	0.9817	2.43	0.9925	3.04	0.9988	3.72	0.9999
1.76	0.9608	2.10	0.9821	2.44	0.9927	3.06	0.9989	3.74	0.9999
1.77	0.9616	2.11	0.9826	2.45	0.9929	3.08	0.9990	3.76	0.9999
1.78	0.9625	2.12	0.9830	2.46	0.9931	3.10	0.9990	3.78	0.9999

附表 2 t 分布表

n−m	α=0.9	0.7	0.5	0.4	0.3	0.2	0.1	0.05	0.02	0.01
1	0.158	0.510	1.000	1.376	1.963	3.078	6.314	12.706	31.821	63.657
2	0.142	0.445	0.816	1.061	1.386	1.886	2.920	4.303	6.965	9.925
3	0.137	0.424	0.765	0.978	1.250	1.638	2.353	3.182	4.541	5.841
4	0.134	0.414	0.741	0.941	1.190	1.533	2.132	2.776	3.747	4.604
5	0.132	0.408	0.727	0.920	1.156	1.476	2.015	2.571	3.365	4.032
6	0.131	0.404	0.718	0.906	1.134	1.440	1.943	2.447	3.143	3.707
7	0.130	0.402	0.711	0.896	1.119	1.415	1.895	2.365	2.998	3.499
8	0.130	0.399	0.706	0.889	1.108	1.397	1.860	2.306	2.896	3.355
9	0.129	0.398	0.703	0.883	1.100	1.383	1.833	2.262	2.821	3.250
10	0.129	0.397	0.700	0.879	1.093	1.372	1.812	2.228	2.764	3.169
11	0.129	0.396	0.697	0.876	1.088	1.363	1.796	2.201	2.718	3.106
12	0.128	0.395	0.695	0.873	1.083	1.356	1.782	2.179	2.681	3.055
13	0.128	0.394	0.694	0.870	1.079	1.350	1.771	2.160	2.650	3.012
14	0.128	0.393	0.692	0.868	1.076	1.345	1.761	2.145	2.624	2.977
15	0.128	0.393	0.691	0.866	1.074	1.341	1.753	2.131	2.602	2.947
16	0.128	0.392	0.690	0.865	1.071	1.337	1.746	2.120	2.583	2.921
17	0.128	0.392	0.689	0.863	1.069	1.333	1.740	2.110	2.567	2.898
18	0.127	0.392	0.688	0.862	1.067	1.330	1.734	2.101	2.552	2.878
19	0.127	0.391	0.688	0.861	1.066	1.328	1.729	2.093	2.539	2.861
20	0.127	0.391	0.687	0.860	1.064	1.325	1.725	2.086	2.528	2.845
21	0.127	0.391	0.686	0.859	1.063	1.323	1.721	2.080	2.518	2.831
22	0.127	0.390	0.686	0.858	1.061	1.321	1.717	2.074	2.508	2.819
23	0.127	0.390	0.685	0.858	1.060	1.319	1.714	2.069	2.500	2.807
24	0.127	0.390	0.685	0.857	1.059	1.318	1.711	2.064	2.492	2.797
25	0.127	0.390	0.684	0.856	1.058	1.316	1.708	2.060	2.485	2.787
26	0.127	0.390	0.684	0.856	1.058	1.315	1.706	2.056	2.479	2.779
27	0.127	0.389	0.684	0.855	1.057	1.314	1.703	2.052	2.473	2.771
28	0.127	0.389	0.683	0.855	1.056	1.313	1.701	2.048	2.467	2.763
29	0.127	0.389	0.683	0.854	1.055	1.311	1.699	2.045	2.462	2.756
30	0.127	0.389	0.683	0.854	1.055	1.310	1.697	2.042	2.457	2.750

$n-m$	$\alpha=0.9$	0.7	0.5	0.4	0.3	0.2	0.1	0.05	0.02	0.01
40	0.126	0.388	0.681	0.851	1.050	1.303	1.684	2.021	2.423	2.704
60	0.126	0.387	0.679	0.848	1.045	1.296	1.671	2.000	2.390	2.660
120	0.126	0.386	0.677	0.845	1.041	1.289	1.658	1.980	2.358	2.617
∞	0.126	0.385	0.674	0.842	1.036	1.282	1.645	1.960	2.326	2.576

附表 3　F 分布表

$\alpha=0.01$ $m-1=1$	2	3	4	5	6	7	8	9	10	15	20
$n-m=1$	4052	5000	5403	5625	5764	5859	5928	5981	6022	6056	6157	6209
2	98.5	99.0	99.2	99.2	99.3	99.3	99.4	99.4	99.4	99.4	99.4	99.4
3	34.1	30.8	29.5	28.7	28.2	27.9	27.7	27.5	27.3	27.2	26.9	26.7
4	21.2	18.0	16.7	16.0	15.5	15.2	15.0	14.8	14.7	14.5	14.2	14.0
5	16.3	13.3	12.1	11.4	11.0	10.7	10.5	10.3	10.2	10.1	9.72	9.55
6	13.7	10.9	9.78	9.15	8.75	8.47	8.26	8.10	7.98	7.87	7.56	7.40
7	12.2	9.55	8.45	7.85	7.46	7.19	6.99	6.84	6.72	6.62	6.31	6.16
8	11.3	8.65	7.59	7.01	6.63	6.37	6.18	6.03	5.91	5.81	5.52	5.36
9	10.6	8.02	6.99	6.42	6.06	5.80	5.61	5.47	5.35	5.26	4.96	4.81
10	10.0	7.56	6.55	5.99	5.64	5.39	5.20	5.06	4.94	4.85	4.56	4.41
15	8.68	6.36	5.42	4.89	4.56	4.32	4.14	4.00	3.89	3.80	3.52	3.37
20	8.10	5.85	4.94	4.43	4.10	3.87	3.70	3.56	3.46	3.37	3.09	2.94
40	7.31	5.18	4.31	3.83	3.51	3.29	3.12	2.99	2.89	2.80	2.52	2.37
60	7.08	4.98	4.13	3.65	3.34	3.12	2.95	2.82	2.72	2.63	2.35	2.20
120	6.85	4.79	3.95	3. *48	3.17	2.96	2.79	2.66	2.56	2.47	2.19	2.03
∞	6.63	4.61	3.78	3.32	3.02	2.80	2.64	2.51	2.41	2.32	2.04	1.88
$\alpha=0.05$ $m-1=1$	2	3	4	5	6	7	8	9	10	15	20
$n-m=1$	161	200	216	225	230	234	237	239	241	242	246	248
2	18.5	19.0	19.2	19.2	19.3	19.3	19.4	19.4	19.4	19.4	19.4	19.4
3	10.1	9.55	9.28	9.12	9.01	8.94	8.89	8.85	8.81	8.79	8.70	8.66
4	7.71	6.94	6.59	6.39	6.26	6.16	6.09	6.04	6.00	5.96	5.86	5.80
5	6.61	5.79	5.41	5.19	5.05	4.95	4.88	4.82	4.77	4.74	4.62	4.56
6	5.99	5.14	4.76	4.53	4.39	4.28	4.21	4.15	4.10	4.06	3.94	3.87
7	5.59	4.74	4.35	4.12	3.97	3.87	3.79	3.73	3.68	3.64	3.51	3.44
8	5.32	4.46	4.07	3.84	3.69	3.58	3.50	3.44	3.39	3.35	3.22	3.15
9	5.12	4.26	3.86	3.63	3.48	3.37	3.29	3.23	3.18	3.14	3.01	2.94
10	4.96	4.10	3.71	3.48	3.33	3.22	3.14	3.07	3.02	2.98	2.85	2.77
15	4.54	3.68	3.29	3.06	2.90	2.79	2.71	2.64	2.59	2.54	2.40	2.33
20	4.35	3.49	3.10	2.87	2.71	2.60	2.51	2.45	2.39	2.35	2.20	2.12
40	4.08	3.23	2.84	2.61	2.45	2.34	2.25	2.18	2.12	2.08	1.92	1.84
60	4.00	3.15	2.76	2.53	2.37	2.25	2.17	2.10	2.04	1.99	1.84	1.75
120	3.92	3.07	2.68	2.45	2.29	2.18	2.09	2.02	1.96	1.91	1.75	1.66
∞	3.84	3.00	2.60	2.37	2.21	2.10	2.01	1.94	1.88	1.83	1.67	1.57

附表 4　简单相关系数检验表

$n-m$	$\alpha=0.1$	$\alpha=0.05$	$\alpha=0.02$	$\alpha=0.01$	$\alpha=0.001$
1	0.98769	0.99692	0.999507	0.999877	0.9999988
2	0.90000	0.95000	0.98000	0.99000	0.99900
3	0.8054	0.8783	0.93433	0.95873	0.99116
4	0.7293	0.8114	0.5822	0.9172	0.97406
5	0.6694	0.7545	0.8329	0.8745	0.95074
6	0.6215	0.7067	0.7887	0.8343	0.92493
7	0.5822	0.6664	0.7498	0.7977	0.8982
8	0.5494	0.6319	0.7155	0.7646	0.8721
9	0.5214	0.6021	0.6851	0.7348	0.8471
10	0.4973	0.5760	0.6581	0.7079	0.8233
11	0.4762	0.5529	0.6339	0.6835	0.8010
12	0.4575	0.5324	0.6120	0.6614	0.7800
13	0.4409	0.5139	0.5923	0.6411	0.7603
14	0.4259	0.4973	0.5742	0.6226	0.7420
15	0.4124	0.4821	0.5577	0.6055	0.7246
16	0.4000	0.4683	0.5425	0.5897	0.7084
17	0.3887	0.4555	0.5285	0.5751	0.6932
18	0.3783	0.4438	0.5155	0.5614	0.6787
19	0.3687	0.4329	0.5034	0.5487	0.6652
20	0.3598	0.4227	0.4921	0.5368	0.6524
25	0.3233	0.3809	0.4451	0.4869	0.5974
30	0.2960	0.3494	0.4093	0.4487	0.5541
35	0.2746	0.3246	0.3810	0.4182	0.5189
40	0.2573	0.3044	0.3578	0.3932	0.4896

附表 5 DW 检验表

$\alpha = 0.01$	$m-1=1$		$m-1=2$		$m-1=3$		$m-1=4$		$m-1=5$	
n	d_L	d_U	d_L	d_U	d_L	d_U	d_L	d_U	d_L	d_U
15	0.81	1.07	0.70	1.25	0.59	1.46	0.49	1.70	0.39	1.96
16	0.84	1.09	0.74	1.25	0.63	1.44	0.53	1.66	0.44	1.90
17	0.87	1.10	0.77	1.25	0.67	1.43	0.57	1.63	0.48	1.85
18	0.90	1.12	0.80	1.26	0.71	1.42	0.61	1.60	0.52	1.80
19	0.93	1.13	0.83	1.26	0.74	1.41	0.65	1.58	0.56	1.77
20	0.95	1.15	0.86	1.27	0.77	1.41	0.68	1.57	0.60	1.74
21	0.97	1.16	0.89	1.27	0.80	1.41	0.72	1.55	0.63	1.71
22	1.00	1.17	0.91	1.28	0.83	1.40	0.75	1.54	0.66	1.69
23	1.02	1.19	0.94	1.29	0.86	1.40	0.77	1.53	0.70	1.67
24	1.04	1.20	0.96	1.30	0.88	1.41	0.80	1.53	0.72	1.66
25	1.05	1.21	0.98	1.30	0.90	1.41	0.83	1.52	0.75	1.65
26	1.07	1.22	1.00	1.31	0.93	1.41	0.85	1.52	0.78	1.64
27	1.09	1.23	1.02	1.33	0.95	1.41	0.88	1.51	0.81	1.63
28	1.10	1.24	1.04	1.32	0.97	1.41	0.90	1.51	0.83	1.62
29	1.12	1.25	1.05	1.33	0.99	1.42	0.92	1.51	0.85	1.61
30	1.13	1.26	1.07	1.34	1.01	1.42	0.94	1.51	0.88	1.61
32	1.16	1.28	1.10	1.35	1.04	1.43	0.98	1.51	0.92	1.50
34	1.18	1.30	1.13	1.36	1.07	1.43	1.01	1.51	0.95	1.59
36	1.21	1.32	1.15	1.38	1.10	1.44	1.04	1.51	0.99	1.59
38	1.23	1.33	1.18	1.39	1.12	1.45	1.07	1.52	1.02	1.58
40	1.25	1.34	1.20	1.40	1.15	1.46	1.10	1.52	1.05	1.58
45	1.29	1.38	1.24	1.42	1.30	1.48	1.16	1.53	1.11	1.58
50	1.32	1.40	1.28	1.45	1.24	1.49	1.20	1.54	1.16	1.59
55	1.36	1.43	1.32	1.47	1.38	1.51	1.25	1.55	1.21	1.59
60	1.38	1.45	1.35	1.48	1.32	1.52	1.28	1.56	1.25	1.60
65	1.41	1.47	1.38	1.50	1.35	1.53	1.31	1.57	1.23	1.61
70	1.43	1.49	1.40	1.52	1.37	1.55	1.34	1.58	1.31	1.61

$\alpha=0.05$	$m-1=1$		$m-1=2$		$m-1=3$		$m-1=4$		$m-1=5$	
n	d_L	d_U	d_L	d_U	d_L	d_U	d_L	d_U	d_L	d_U
15	1.08	1.36	0.95	1.54	0.82	1.75	0.69	1.97	0.56	2.21
16	1.10	1.37	0.98	1.54	0.86	1.73	0.74	1.93	0.62	2.15
17	1.13	1.38	1.02	1.54	0.90	1.71	0.78	1.90	0.67	2.10
18	1.16	1.39	1.05	1.53	0.93	1.69	0.82	1.87	0.71	2.06
19	1.18	1.40	1.08	1.53	1.97	1.68	0.86	1.85	0.75	2.02
20	1.20	1.41	1.10	1.54	1.00	1.68	0.90	1.83	0.79	1.99
21	1.22	1.42	1.13	1.54	1.03	1.67	0.93	1.81	0.83	1.96
22	1.24	1.43	1.15	1.54	1.05	1.66	0.96	1.80	0.86	1.94
23	1.26	1.44	1.17	1.54	1.08	1.66	0.99	1.79	0.90	1.92
24	1.27	1.45	1.19	1.55	1.10	1.66	1.01	1.78	0.93	1.90
25	1.29	1.45	1.21	1.55	1.12	1.66	1.04	1.77	0.95	1.89
26	1.30	1.46	1.22	1.55	1.14	1.65	1.06	1.76	0.98	1.88
27	1.32	1.47	1.24	1.56	1.16	1.65	1.08	1.76	1.01	1.86
28	1.33	1.48	1.26	1.56	1.18	1.65	1.10	1.75	1.03	1.85
29	1.34	1.48	1.27	1.56	1.20	1.65	1.12	1.74	1.05	1.84
30	1.35	1.49	1.28	1.57	1.21	1.65	1.14	1.74	1.07	1.83
32	1.37	1.50	1.31	1.57	1.24	1.65	1.18	1.73	1.11	1.82
34	1.39	1.51	1.33	1.58	1.27	1.65	1.21	1.73	1.15	1.81
36	1.41	1.52	1.35	1.59	1.29	1.65	1.24	1.73	1.18	1.80
38	1.43	1.54	1.37	1.59	1.32	1.66	1.26	1.72	1.21	1.79
40	1.44	1.54	1.39	1.60	1.34	1.66	1.29	1.72	1.23	1.79
45	1.48	1.57	1.43	1.62	1.38	1.67	1.34	1.72	1.29	1.78
50	1.50	1.59	1.46	1.63	1.42	1.67	1.38	1.72	1.34	1.77
55	1.53	1.60	1.49	1.64	1.45	1.68	1.41	1.72	1.38	1.77
60	1.55	1.62	1.51	1.65	1.48	1.69	1.44	1.73	1.41	1.77
65	1.57	1.63	1.54	1.66	1.50	1.70	1.47	1.73	1.44	1.77
70	1.58	1.64	1.55	1.67	1.52	1.70	1.49	1.74	1.46	1.77
75	1.60	1.65	1.57	1.68	1.54	1.71	1.51	1.74	1.49	1.77
80	1.61	1.66	1.59	1.69	1.56	1.72	1.53	1.74	1.51	1.77
85	1.62	1.67	1.60	1.70	1.57	1.72	1.55	1.75	1.52	1.77
90	1.63	1.68	1.61	1.70	1.59	1.73	1.57	1.75	1.54	1.78
95	1.64	1.69	1.62	1.71	1.60	1.73	1.58	1.75	1.56	1.78
100	1.65	1.69	1.63	1.72	1.61	1.74	1.59	1.76	1.57	1.78

参考文献

[1] 刘思峰. 预测方法与技术[M]. 北京:高等教育出版社,2005.

[2] 苗敬毅,董媛香,张玲,等. 预测方法与技术[M]. 北京:清华大学出版社,2019.

[3] 陈江,马立平. 预测与决策概论[M]. 北京:首都经济贸易大学出版社,2018.

[4] 朱建平,靳刘蕊. 经济预测与决策[M]. 厦门:厦门大学出版社,2011.

[5] 易丹辉,王燕. 应用时间序列分析[M]. 北京:中国人民大学出版社,2019.

[6] 孟生旺. 回归模型[M]. 北京:中国人民大学出版社,2015.

[7] 邓聚龙. 灰色系统基本方法[M]. 武汉:华中工学院出版社,1987.

[8] 邓聚龙. 灰色预测与决策[M]. 武汉:华中工学院出版社,1986.

[9] 冯忠栓. 经济预测与决策[M]. 北京:中国财政经济出版社,1984.

[10] 王美今. 经济预测与决策[M]. 厦门:厦门大学出版社,1997.

[11] 徐国祥. 统计预测和决策[M]. 上海:上海财经大学出版社,1998.

[12] 赵卫亚. 计量经济学教程[M]. 上海:上海财经大学出版社,2003.

[13] 杨曾武. 统计预测原理[M]. 北京:中国财政经济出版社,2003.

[14] 朱明德. 统计预测与控制[M]. 北京:中国林业出版社,2001.

[15] 黄良文. 统计学原理[M]. 北京:中国统计出版社,2000.

[16] 王桂喜. 经济预测[M]. 北京:首都经济贸易大学出版社,2003.

[17] 张保法. 经济预测与经济决策[M]. 北京:经济科学出版社,2004.

[18] 孙静娟. 经济预测理论[M]. 北京:中国经济出版社,1999.

[19] 张波. 应用随机过程[M]. 北京:中国人民大学出版社,2001.

[20] 庞皓. 计量经济学[M]. 北京:科学出版社,2007.

[21] 陈华友. 组合预测方法有效性理论及其应用[M]. 北京:科学出版社,2010.

[22] 宋传洲,王瑞奇,孙岩,等. 面向任务携行航材品种确定和消耗预测的特征选择分析[J]. 兵工自动化,2021, 40(6):7:80-86

[23] 任佳成,徐常凯,张昱. 基于粗糙集的航材保障效能评估指标体系优化[J]. 舰船电子对抗, 2018, 41(3):28-31

[24] 邵雨晗,辛后居,崔阳,等. 基于粗糙集的航空装备作战消耗分析与预测[J]. 火力与指挥控制, 2019, 44(1):151-155.

[25] 薛永亮,陈振林. 基于核近邻非参数回归的航材消耗预测[J]. 海军航空工程学院学报, 2019, 34(6):516-520.

[26] 史永胜,王文琪. 基于改进三次指数平滑法的航材需求预测[J]. 计算机工程与设计, 2020, 41(11):126-130.

[27] 李文强,段振云,赵文辉. 基于偏最小二乘模型的无人机航材需求预测方法[J]. 系统工程理论与实践,2018(5):1354-1360.

[28] 赵劲松,贺宇,门君,等. 基于灰色系统预测模型的不常用备件需求预测方法[J]. 军事交通学院学报, 2016, 18(1):35-38.

[29] Amirkolaii K N, Baboli A, Shahzad M K, et al. Demand Forecasting for Irregular Demands in Business Aircraft Spare Parts Supply Chains by using Artificial Intelligence（AI）[J]. IFAC PapersOnline 2017(1), 50(1)：15221-15226.

[30] Guo F, Diao J, Zhao Q H, et al. A double-level combination approach for demand forecasting of repairable airplane spare parts based on turnover data[J]. Computers & Industrial Engineering, 2017, 110：92-108.

[31] 汪娅, 王超峰. 基于约束调度的消耗性航材备件需求预测分析[J]. 科学技术与工程, 2019, 19(2)：5.

[32] 范尔宁. 泊松分布在航材库存管理中的应用[J]. 民航管理：2021(6)：107-108.

[33] GJB 8257-2014, 通用雷达装备维修器材筹措供应标准编制要求[S].

[34] GJB 4355-2002, 备件供应规划要求[S].

[35] GJB 3914-99, 电子对抗装备随机备件概算[S].

[36] 董兵. 多指标约束下备件可修复库存方案优化[J]. 科学技术与工程, 2017(20)：288-293.

[37] 毛之杰, 黄之杰, 李威, 等. 基于多种约束条件的维修备件库存优化方法研究[J]. 数学的实践与认识, 2018, 48(10)：163-166.

[38] 罗承昆, 陈云翔, 项华春, 等. 基于机群完好率的航材库存优化模型[J]. 数学的实践与认识, 2018, 48(6)：138-143.

[39] 戈洪宇, 石全, 夏伟, 等. 装备维修备件库存量优化控制仿真研究[J]. 计算机仿真, 2017, 34(7)：386-390.

[40] 蔡芝明, 金家善, 陈砚桥. 基于关键性的备件库存配置优化模型[J]. 系统工程与电子技术, 2017, 39(8)：1765-1773.

[41] 潘星, 张振宇, 张曼丽, 等. 基于SoS E的装备体系RMS论证方法研究[J]. 系统工程与电子技术, 2019, 41(8)：1771-1779.

[42] 李世英, 于永利, 李东东, 等. 信息化装备的RMS对任务效能的影响分析[J]. 机械设计与制造, 2009(07)：232-234.

[43] 丁善婷, 王淼, 董正琼, 等. 基于多智能体的舰载雷达RMS评估方法[J]. 中国舰船研究, 2021, 17：1-9.

[44] 罗祎, 苏执阳, 阮旻智, 等. 军用装备维修保障资源预测与配置技术[M]. 兵器工业出版社, 2015.

[45] 张仕念, 刘春和, 刘雪峰, 等. 战储备件储备品种选择的属性分析法[J]. 系统工程理论与实践, 2007, 27(10)：118-123.

[46] GJB 1378A-2007, 装备以可靠性为中心的维修分析[S].

[47] 齐艳华. 以可靠性为中心的维修分析方法研究[J]. 航空标准化与质量, 2016(1)：47-52.

[48] 罗承昆, 陈云翔, 项华春, 等. 满足任务要求的航材库存限额确定方法[J]. 数学的实践与认识, 2015, 45(10)：107-114.

[49] 董骁雄, 陈云翔, 王莉莉, 等. 基于备件保障概率的备件库存限额确定方法[J]. 南京航空航天大学学报, 2017, 49(3)：447-452.

[50] 张利旺, 徐常凯, 徐刚, 等. 基于贝叶斯网络的航材可修件周转比例计算[J]. 微型机与

应用, 2011, 30(22): 93-95.

[51] 赵淑舫. 基于维修理论基础上的航材需求预测方法研究[D]. 南京:南京航空航天大学, 2002.

[52] 高崎, 黄照协, 刘栋,等. 基于比例故障率的周转备件预测方法[J]. 火力与指挥控制, 2013(11): 148-152.

[53] 倪现存, 左洪福, 陈凤腾,等. 民机周转备件预测方法[J]. 南京航空航天大学学报, 2009, 41(2): 253-256.

[54] 孙奕, 邵川, 陈刚,等. 飞机航材周转件备件需求预测模型, Aircraft Spare Parts spare parts demand forecasting model, CN 106934486 A[P]. 2017.

[55] 高清振, 王耀华. 军用飞机周转备件库存预测方法[J]. 军事运筹与系统工程, 2010, 24(4): 41-45.

[56] 唐伟. 装备维修保障的航材需求预测研究[D]. 武汉:武汉理工大学, 2007: 1-50.

[57] Milojevic I, Guberinic R. Deterministic and heuristic models of forecasting spare parts demand [J]. Vojnotehnički Glasnik, 2012, 60(2): 235-244.

[58] Adams J L, Abell J B, Isaacson K E. Modeling and forecasting the demand for aircraft recoverable spare parts [J]. Modeling & Forecasting the Demand for Aircraft Recoverable Spare Parts, 1993.

[59] 左召军, 钟新辉. 航材消耗的时间序列分析[J]. 长沙航空职业技术学院学报, 2004, 4(3): 29-32.

[60] Ma X, Wang L, Wang T. Prediction of missile spare parts consumption based on time series [C]//International Conference on Mechatronics Engineering and Information Technology, 2017.

[61] Regattieri A, Gamberi M, Gamberini R, et al. Managing lumpy demand for aircraft spare parts [J]. Journal of Air Transport Management, 2005, 11(6): 426-431.

[62] Ren J, Zhou Z, Fang Z. The forecasting models for spare parts based on ARMA[C]// Computer Science and Information Engineering, 2009 WRI World Congress on. IEEE, 2009.

[63] Hua Z, Zhang B. A hybrid support vector machines and logistic regression approach for forecasting intermittent demand of spare parts[J]. Applied Mathematics and Compution 2006(181): 1035-1048.

[64] 刘信斌, 沐爱琴, 辛安. 基于 ARIMA 模型的航材需求预测[J]. 价值工程, 2016, 35(24): 250-251.

[65] 贾治宇, 康锐. 基于 ARIMA 模型的备件消耗预测方法[J]. 兵工自动化, 2009, 28(6): 29-31.

[66] 刘杨, 任德奎. 基于灰色系统预测法的间断性需求备件预测方法[J]. 兵器装备工程学报, 2011, 32(4): 27-29.

[67] 吴清亮, 董辉, 张政,等. 基于神经网络对航材备件需求率的预测分析[J]. 兵工自动化, 2009, 28(1): 54-55.

[68] 万玉成, 何亚群, 盛昭瀚. 基于灰色系统与神经网络的航材消耗广义加权函数平均组合预测模型研究[J]. 系统工程理论与实践, 2003, 23(7): 80-87.

[69] 李院生, 时和平. 温特法在装备备件消耗预测中的应用研究[J]. 现代电子技术, 2007, 30(5): 69-71.

［70］刘晓春，黄爱军，马芳，等．基于指数平滑技术的装备维修备件需求预测［J］．装备环境工程，2012(6)：109-112.

［71］程玉波，车建国，杨作宾，等．基于指数平滑法的装备维修器材需求量预测［J］．指挥控制与仿真，2009，31(1)：115-117.

［72］戚君宜，高钰榕，程世辉．导航装备维修用备件需求预测［J］．空军工程大学学报·自然科学版，2009，10(2)：51-55.

［73］Rosienkiewicz M M. Artificial Intelligence Methods in Spare Parts Demand Forecasting［J］. Logistics & Transport, 2013, 2(18)：41-50.

［74］Moon S. Predicting the performance of forecasting strategies for naval spare parts demand［J］. management science & financial engineering, 2013, 19(1)：1-10.

［75］Eaves A H C, Kingsman B G. Forecasting for the ordering and stock-holding of spare parts［J］. Journal of the Operational Research Society, 2004, 55(4)：431-437.

［76］Jr G F B, Rogers W F. A Bayesian approach to demand estimation and inventory provisioning［J］. Naval Research Logistics, 2010, 20(4)：607-624.

［77］Craig C, Sherbrooke. 装备备件最优库存建模：多级技术［M］. 2 版．贺步杰，译．北京：电子工业出版社，2008.

［78］Rustenburg W D, Houtum G J V, Zijm W H M. Spare parts management for technical systems：resupply of spare parts under limited budgets［J］. Iie Transactions, 2000, 32(10)：1013-1026.

［79］石丽娜，冯玉娥．基于泊松分布的航材周转件库存量数学模型［J］．上海工程技术大学学报，2004，18(2)：141-143.

［80］李圆芳，樊玮．基于智能算法的航材库存控制优化模型［J］．计算机技术与发展，2014(11)：186-189.

［81］聂涛，盛文，王晗中．装备备件两级闭环供应链库存优化与分析［J］．系统工程理论与实践，2010，30(12)：2309-2314.

［82］何亚群，谭学峰，金福禄．基于可用度的飞机可修件需求分析［J］．系统工程与电子技术，2004，26(6)：848-849.

［83］刘源，陈云翔，周中良，等．基于可用度和费用要求的航材备件储备量优化［J］．空军工程大学学报·自然科学版，2009，10(6)：15-18.

［84］邱风，汪洋．通用雷达装备维修器材储供标准模型［J］．军械工程学院学报，2006，18(2)：30-32.

［85］倪冬梅，赵秋红，李海滨．需求预测综合模型及其与库存决策的集成研究［J］．管理科学学报，2013，16(9)：44-52.

［86］陈靓．基于供应链的 A 航空公司航材库存管理优化研究［D］．西安：西北大学，2016.

［87］李崇明．基于可靠性分析的航材采购模型研究［D］．天津：中国民航大学，2016.

［88］郭峰，王德心．航母舰载机航材携行品种和数量确定方法研究［J］．军事运筹与系统工程，2015，29(2)：38-42.

［89］郭峰，温德宏，刘军，等．绝对寿控航材需求预测［J］．兵工自动化，2013，32(9)：32-36.

［90］郭峰，易垚钺，史玉敏．基于灰色预测的航材消耗定额模型［J］．计算机与现代化，2011(10)：34-36.

[91] Bacchetti A, Saccani N. Spare parts classification and demand forecasting for stock control: Investigating the gap between research and practice[J].Omega,2012,40(6), 722-737.

[92] Basten R J I, Van der Heijden M C, Schutten J M J. Joint optimization of level of repair analysis and spare parts stocks[J]. European journal of operational research,2012,222(3), 474-483.

[93] Hyndman R J, Ahmed R A, Athanasopoulos G. Optimal combination forecasts for hierarchical time series[M].Monash University,2007.

[94] Miller J G, Berry W L, Lai C Y F. A comparison of alternative forecasting strategies for multi-stage production-inventory systems[J]. Decision Sciences,2007,7 (4), 714-724.

[95] Zotteri G, Kalchschmidt M, Caniato F. The impact of aggregation level on forecasting performance[J]. International Journal of Production Economics,2005,94(8), 479-491.

[96] LAU H C, Song H W. Multi-echelon repairable item inventory system with limited repair capacity under nonstationary demand[J]. International Journal of Inventory Research,2008,1(1), 67-92.

[97] Branch B. Institutional economics and behavioral finance[J]. Journal of Behavioral and Experimental Finance,2014,1, 13-16.

[98] Tiemessen H G H, Van Houtum G J. Reducing costs of repairable inventory supply systems via dynamic scheduling [J]. International Journal of Production Economics, 2013, 143 (2), 478-488.

[99] Cattani K D, Jacobs F R, Schoenfelder J. Common inventory modeling assumptions that fall short: Arborescent networks, Poisson demand, and single-echelon approximations[J]. Journal of Operations Management,2011,29(5), 488-499.

[100] Li S G, Kuoa X. The inventory management system for automobile spare parts in a central warehouse[J]. Expert Systems with Applications, 2008,34, 1144-1153.

[101] Guo F, Liu C Y, Li W L. Research on spares consumption quota prediction based on exponential smoothing method[J]. Computer and Modernization, 2012,9, 163-165.

[102] Ghobbar A A, Friend C H. Sources of intermittent demand for aircraft spare parts within airline operations[J]. Journal of Air Transport Management, 2002,8, 221-231.

[103] Chen C I, Huang S J. The necessary and sufficient condition for GM (1, 1) grey prediction model[J]. Applied Mathematics and Computation,2013,219(11), 6152-6162.

[104] Kayacan E, Ulutas B, Kaynak O. Grey system theory-based models in time series prediction [J]. Expert Systems with Applications,2010,37(2), 1784-1789.

[105] Kourentzes N. Intermittent demand forecasts with neural networks[J]. International Journal of Production Economics,2013,143(1), 198-206.

[106] Tuğba E, Önüt S. An integration methodology based on fuzzy inference systems and neural approaches for multi-stage supply-chains [J]. Computers & Industrial Engineering, 2012, 62 (2), 554-569.

[107] Chen T. An effective fuzzy collaborative forecasting approach for predicting the job cycle time in wafer fabrication[J]. Computers & Industrial Engineering,2013,66(4), 834-848.

[108] Chen F L, Chen Y C, Kuo J Y. Applying moving back-propagation neural network and moving fuzzy neuron network to predict the requirement of critical spare parts[J]. Expert Systems with

Applications,2010,37(6), 4358-4367.

[109] Wang J, Wang J, Zhang Z,Forecasting stock indices with back propagation neural network[J]. Expert Systems with Applications,2011,38(11), 14346-14355.

[110] González-Romera E, Jaramillo-Morán M Á, Carmona-Fernández D. Forecasting of the electric energy demand trend and monthly fluctuation with neural networks[J]. Computers & Industrial Engineering[J]. 2001,52(3), 336-343.

[111] Hajiaghaei-Keshteli M, Molla-Alizadeh-Zavardehi S, Tavakkoli-Moghaddam R. Addressing a nonlinear fixed-charge transportation problem using a spanning tree-based genetic algorithm[J]. Computers & Industrial Engineering,2010,59(2), 259-271.

[112] Radhakrishnan P. Genetic algorithm model for multi product flexible supply chain inventory optimization involving lead time[J]. Organisational Flexibility and Competitiveness. Springer India,2014,325-334.

[113] Qian C, Chan C Y. A new production approach for compensating forecast error and customer loss in waiting[J]. International Journal of Production Research, (ahead-of-print),2015,53 (5):1325-1336.

[114] Moon S, Simpson A, Hicks C. The development of a classification model for predicting the performance of forecasting methods for naval spare parts demand[J]. International Journal of Production Economics,2013,143(2), 449-454.

[115] Petropoulos F, Kourentzes N. Forecast combinations for intermittent demand[J]. Journal of the Operational Research Society,2015,66(6), 914-924.

[116] Han Jun, Morag, Claudio. The influence of the sigmoid function parameters on the speed of back propagation learning [J]. From Natural to Artificial Neural Computation, 1995 (1) 195-201.

[117] Prasada R, Pandeya A,Singhb K P,et al. Retrieval of spinach crop parameters by microwave remote sensing with back propagation artificial neural networks:comparison of different transfer functions. Advances in Space Research[J]. 2012,50(3), 363-370.

[118] Li X F, Xu J P, Wang Y Q. The establishment of self-adapting algorithm of BP Neural Network and its application[J]. Journal of Systems Engineering Theory and Practice, 2004,24(5), 1-8.

[119] Sprecher D A. A numerical implementation of Kolmogorov's superpositions[J]. Neural Networks,1996,9(5), 765-772.

[120] Wong T C, Chan F. T S, Chan L Y. A resource-constrained assembly job shop scheduling problem with Lot Streaming technique[J]. Computers & Industrial Engineering,2009,57(3), 983-995.

[121] Izmailov A F, Kurennoy A S, Solodov M V. Some composite-step constrained optimization methods interpreted via the perturbed sequential quadratic programming framework[J]. Optimization Methods & Software,2015,30(3), 461-477.

[122] Prestwich S D, Rossi R,Tarim S A,et al. Mean-based error measures for intermittent demand forecasting[J]. International Journal of Production Research, (ahead-of-print), 2014(22) 1-10.

[123] Gneiting T. Making and evaluating point forecasts[J]. Journal of the American Statistical Association,2011,106(494), 746-762.

[124] 苗敬毅, 张玲. 管理预测技术与方法[M]. 北京:清华大学出版社, 2014.

[125] 郭峰, 朱洪伟, 谈斌, 等. 战时航材需求预测和储备决策模型研究[J]. 环境技术, 2024(9): 99-117.

[126] 张培. 季节时间序列模型在航材消耗预测中的应用[J]. 航空维修与工程, 2023(7): 48-50.

[127] 张潜卫, 陆芬. 变权组合预测模型下的武汉港物流需求预测研究[J]. 物流科技, 2024(17): 70-74.

[128] 孙晓,朱元诚,李兴. 基于组合预测模型的信息电子设备维修器材需求预测[C]// 第十一届中国指挥控制大会论文集,2025.

熊天霞

林佳婧

孟甜

朱洪伟

柴林

吴捷

张鑫宇

彩 2